农业用水效率遥感评价方法

尚松浩　于　兵　蒋　磊　杨雨亭　著

科学出版社
北　京

内 容 简 介

农业用水效率（包括灌溉用水效率和作物水分生产率）的定量评价是农业用水管理的重要基础。本书以中国干旱区最大的灌区——河套灌区为典型区，建立了混合双源梯形特征空间遥感蒸散发模型、作物分布遥感识别的植被指数－物候指数椭圆特征空间模型、作物遥感估产的随机森林模型，根据模型计算结果对研究区蒸散发、作物分布及产量的动态变化与空间分布规律进行分析，提出灌溉用水效率和作物水分生产率遥感评价方法，得到了区域作物种植适宜度的空间分布和作物空间布局优化结果，可以为区域水资源高效利用和农业可持续发展提供技术支撑。

本书可作为水利、农业工程、遥感等学科研究生的教学参考书，也可供相关专业技术人员参考。

图书在版编目（CIP）数据

农业用水效率遥感评价方法／尚松浩等著. —北京：科学出版社, 2021.3
ISBN 978-7-03-068016-7

Ⅰ. ①农… Ⅱ. ①尚… Ⅲ. ①遥感技术－应用－农田水利－水资源管理－研究－中国 Ⅳ. ①S279.2-39

中国版本图书馆CIP数据核字(2021)第023385号

责任编辑：刘 超／责任校对：韩 杨
责任印制：吴兆东／封面设计：无极书装

科学出版社 出版
北京东黄城根北街16号
邮政编码：100717
http：//www.sciencep.com
北京建宏印刷有限公司 印刷
科学出版社发行 各地新华书店经销
*
2021年3月第 一 版 开本：720×1000 1/16
2021年3月第一次印刷 印张：11 1/2
字数：230 000
定价：138.00元
（如有印装质量问题，我社负责调换）

前　　言

农业是用水大户，中国及全球农业用水量均占相应总用水量的 60% 以上，但很多地区农业用水效率偏低。在生活、工业及生态环境用水量持续增加，农业灌溉可用水量趋于减少的情况下，提高农业用水效率是保障农业用水安全及粮食安全的根本途径，其基础是区域（灌区）尺度农业用水效率的定量评价。

将水从地表或地下水源输送到农田被作物吸收利用，并进一步转化为生物量及产量，主要经过 3 个过程，即输配水过程、灌水过程、作物吸水及产量形成过程。这 3 个过程中相应的用水效率分别为渠系水利用系数（输配水效率）、田间水利用系数（农田灌水效率）和作物水分利用效率（水分生产率），其中前两个过程的用水效率通常统称为灌溉水利用系数（灌溉用水效率）。

灌溉水利用系数是进入作物根系层的灌溉水量与渠首引水量（或地下水抽水量）的比值。在当前的灌溉用水管理中，通常只有自灌溉水源的引（抽）水量及主要渠道的分水量是有监测数据的，而进入田间的净水量与贮存在作物根系层的水量在一般情况下很难进行大范围监测，因此很难根据灌溉用水资料对灌溉用水效率进行直接的定量计算。传统的渠道渗漏试验测定或模型模拟往往只能得到一段渠道的渠道水利用系数，田间水利用系数的测定也往往只能针对典型农田进行。另外，灌溉用水效率除了与灌溉渠系布置及灌水技术等因素有关外，还与灌溉引水过程、输水过程及田间灌水过程密切相关，由于灌溉渠系分布、渠道渗漏过程及田间灌水过程的复杂性，灌溉用水效率指标很难通过现场监测或数学模型进行准确的估算。

作物水分生产率（water productivity，WP）也称水分利用效率（water use efficiency，WUE），反映了作物吸收水分并形成经济产量过程中的效率，通常表示为单位水分消耗（蒸散发）的粮食产量。通过对农田耗水量及产量的试验观测可以得到农田尺度的作物水分生产率，但难以在区域范围内进行试验观测。利用模型模拟可以得到农田或灌区尺度的作物水分生产率，但如果要模拟得到作物水分生产率的空间分布特征，往往需要详细的土壤、作物、用水等资料作为模型输入，靠传统的监测、统计方法也难以准确获得。

根据以上有关概念，除了目前已有的灌区引水量监测数据之外，还需要定量估算灌溉水的有效消耗量、确定灌区主要作物分布及其产量，才能对灌区灌溉水利用系数、作物水分生产率进行较为准确的估算。近年来以遥感信息为基础的区域蒸散发估算模型、作物分布识别及估产模型不断发展，为灌区尺度灌溉水利用效率及作物水分生产率的定量评价提供了基础。近 10 年来，清华大学农业水文水资源研究团队在国家自然科学基金项目（51479090、51779119、51839006）、国家科技支撑计划项目专题（2011BAD25B05）及清华大学水沙科学与水利水电工程国家重点实验室科研课题（2020-KY-01）等项目的支持下，对这一问题进行较为系统的研究。建立了混合双源梯形特征空间遥感蒸散发模型、作物分布遥感识别的植被指数 - 物候指数椭圆特征空间模型、作物遥感估产的随机森林模型，根据模型计算结果分析研究区蒸散发、作物分布及产量的动态变化与空间分布规律，提出了灌溉用水效率和作物水分生产率遥感评价方法，得到了区域作物种植适宜度的空间分布和作物空间布局优化结果。相关研究成果在农业工程学报、农业机械学报、*Agricultural and Forest Meteorology*、*Agricultural Water Management*、*Journal of Geophysical Research: Atmospheres*、*Geophysical Research Letters*、*Computers and Electronics in Agriculture*、*Remote Sensing* 等国内外学术期刊发表论文 20 余篇。在以上研究成果的基础上，经过系统整理撰写了本书。

研究工作主要结合中国第三大灌区、最大的引黄灌区及干旱区最大的灌区——河套灌区开展。李江博士和博士生文冶强、万核洋、齐泓玮等参加了现场调查等工作。在现场调查、资料收集及研究过程中，得到了内蒙古自治区巴彦淖尔市水利科学研究所张义强所长、夏玉红主任及中国农业大学任理教授、黄冠华教授、霍再林教授、任东阳博士等的支持与帮助；研究工作还得到清华大学水沙科学与水利水电工程国家重点实验室有关老师及研究生的支持和帮助，在此向他们表示衷心的感谢！特别感谢书中所引用数据和论文的作者。

书中的错误和不妥之处，敬请各位同行批评指正（联系地址：100084 北京清华大学 泥沙馆；Email：shangsh@tsinghua.edu.cn）。

尚松浩

2020 年 10 月

目　　录

前言

第 1 章　绪论……1

1.1　研究背景与意义……1
1.2　农业用水效率遥感评价研究进展……2
1.2.1　农业用水效率的概念……2
1.2.2　作物耗水（蒸散发）估算方法……3
1.2.3　瞬时蒸散发的升尺度方法……6
1.2.4　基于遥感蒸散发的灌溉用水效率评价方法……8
1.2.5　作物种植分布遥感识别……9
1.2.6　作物遥感估产……13
1.2.7　作物水分生产率及种植适宜度评价……15
1.2.8　作物种植结构优化……16
1.3　研究内容及技术路线……17
1.3.1　数据收集……18
1.3.2　模型开发……19
1.3.3　规律分析……19
1.3.4　农业用水效率评价……20
1.3.5　作物种植结构空间优化……20

第 2 章　混合双源梯形遥感蒸散发模型及其验证……21

2.1　概述……21
2.2　模型建立……23
2.2.1　混合双源模式……23
2.2.2　植被指数－地表温度梯形特征空间……25

2.2.3 瞬时蒸散发的日内升尺度转换 …………27
2.3 模型验证Ⅰ——雨养农业区 …………28
2.3.1 研究区域与数据 …………28
2.3.2 通量观测站模拟结果验证 …………29
2.3.3 区域模拟结果 …………32
2.3.4 模型比较 …………33
2.3.5 模型敏感性分析 …………35
2.4 模型验证Ⅱ——灌溉农田 …………37
2.4.1 研究站点与数据 …………37
2.4.2 站点模拟结果验证 …………38
2.4.3 土壤蒸发与植被蒸腾过程 …………40
2.4.4 模型比较 …………42
2.5 模型验证Ⅲ——灌木林 …………43
2.5.1 研究站点与数据 …………43
2.5.2 模拟结果 …………44
2.6 小结 …………49

第3章 河套灌区蒸散发时空变化规律…………51

3.1 概述 …………51
3.2 河套灌区简介 …………51
3.3 蒸散发计算的数据及方法 …………54
3.3.1 TSEB模型和HTEM模型简介 …………54
3.3.2 蒸散发量的升尺度转换 …………56
3.3.3 数据来源及预处理 …………57
3.3.4 模型评价 …………58
3.4 河套灌区蒸散发计算结果及分析 …………59
3.4.1 TSEB模型和HTEM模型验证 …………59
3.4.2 蒸散发及蒸发、蒸腾的空间分布 …………60
3.4.3 农田蒸散发分析 …………66
3.4.4 其他土地利用类型蒸散发分析 …………69
3.5 小结 …………71

第4章 河套灌区灌溉用水效率评价…………72

4.1 概述 …………72

4.2 基于遥感蒸散发的灌区灌溉用水效率评价方法 ……73
4.2.1 灌溉地 – 非灌溉地水量平衡模型 ……73
4.2.2 灌溉水有效利用系数的确定方法 ……74
4.3 河套灌区灌溉用水效率评价结果 ……74
4.3.1 水量平衡方程各分量及灌溉水有效利用系数计算结果 ……74
4.3.2 灌溉水有效利用系数的经验估算模型及其影响因素 ……77
4.4 小结 ……79
第 5 章 基于高分辨率遥感影像的主要作物识别方法及应用……80
5.1 概述 ……80
5.2 研究区域与数据来源 ……80
5.2.1 研究区域 ……80
5.2.2 现场采样和验证数据 ……83
5.2.3 卫星遥感数据及数据预处理 ……84
5.2.4 其他辅助数据 ……85
5.3 基于植被指数与物候指数特征空间的作物分布识别模型 ……86
5.3.1 植被指数与物候指数特征值的提取 ……86
5.3.2 作物识别的特征椭圆模型 ……88
5.4 结果与讨论 ……92
5.4.1 不同作物分类模型识别结果对比分析 ……92
5.4.2 最优作物分类模型识别结果分析 ……93
5.4.3 灌区玉米和向日葵的时空分布 ……95
5.5 小结 ……96
第 6 章 基于随机森林算法的主要作物估产模型及应用……98
6.1 概述 ……98
6.2 数据与方法 ……99
6.2.1 数据来源 ……99
6.2.2 数据处理及模型输入的确定 ……100
6.2.3 随机森林（RF）算法 ……102
6.2.4 模型率定及验证 ……102
6.3 结果与讨论 ……103
6.3.1 像元尺度的 RF 估产模型率定……103
6.3.2 灌区及县级尺度的 RF 模型验证……104

6.3.3 作物产量的时空分布 …… 106
6.4 小结 …… 109

第 7 章 像元尺度下灌区作物水分生产率及种植适宜度评价…… 110

7.1 概述 …… 110
7.2 研究方法 …… 111
7.2.1 基于 NDVI 时间序列的作物生育期确定 …… 111
7.2.2 作物水分生产率估算 …… 113
7.2.3 作物种植适宜度指数构建及种植结构优化 …… 114
7.3 结果与讨论 …… 115
7.3.1 玉米和向日葵生育期估算值的验证 …… 115
7.3.2 模型估算蒸散发的验证及主要作物生育期内耗水量分析 …… 116
7.3.3 灌区玉米和向日葵水分生产率的空间分布 …… 118
7.3.4 灌区玉米和向日葵的种植适宜度评价 …… 121
7.3.5 基于作物种植适宜度的灌区玉米和向日葵种植分布优化 …… 125
7.4 小结 …… 128

第 8 章 不同尺度下河套灌区主要作物种植分布优化…… 130

8.1 概述 …… 130
8.2 数据与方法 …… 131
8.2.1 作物种植结构优化模型的建立与求解 …… 131
8.2.2 数据来源及处理 …… 132
8.3 结果与讨论 …… 133
8.3.1 县级尺度下玉米和向日葵种植结构优化结果 …… 133
8.3.2 3000 m × 3000 m 网格尺度下玉米和向日葵种植结构优化结果 …… 134
8.3.3 300 m × 300 m 网格尺度下玉米和向日葵种植结构优化结果 …… 139
8.3.4 作物种植结构优化前后灌区经济效益及作物耗水量的比较 …… 145
8.4 小结 …… 147

第 9 章 总结与展望…… 149

9.1 主要研究成果 …… 149

9.1.1 混合双源遥感蒸散发模型 HTEM …… 149
9.1.2 河套灌区蒸散发时空变化规律 …… 150
9.1.3 河套灌区灌溉用水效率评价 …… 150
9.1.4 河套灌区主要作物分布遥感识别 …… 151
9.1.5 河套灌区主要作物遥感估产 …… 151
9.1.6 河套灌区主要作物水分生产率和种植适宜度评价 …… 152
9.1.7 河套灌区主要作物种植结构空间优化 …… 153
9.2 研究中的不足与展望 …… 153
参考文献…… 155

第1章　绪　　论

1.1　研究背景与意义

全球人口持续增长引起的水安全和粮食安全问题是人类当前及未来都要面临的重大挑战（Cai and Sharma，2010；Zwart et al. ，2010）。2017年联合国粮食及农业组织（Food and Agriculture Organization of the United Nations，FAO）等发布的世界粮食安全与营养报告指出，全球每年遭受食品短缺困扰的人口数量已经从2015年的7.77亿增加到2016年的8.15亿（FAO et al.，2017）。农业发展需要充足的水资源作为支撑，水资源短缺（干旱）是造成粮食短缺的主要因素，尤其是在占陆地面积约1/3的干旱半干旱地区（Dregne et al.，1991）。全球约有2/3人口生活的地区每年都至少经历一个月的干旱期，对水安全及粮食安全会造成较大的影响（FAO et al.，2017）。

在中国及全球范围内，农业是用水大户，近年来农业用水量约占总用水量的60%（中国）或70%（世界）以上（尚松浩，2018）。而在严重依赖于灌溉的干旱半干旱农业区，农业用水量所占比例则会更高（Kang et al.，2017），如中国西北干旱区农业用水量占总用水量的85%以上（中华人民共和国水利部，2020）。在农业用水中，灌溉用水量一般约占农业用水量的90%（操信春等，2012）。近年来，由于生活、工业和生态环境用水量的不断增加，农业用水占比及可用水量在不断减小（Vörösmarty et al.，2000），导致干旱半干旱区农业生产面临巨大挑战。中国人均水资源量远低于世界平均水平，而水资源在时间（多集中于夏季）、空间（南多北少）分布上的不均匀（齐泓玮等，2020）更加剧了中国北方干旱半干旱区农业生产的挑战。因此，在农业用水量不断减少的条件下，提高农业用水效率是保障农业用水安全及粮食安全的根本途径，其基础是区域（灌区）尺度农业用水效率（包括灌溉用水效率和作物用水效率）的定量评价。

1.2 农业用水效率遥感评价研究进展

1.2.1 农业用水效率的概念

将水从地表或地下水源输送到农田被作物吸收利用、并进一步转化为生物量及产量，主要经过 3 个过程，即渠系（管道）输配水过程、农田灌水过程、作物吸水及产量形成过程。这 3 个过程相应的用水效率分别为渠系水利用系数（输配水效率）、田间水利用系数（农田灌水效率）和作物用水效率（水分生产率），其中前两个过程的效率统称为灌溉水利用系数（灌溉用水效率）。

灌溉水利用系数是进入作物根系层的灌溉水量与渠首引水量（或地下水抽水量）的比值（郭元裕，1997）。在当前的灌溉用水管理中，通常只有自灌溉水源的引（抽）水量及主要渠道的分水量是有监测数据的，而进入田间的净水量与贮存在作物根系层的水量在一般情况下很难进行大范围监测，因此很难根据灌溉用水资料对灌溉用水效率进行直接的定量计算。传统的渠道渗漏试验测定或模型模拟往往只能得到一段渠道的渠道水利用系数，田间水利用系数的测定也往往只能针对典型农田进行（蒋磊等，2013）。另外，灌溉用水效率除了与灌溉渠系布置及灌水技术等因素有关外，还与灌溉引水过程、输水过程及田间灌水过程密切相关（Soto-García et al.，2013）。由于灌溉渠系分布、渠道渗漏过程（Yao et al.，2013）及田间灌水过程的复杂性，灌溉用水效率指标很难通过现场监测或数学模型进行准确的估算。

作物水分生产率（water productivity，WP）也称作物水分利用效率（water use efficiency，WUE），反映了作物吸收水分并形成经济产量过程中的用水效率，通常表示为单位水分消耗（蒸散发）的粮食产量（Bluemling et al.，2007）。通过对农田耗水量及产量的试验观测可以得到农田尺度的作物水分生产率（Shang and Mao，2009），但难以在区域范围内进行试验观测。利用模型模拟可以得到农田或灌区尺度的作物水分生产率（Nyakudya and Stroosnijder，2014；Jiang et al.，2015），但如果要模拟得到作物水分生产率的空间分布特征，往往需要详细的土壤、作物、用水等资料作为模型输入，靠传统的监测及统计方法也难以准确获得。

根据以上农业用水效率的概念，除了目前已有的灌区引水量监测数据之外，还需要定量估算灌溉水的有效消耗量、确定灌区主要作物分布及其产量（Mo et al.，2009；Paredes et al.，2017），才能对灌区灌溉水利用系数、作物水分生产率进行准确的评价。传统的试验、调查统计方法不仅耗时耗力，而且难以准确并及时获得作物种植面积、产量及生长期内耗水量的空间分布。近年来遥感信息及模型越来越广泛应用于农业及水文领域，以遥感信息为基础的区域蒸散发模型、作物分布识别及估产模型不断发展，为区域尺度灌溉水利用效率及作物水分生产率的定量评价提供了基础（Zwart et al.，2010；Bastiaanssen and Steduto，2017）。

1.2.2 作物耗水（蒸散发）估算方法

陆面蒸散发（evapotranspiration，ET）作为全球水文循环和能量平衡中的关键过程，在控制陆地水资源有效利用及陆地－大气相互作用中起着重要作用（Oki and Kanae，2006；Gentine et al.，2011；Lemordant et al.，2018）。陆面蒸散发量是指通过土壤蒸发（E）、冠层截留蒸发（E_c）及植被蒸腾（T）向大气流失的水量之和。土壤蒸发是反映土壤水分状况的重要指标（Yang et al.，2015），而植被蒸腾则反映了植被耗水量的多少，与植被根区可用水量和生物反馈有关（Wei et al.，2017；Lian et al.，2018）。因此，在田间、区域及全球尺度下准确估算陆面蒸散发量并将其区分为土壤蒸发和植被蒸腾，对于更好地了解水资源有效利用率、天然植被和农作物的水分利用效率至关重要。

在田间尺度上，ET 通常使用称重式蒸渗仪（Kang et al.，2003）、波文比能量平衡系统（Zhang B et al.，2008；Holland et al.，2013）及涡度相关系统（Baldocchi，2003）等仪器进行测量，然而这些仪器不仅价格昂贵、使用耗时耗力，并且只能得到田间尺度下的 ET 实测值，无法得到区域及全球尺度下 ET 的空间分布。近 30 年来，随着对 ET 时空分布需求的不断增加，遥感技术被广泛应用于陆面观测中，因而涌现出了一系列物理机制和复杂程度不同的遥感蒸散发模型（Jiang and Islam，1999；Gowda et al.，2008；Kalma et al.，2008；Mu et al.，2011；Miralles et al.，2011；Long et al.，2012；Bateni et al.，2013；Yang and Shang，2013；Rigden and Salvucci，2015；Yao et al.，2017；Zhu et al.，2017；Yu et al.，2019）。

遥感蒸散发模型一般可分为经验半经验模型、能量平衡余项模型以及植被指数模型等类型。

（1）经验半经验模型

经验半经验模型通常利用遥感数据与蒸散发之间的经验或半经验关系直接估算蒸散发量（Li et al.，2009），其基础是 Jackson 等（1977）提出的关于蒸散发与净辐射、中午前后冠－气温差的经验关系。这类模型的优点是简单、便于应用，但模型参数与研究区的地形、气象、植被等特征有关（Li et al.，2009），不便于在大尺度上应用。在 Jackson 等（1977）提出的经验模型的基础上，进一步发展了三角形（Jiang and Islam，1999）和梯形（Moran et al.，1994）温度–植被指数特征空间模型，其中温度一般采用遥感监测的陆面温度（T_s）或陆面温度与气温（T_a）之差（T_s–T_a），植被指数一般采用归一化植被指数（normalized difference vegetation index，NDVI）或植被覆盖度（f_c）。这两种特征空间模型在具体计算时需要选择一条蒸散发为零而温度较高的暖边（warm edge）和蒸散发不受胁迫而温度较低的冷边（cold edge）来构建一个特征空间，实际蒸散发则根据以上两种极限情况下的蒸散发进行插值得到。在实际应用中，陆面温度–植被指数空间中各像元对应的散点图分布一般比较分散，暖边和冷边等极限情况的确定具有较大的主观性；同时，冷、暖边界的确定也受限于研究区的地理位置以及遥感图像的空间精度。Long 等（2012）结合地表能量平衡方程和辐射平衡公式，从理论上推导出特征空间中暖边与冷边的计算方法，为这类经验型模型提供了一定的理论依据。

（2）能量平衡余项模型

能量平衡余项模型通过估算地表能量平衡方程中的显热通量和地表热通量，将蒸散发作为能量平衡方程的余项（净辐射–显热通量–地表热通量）来计算得到。因此能量平衡余项模型的关键是如何准确估算不同条件下的净辐射通量、显热通量和地表热通量。对于不同的植被参数化方案以及对辐射通量和湍流热交换描述方式的不同，此类模型又可分为单源模型和双源模型。

单源模型将植物冠层和表层土壤简单处理为一个均一的整体，不区分土壤蒸发和植被蒸腾。Bastiaanssen 等（1998）提出的陆地表面能量平衡算法（surface energy balance algorithm for land，SEBAL）模型和 Su（2002）提出的地表能量平衡系统（surface energy balance system，SEBS）模型是单层模型的典型代表。Allen 等（2007）针对农作物耗水问题，在 SEBAL 模型的基础上发展了基于内在校准的高分辨率蒸散发估算（mapping evapotranspiration at high resolution with internalized calibration，METRIC）模型。Long 和 Singh（2012a）基于理论推导得到干、湿点，对 SEBAL 模型进行了改进，避免了实际操作中干、湿点选取的主观性与不确定性。Wu 等（2012）将能量平衡余项模型与 Penman-Monteith 方程结合，开发了遥感蒸散发模型 ETWatch，并将其应用于区域水资源管理中。

双源模型将植物冠层和表层土壤分开处理，潜热、显热的涌源均有两个（土壤、冠层），从而能够区分土壤蒸发和植物蒸腾。Norman 等（1995）开发的双源能量平衡（two-source energy balance，TSEB）模型及 Sánchez 等（2008）在 TSEB 模型基础上发展的简化双源能量平衡（simplified two-source energy balance，STSEB）模型均属于双源模型。Long 和 Singh（2012b）在梯形模型的基础上，发展了双源梯形蒸散发模型（two-source trapezoid model for evapotranspiration，TTME）。Kanoua 和 Merkel（2015）比较了 SEBAL 模型和 TTME 模型在孟加拉国一地区的应用效果，二者计算结果总体一致；但从水面蒸发估算结果来看，TTME 模型计算结果更好。Yang 和 Shang（2013）在混合双源蒸散发模型（Guan 和 Wilson，2009；Yang et al.，2012a）和梯形温度 – 植被指数特征空间模型的基础上，建立了混合双源梯形蒸散发模型（hybrid dual-source scheme and trapezoid framework–based evapotranspiration model，HTEM）。该模型在山东位山灌区农田和美国艾奥瓦州（Iowa）中部农田（Yang and Shang，2013）、美国亚利桑那州（Arizona）东南部灌木林（Yang et al.，2013）、中国黑河生态水文遥感试验（HiWATER）中的非均匀下垫面蒸散发多尺度观测试验区（MUSOEXE-12）（Yang et al.，2015）的应用结果表明，模型计算精度高于 SEBS、SEBAL 等单源模型和 TTME、TSEB、MOD16 等双源模型，并且可以较好地区分土壤蒸发和植物蒸腾。

相对来说，单源模型的特点是潜热、显热的涌源只有一个，模型结构相对简单，模型参数较少，因而应用较为广泛；但单源模型无法区分土壤蒸发和植被蒸腾，不适用于植被非均匀、非完全覆盖的下垫面。而双源模型则较为复杂，模型参数较多；同时双源模型可将蒸散发分为土壤蒸发和植被蒸腾，能更好地反映植被特征对蒸散发的影响，更适用于植被非均匀、非完全覆盖的下垫面。

（3）植被指数模型

在植被指数模型中，首先建立遥感植被指数与冠层导度之间的关系，并将计算得到的冠层导度代入 Penman-Monteith 公式（Monteith，1965）中直接计算蒸散发量（Cleugh et al.，2007）。Leuning 等进一步改进了冠层导度模型，并结合 MODIS 数据及北美和澳大利亚的 15 个通量站观测数据对该模型进行了验证（Leuning et al.，2008）。该模型经过了一系列改进（Mu et al.，2007，2011），成为中分辨率成像光谱仪（Moderate-resolution Imaging Spectroradiometer，MODIS）全球陆面蒸散发产品（MOD16 ET）的标准算法。此类模型的优势在于 Penman-Monteith 模型本身具有很强的物理基础，其缺点在于需要较高空间分辨率的气象数据作为模型输入。同时，MOD16 ET 仅考虑了气象条件对冠层导度的影响，使其无法完全反映水分（如土壤水）等条件对 ET 的限制作用（Mu et al.，2007）。

在以上各类模型中，陆面温度（land surface temperature，LST）和气温是两个主要的输入参数（Timmermans et al.，2007；Yang and Shang，2013）。其中，LST 可通过遥感数据反演获得（Jiménez-Muñoz，2003），而气温只能依赖于有

限的地面气象站观测得到。然而，由于气象站分布稀疏，近地表气温又易受地形、土地利用类型及陆地－大气相互作用的影响，通常难以在大尺度下获得准确的气温空间分布。为了解决上述问题，大多数研究采用空间插值方法作为辅助手段或者假设一定范围内的近地表气温是均一的（Yang et al.，2012b；Li et al.，2017）。而在大气和下垫面条件空间异质性较大的区域，近地表气温与当地大气和地表特征密切相关，如干旱区植被稀疏，蒸发冷却作用小（Bateni et al.，2013），导致其近地表气温要高于湿润地区（Seneviratne et al.，2010）。综上所述，上述方法更适用于大气和下垫面条件空间异质性较小的区域；为了保证大气和下垫面条件空间异质性较大区域 ET 的估算精度，有必要对近地表气温空间分布的有效性进行验证（Gowda et al.，2008）。Anderson 等（1997）通过耦合 TSEB 模型（Norman et al.，1995）和大气边界层（atmospheric boundary layer，ABL）时间积分模型（Mcnaughton and Spriggs，1986），提出了无须辅助气温作为输入的大气－陆地交换反演（atmosphere land exchange lnverse，ALEXI）蒸散发模型。ALEXI 模型利用一日内两个时刻的遥感 LST 来代替气温的输入，一日内两个时刻的 LST 通过空间分辨率为 5 ~ 20 km 的地球同步运行环境卫星（GOES）数据获得（Anderson et al.，2007；Cammalleri et al.，2014）。考虑到 GOES 数据的空间分辨率过低，Norman 等（2003）将 GOES 数据与高空间分辨率遥感数据相结合，提出了分解 ALEXI 模型（DisALEXI）。ALEXI 和 DisALEXI 模型已应用于美国、欧洲和非洲地区，并取得较好的效果（Anderson et al.，2011；Yang et al.，2017）。

1.2.3 瞬时蒸散发的升尺度方法

根据遥感蒸散发模型计算得到的潜热通量可以计算得到卫星过境时刻的瞬时蒸散发速率。但在水文分析及用水管理中，更关注的是日、旬、月、作物生育阶段及生育期、年尺度的蒸散发，因此需要将瞬时蒸散发升尺度得到日蒸散发。此外，由于受卫星过境频率及云层遮蔽的影响，在不少天内可能没有合适的遥感信息进行蒸散发计算，这时需要在已有日蒸散发的基础上构建逐日蒸散发序列，进一步得到不同时间尺度的蒸散发。

（1）瞬时蒸散发速率到日蒸散发量的升尺度方法

从瞬时蒸散发速率到日蒸散发量常用的升尺度方法包括恒定蒸发比法、日蒸发比法、不同的辐射比法、参考蒸散发比法等。这些方法主要利用晴天时白天潜热通量与有关能量通量比值的日内变化特征来推算日蒸散发。

恒定蒸发比法假定蒸发比（潜热通量与有效能量的比值）在白天保持不变

（Sugita and Brutsaert，1991），根据瞬时蒸发比和日有效能量计算出日蒸散发量。为进一步考虑瞬时蒸发比和全天蒸发比的差异，发展了修正蒸发比法（Anderson et al.，1997）和日蒸发比法（Van Niel et al.，2011）。

恒定太阳辐射比法则假定太阳辐射比（潜热通量与到达地表的太阳短波辐射 R_s 的比值）在白天保持不变（Jackson et al.，1983），其中 R_s 在白天的变化过程一般可用正弦曲线来描述，因此恒定太阳辐射比法也称为正弦关系法（陈鹤等，2013）。

恒定外空辐射比法则假定外空辐射比（潜热通量与大气层外界太阳辐射通量 R_g 的比值）在一天内保持不变，Ryu 等（2012）据此假定提出了一种根据瞬时遥感蒸散发数据推算 8 天平均蒸散发的方法。

恒定显热比法假定显热比（显热 H 与净辐射 R_n 的比值）在白天保持不变。

在 METRIC 模型中，Allen 等（2007）引入了参考蒸散发比（实际蒸散发与参考蒸散发的比值），并假设白天参考蒸散发比保持不变，进一步考虑坡度修正后可得到日蒸散发的计算公式。

一些研究者根据实测资料对以上部分方法进行了比较分析。Colaizzi 等（2006）利用美国德克萨斯州（Texas）不同下垫面蒸渗仪实测蒸散发资料，比较评价了 5 种方法的适用性，结果表明植被覆盖条件下参考蒸散发比法效果最好，而裸地情况下恒定蒸发比法效果最好。陈鹤等（2013）根据中国华北典型农田涡度相关系统观测资料，对 4 种方法的适用性进行了比较分析，结果表明这 4 种方法在总体上具有一致性，但改进蒸发比法更适合研究区农田。Xu 等（2015）比较了 5 种方法在中国华北、西北不同植被类型条件下的适用性，结果表明太阳辐射比法在植被休眠期应用效果最好，而参考蒸散发比法在植被生长期效果最好。

（2）日蒸散发量的插值方法

日蒸散发量常用的插值方法包括日参考蒸散发比插值法、日蒸发比插值法、基于 Penman- Monteith 公式的数据同化法、表面阻力法等（Xu et al.，2015）。

在日参考蒸散发比插值法中，将有遥感数据的晴天日参考蒸散发比进行插值得到其逐日序列，进一步根据逐日参考作物蒸散发计算得到逐日蒸散发序列。目前一般采用线性插值或三次样条插值方法，其中三次样条插值方法的效果一般优于线性插值（Allen et al.，2007）。一般情况下，一个月有一天的遥感数据基本上能插值得到比较合理的结果，在作物快速生长期则需要更密的遥感数据（Allen et al.，2007）。但由于三次样条插值的特点，插值结果在有些情况下可能会出现不合理的波动，这时需要对插值结果进行必要的修正或采用更合适的方法。同时，以上插值方法对于无灌溉及降雨的时段比较适合；但对于中间有灌溉或降雨的时段，灌溉或降雨前后土壤水分会发生突变，日参考蒸散发比会发生较大变化（特别是植被覆盖度比较低、土壤蒸发占蒸散发的比例较高的情况下），插值结果可能不符合实际情况。因此，在日参考蒸散发比插值过程中需要进一步考虑灌溉或降雨的影响，研究提出更合理的插值方法。

在 SEBAL 模型中，通常假定蒸发比瞬时值可以代表日蒸发比值，也可以代表卫星过境日前后一段时间内的日蒸发比，根据这一假定可以计算卫星过境日前后一段时间内的蒸散发（Bastiaanssen et al.，2002）。但这种恒定蒸发比假定只在土壤含水量变化不大的情况下近似成立，在遥感数据时间间隔较长的情况下可能带来较大误差。这时可以采用与参考蒸散发比类似的线性插值或三次样条插值方法对已有的晴天日蒸发比进行插值得到逐日蒸发比，然后根据各日的有效能量（可以忽略日尺度的土壤热通量，直接用净辐射表示）计算出逐日蒸散发。在插值中也需要考虑降雨或灌溉前后土壤水分突变对蒸发比的影响。

基于 Penman-Monteith 公式的数据同化法以计算蒸散发的 Penman-Monteith 公式（Allen et al.，1998）为模型算子，将有遥感数据的晴天日参考蒸散发同化到 Penman-Monteith 公式，得到逐日蒸散发序列（Xu et al.，2015）。其中的同化算法可以采用顺序数据同化算法（如集合卡尔曼滤波算法和粒子滤波算法）或连续数据同化算法（如三维变分算法、四维变分算法等）（Reichle，2008）。

在表面阻力法中，根据有遥感数据的晴天蒸散发估算结果，利用 Penman-Monteith 公式反算出表面阻力，进而根据叶面积指数、温度、饱和水汽压差等资料计算出无遥感数据时的表面阻力，最后根据 Penman-Monteith 公式计算得到逐日蒸散发序列（Xu et al.，2015）。

Xu 等（2015）比较了不同方法的应用效果，结果表明日参考蒸散发比插值法与采用洗牌单纯形进化（shuffled complex evolution-University of Arizona，SCE-UA）算法的数据同化方法效果较好。

1.2.4 基于遥感蒸散发的灌溉用水效率评价方法

遥感蒸散发模型已成为分析大尺度蒸散发时空变化的主要手段（Kalma et al.，2008；Yebra et al.，2013），在干旱区也得到了广泛应用（王国华和赵文智，2011）。但遥感蒸散发模型同时也存在一些问题，如对地面气象观测资料的分辨率要求较高、一些参数的确定具有主观性等。

近年来，遥感蒸散发模型也逐步被应用于灌区耗水计算及用水管理中。Ahmad 等（2009）利用 SEBAL 模型计算了巴基斯坦一个大型灌区一年内的蒸散发量，并利用公平性、充分性、可靠性、水分生产率等指标评价了灌溉效果。

Yang 等（2012b）利用 HTEM 模型和 SEBAL 模型分别计算了中国内蒙古河套灌区节水改造以来（2000 ~ 2010 年）作物生长期蒸散发量的时空变化，分析了灌区节水改造对农田及天然植被耗水的影响。Liaqat 等（2015）利用 SEBS 模型计算分析了巴基斯坦一个大型灌区不同季节、不同种植结构下的耗水量。以上研究表明遥感蒸散发模型可以应用于灌区耗水分析及用水评价，为基于遥感蒸散发的灌溉用水效率评价奠定了基础。

蒋磊等（2013）提出了利用遥感蒸散发计算结果对灌区灌溉水利用效率进行评价的方法。该方法以 SEBAL 模型计算得到的灌区蒸散发为基础，将灌区内土地利用类型分为灌溉地、非灌溉地两部分，将灌溉地的蒸散发量扣除有效降水作为灌溉水的有效利用量，灌溉水有效利用率则定义为灌溉水有效利用量与灌区净引水量（总引水量与排水量之差）的比值。利用该方法评价了内蒙古河套灌区节水改造以来（2000 ~ 2010 年）灌溉水有效利用率的动态变化及其与降水、灌溉引水量的关系。

Wu 等（2015）利用 SEBS 模型估算了黑河中游蒸散发量，评估了各灌区的灌溉水利用效率。

以上研究表明利用遥感蒸散发计算结果对灌区灌溉水利用效率进行定量评价是可行的。相对于传统的评价方法，基于遥感蒸散发的灌区灌溉水利用效率评价方法是一种可操作性较强的方法。以上实际应用灌区（蒋磊等，2013；Wu et al.，2015）均位于干旱区，划分农田蒸散发的水分来源（灌溉与降水）比较容易；而对于半湿润、湿润区灌区来说，如何准确估算灌溉水的有效消耗还需要进一步研究。因此，基于遥感蒸散发的灌区灌溉水利用效率评价方法还需要进一步开展深入研究工作。

1.2.5 作物种植分布遥感识别

作物种植分布是作物产量估算（Johnson，2014；Yu and Shang，2018）、灌区水文过程模拟（郝远远，2015）以及农业用水管理（李泽鸣，2014）的基础资料。传统作物种植面积的获取方式主要是通过农业普查进行，不仅耗时耗力，而且无法及时获取。作物种植面积普查数据无法精确到以每个田块为单位，通常以县区为单位，在作物种植类型多样且分布复杂的地区无法获得其作物种植的准确空间分布（李秀彬，1999）。

Ulaby 等（1982）利用雷达和 Landsat 卫星数据对作物种植类型进行识别，可认为是作物种植类型遥感识别的最初尝试。近几十年来，遥感技术的快速发展为有效识别区域作物种植分布提供了机遇（Gómez et al.，2016），遥感数据具有获取方便、时空分辨率较高且覆盖面积广等特点，在区域作物生长监测方面具有显著优势，因而在作物识别中得到了广泛应用（刘纪远等，2003；Wardlow and Egbert，2008；Xue Z et al.，2017）。为了保证作物种植分布的识别精度，利用遥感方法对作物分布进行识别时，不仅需要选择合适的作物分类器，同时作为分类器输入的遥感数据选择也至关重要（Löw et al.，2015）。

作物分布遥感识别的主要根据是不同作物在光谱特征或植被指数等方面的差异。随着遥感技术的不断发展，作物分布遥感识别方法也有很大的发展。这些方法可以从不同的角度来进行分类，如作物识别的基本单元、识别中是否需要训练样本、识别中是否需要估计各类作物在特征空间分布的先验概率等（Cihlar，2000）。

作物识别的基本单元一般为像元、亚像元及地块。像元分类法基于像元光谱等特征的相似性将每一个像元分为某一作物类型，如极大似然法（Belward and de Hoyos，1987；Yang et al.，2011）、最邻近点法、决策树方法（Hansen et al.，1996；Kandrika and Roy，2008；Yang et al.，2011）、支持向量机（Yang et al.，2011）、熵分类法（Long and Singh，2012c）等。亚像元分类法将一个像元的作物分为若干种作物的组合，特别适用于处理混合像元问题，主要方法包括模糊分类法（Zhang and Foody，2001；Shalan et al.，2003）、模糊神经网络法（Mannan and Ray，2003；Heremans et al.，2011）等。地块分类法将地块分布信息与遥感信息相结合，一般情况下具有较高的识别精度，如基于规则的分类方法（Conrad et al.，2010）。

根据识别过程中是否需要有已知的分类样本，识别方法大致可以分为非监督分类方法、监督分类方法两类（Cihlar，2000），近年来半监督分类方法（Miller and Brwoning，2003）也逐渐应用于遥感图像分类识别。非监督分类是指仅利用遥感图像中地物光谱特征的分布规律，按照一定的方法随其自然地进行分类，然后通过对各类作物光谱响应曲线进行分析、与实地调查相比较后确定分类结果中具体的类别属性。常用的非监督分类方法有聚类方法、逐步归纳（progressive generalization）法（Cihlar et al.，1998）、增强分类法（Beaubien et al.，1999）等。监督分类又称为训练区分类，它是利用对地面样区的实况调查资料，从已知训练样区得出实际地物的统计资料用作图像分类的判别依据，并依一定的判别规则对所有图像像元进行判别处理，使得具有相似特征并满足一定识别规则的像元归并为一类。常用的监督分类方法主要有最小距离法、马氏距离法、极大似然法、波谱角法、决策树方法、傅里叶变换法、人工神经网络方法、支持向量机法等（Belward and de Hoyos，1987；Hansen et al.，1996；Zhang M et al.，2008；Heremans et al.，2011；Yang et al.，2011）。针对高光谱等高维数据在分类过程中存在的“高维小样本”问题，将少量的训练样本与大量的未知样本相结合，可以实现遥感影像的半监督分类，如混合高斯模型（熊彪等，2011）、DE-self-training 算法（王俊淑等，2015）等。

根据识别中是否需要估计各类作物在特征空间分布的先验概率，作物识别方法可以分为参数分类方法与非参数分类方法。在参数分类方法中，根据训练样本估计各类作物在特征空间分布的先验概率，然后进行分类判别，如极大似然法（Belward and de Hoyos，1987；Yang et al.，2011）。在非参数分类方法中，直接根据训练样本选择最佳分类准则，如最邻近点法、决策树方法、支持向量机和人工神经网络方法等（Heremans et al.，2011；Yang et al.，2011）。

由于不同的分类方法各有优、缺点，将不同的方法组合起来进行作物识别可能取得更好的效果。Wardlow 等（2007）将图像分析与统计分析相结合，利用增强型植被指数（EVI）和 NDVI 序列对美国中部大平原的作物种植结构进行了识别。Peña-Barragán 等（2011）将基于对象的图像分析法和决策树法相结合，提出了基于对象的作物识别方法。Pervez 等（2014）利用阈值依赖决策树法对阿富汗灌溉面积进行了识别。

以像元为基本单元的监督分类方法（训练区分法）是目前应用最为广泛的一种作物分布遥感识别方法，即以实地采样点所在像元的作物特征值作为分类器的训练数据，利用训练好的作物分类器对每个像元内的作物类型进行识别（Zhong et al.，2016；Chen et al.，2016；Shao et al.，2016）。机器学习算法常被作为监督分类下的作物分类器，主要包括多层感知器神经网络（Löw et al.，2015；Shao and Lunetta，2012）、支持向量机（Shao and Lunetta，2012；Barrett et al.，2014）和随机森林（Zhu et al.，2012；Zhong et al.，2014）分类算法，这些分类器均属于非参数化算法，即没有特定分类公式的黑箱分类器。因此，在某一特定区域训练好的作物分类器无法直接应用到其他区域，即该类分类器的泛化性较低。同时，输入作物特征变量数目的确定是非参数化分类器的一个关键问题，输入变量过多易发生过拟合和休斯现象（Ghosh and Joshi，2014；Belgiu and Drăguț，2016），而输入变量过少又无法体现作物的所有特征。应用非参数化分类器对大面积作物分布进行识别时的另一个缺点是数据量过大导致计算机性能要求高，且计算时间较长（Gislason et al.，2006；Shao et al.，2015）。因此，建立泛化性较高且计算量较小的分类器是作物种植分布遥感识别的首要问题。

作物分类器输入作物特征值的选择也是影响作物分类精度的关键因素。作物物候期可以反映作物的生长过程，利用不同作物物候特征值的差异可对不同作物进行有效识别（Zhong et al.，2011；Hmimina et al.，2013；Parplies et al.，2016）。遥感数据反演得到的植被指数时间序列可很好地描述作物物候期变化，常用的有 EVI（Walker et al.，2014；Li et al.，2014）和 NDVI（Parplies et al.，2016；Pan et al.，2015）。相对于 EVI 来说，NDVI 具有计算公式简单且可用数据产品丰富等优点，因而应用更加广泛（Huete et al.，2002；Sehgal et al.，2011）。此外，在干旱半干旱地区，相比于其他植被指数，NDVI 对土壤条件和大气环境的响应更为敏感。Lu 等（2015）使用 MODIS 数据反演得到的三种植被指数对旱地植被动态进行监测，结果表明基于 NDVI 时间序列提取的作物物候特征值更能反映区域作物生长状况的差异性。Johnson 等（2016）比较了 NDVI 和 EVI 分别作为估算因子的作物产量估算结果，结果表明 NDVI 是研究区内三种作物产量估算的最佳因子。上述研究表明，NDVI 时间序列可较为准确地描述作物物候期的变化，利用 NDVI 时间序列曲线提取的作物物候特征值可作为作物分类器的有效输入。

NDVI 反演所用的遥感数据来源是影响作物分类精度的另一个关键因素。在过去几十年里，全球范围内发射了多颗多类卫星，主要包括 1972 年以来发射的 Landsat 系列陆地卫星（美国）、1979 年以来发射的 NOAA 系列气象观测卫星（美国）、1986 年以来发射的 SPOT 系列地球观测系统卫星（法国）、1999 年以来发射的 MODIS Terra 和 Aqua 卫星（美国）、2008 年发射的环境与灾害监测卫星 HJ-1A/1B（中国）、2014 年以来发射的 Sentinel 系列卫星（欧洲航天局）等。相应地产生了多种遥感数据产品，主要包括 Landsat 数据（Otukei and Blaschke，2010；Hansen and Loveland，2012）、NOAA-AVHRR 数据（Martínez and Gilabert，2009；Sehgal et al.，2011）、SPOT 植被数据产品（Thenkabail et al.，2009；Yang et al.，2011）、MODIS 系列数据产品（Wardlow et al.，2007；Fritz et al.，2008）、HJ-1A/1B 卫星 CCD 影像数据等。Landsat 数据的空间分辨率较高（30 m），MODIS 数据的时间分辨率较高（1 天）且空间分辨率（250 m）中等，并且这两种遥感数据均可免费下载，因而是目前研究中最常用的两种遥感数据。然而 Landsat 数据的时间分辨率为 16 天，在云层遮挡的影响下，一年内获取的遥感影像数目无法对作物物候期进行准确描述；MODIS 数据虽然时间分辨率较高，但其 250 m 的空间分辨率在作物种植类型多样且种植田块碎片化的地区易有混合像元的存在，这样无法对不同作物的植被指数进行准确提取，从而降低作物物候特征值的反演精度。为了解决上述问题，利用 Landsat 数据对 MODIS 数据进行降尺度或者将 Landsat 数据与其他数据进行融合得到了广泛关注，但这些再处理方法反而有可能会增加植被指数的遥感反演值与地面实测值之间的误差（Ke et al.，2016；Otukei et al.，2015；Wang et al.，2004）。HJ-1A/1B 卫星 CCD 影像数据（Wang et al.，2010）具有高时间分辨率（单颗卫星的回访周期为 4 天）和中高空间分辨率（30 m），在作物分类识别中具有一定的优势。

农作物种植类型遥感识别是一个复杂的过程，目前作物遥感识别方面存在的主要问题在于遥感数据本身的不确定性所导致的异物同谱、同物异谱和混合像元等现象。特别是对于中国北方干旱区多数灌区，由于土地利用制度和耕作体系等因素导致混合像元大量存在。针对混合像元问题，亚像元分类方法还需要进一步发展完善。

对于监督分类，需要定期进行采样调查，耗费大量的人力和财力，并且样点的选取也有很大的主观性。目前已有一些学者建立了适用于多年种植结构的识别模型（Zhong et al.，2014），但其研究区域种植结构相对单一。对于种植结构复杂的中国灌区，如何建立能够适应复杂种植结构并且适用于多年的作物分布遥感识别模型是研究中亟须解决的关键问题（Jiang et al.，2016；Yu and Shang，2017）。

1.2.6 作物遥感估产

粮食安全是人类目前面临的重大挑战，大面积作物产量估算是制定区域和国家粮食政策的重要依据（Cunha et al.，2010；Noureldin et al.，2013；Kowalik et al.，2014）。传统的调查统计方法不仅耗时耗力，而且难以准确并及时获得作物产量的空间分布（Johnson，2014；Zhang 和 Zhang，2016）。近年来由于遥感影像具有覆盖面广且重访周期短的特点，被广泛应用于农业监测中，为区域作物产量的准确估算提供了有效途径（Johnson et al.，2016；Fieuzal et al.，2017）。常用的作物遥感估产模型包括经验统计模型、作物生长模型、光能利用效率（radiation use effciency，RUE）模型、作物水分生产函数估产模型及机器学习估产模型等。

经验统计模型是基于遥感反演的植被指数与作物产量之间的相关性对作物产量进行估算。最常用于作物产量估算的植被指数有 NDVI（Balaghi et al.，2008；Mulianga et al.，2013；Son et al.，2014）、EVI（Bolton 和 Friedl，2013）、叶面积指数（leaf area index，LAI）（Fernandez-Ordoñez and Soria-Ruiz，2017）及土壤调节植被指数（soil adjusted vegetation index，SAVI）（Noureldin et al.，2013；Holzman et al.，2014）等。研究结果表明这些植被指数与作物产量之间具有较强的线性相关性，因而可以通过统计回归模型进行估产。经验统计模型原理简单且易于操作，但经验统计模型通常只能考虑单一作物植被指数与产量之间的相关性，而忽略其他因子对作物产量的影响，从而会影响作物产量的估算精度。同时回归模型参数通常具有地域性，难以在大尺度推广应用。

遥感作物生长模型是将遥感数据同化于作物生长模型，对区域作物生长过程进行模拟，从而实现区域作物产量的估算，是目前较为常用的一种区域产量估算方法（de Wit et al.，2012；Ma et al.，2013）。虽然作物生长模型具有很强的物理基础，但是其对作物产量的准确估算需要大量输入参数对模型进行驱动，其中包括气象数据、土壤数据、作物数据以及灌溉施肥等农田管理资料（Cheng et al.，2018），这些输入参数需要进行大量的田间实验及区域调查才能获取（Huang et al.，2016；Xie et al.，2017），而且某一区域的田间实测数据由于作物生长环境的差异很难应用于其他区域，从而导致了作物生长模型应用的局限性。

RUE 模型通过遥感数据反演的总初级生产力（gross primary productivity，GPP）或净初级生产力（net primary productivity，NPP）对作物产量进行估算。相比于作物生长模型，RUE 模型所需参数少且具有一定的作物生理基础。RUE 模型估算产量所需要的主要参数包括作物 RUE、吸收的光合有效辐射（absorbed photosynthetically active radiation，APAR）及收获指数（harvesty index，HI）（Lobell et al.，2003；Bandaru et al.，2013；Xin et al.，2013）。然而，上述模型参数中的作物收获指数难以获得，通常只能依赖于田间试验进行观测，在没有田间实测值的地区只能根据经验值进行估计。而由于不同区域作物生长情况不同，其收获指数也具有较强的空间差异性，根据经验值估计的作物收获指数会与真实值之间有一定误差，从而给作物产量的估算带来不确定性。

作物水分生产函数遥感估产模型根据遥感估算得到的作物生育期内耗水量与作物产量之间的相关性进行区域尺度的作物产量估算（彭致功等，2014），其中 Jensen（1968）模型是最常用的一种水分生产函数（王仰仁等，1997；韩松俊等，2010），根据作物各生育阶段的相对蒸散发量来估产。蒋磊等（2019）应用 Jensen 模型，结合作物生育期内耗水量的遥感估算结果对河套灌区内四个县（旗、区）的玉米产量进行估算，实现了县级尺度下玉米产量较为准确的估算。然而利用 Jensen 模型对作物产量进行估算时需要作物水分敏感指数和作物潜在产量作为输入，这两个参数同样依赖于田间试验观测结果（张恒嘉，2009），一般采用经验估计值。采用经验估计值可对县级及以上尺度的作物产量进行较为准确的估算，然而应用于像元尺度产量估算时，则会由于输入参数误差的存在而降低作物产量的估算精度。同时，基于作物水分生产函数的产量估算精度在很大程度上受作物耗水量估算精度的影响。

机器学习遥感估产模型是将遥感反演的植被指数作为模型输入因子，利用一定的机器学习算法（包括人工神经网络、随机森林等）对像元尺度下的区域作物产量进行估算。其中，人工神经网络估产模型已经成功地应用于多种作物的产量估算中，包括玉米（Fieuzal et al.，2017）、小麦（周智伟等，2003；Bose et al.，2016）、番茄（Fortin et al.，2011）、西瓜（Villanueva and Salenga，2018）及草地干物质量（Majkovič et al.，2016）等。随机森林估产模型也已应用于玉米（Jeong et al.，2016；Hoffman et al.，2018）、大豆（Richetti et al.，2018）和小麦（Wang et al.，2016）的产量估算中。模型输入因子是决定机器学习遥感估产模型精度的关键因素，遥感数据分辨率及作物种植分布图的精度决定了模型输入因子的精度，从而影响作物产量的估算精度（Shao et al.，2015）。

1.2.7 作物水分生产率及种植适宜度评价

水资源短缺是干旱半干旱区粮食安全的主要制约因素，如何在灌溉水量不足的条件下保证粮食生产是亟须解决的问题，即需要采用合适的措施提升区域作物水分生产率。作物水分生产率（WP）或水分利用率（WUE）是作物产量（Y）与作物生育期内耗水量（ET）的比值（李远华等，2001；Liu et al.，2007），是评估灌溉管理措施对作物生长影响的重要指标。不同作物在相同生长环境下的水分生产率不同，同一作物在不同生长环境下的水分生产率也不同（Ali and Talukder，2008）。根据区域作物水分生产率的空间分布，可确定不同作物的种植适宜度（Xue and Ren，2016），进而根据作物种植适宜度的空间分布得到节水高产的作物种植结构。

获取作物水分生产率的传统方法主要包括田间试验观测（Zwart and Bastiaanssen，2004；Gajić et al.，2018）和作物生长模型模拟（Jiang et al.，2015；Gao et al.，2018）。田间实验观测不仅耗时耗力，而且无法准确获取区域作物水分生产率的空间分布；作物生长模型与遥感数据的结合使得区域作物水分生产率的估算成为可能（Niu et al.，2018；Campos et al.，2018），但同样也需要大量实测数据对模型进行驱动（Ren et al.，2019）。遥感技术在农田要素监测中的广泛应用，发展了对区域作物水分生产率进行估算的有效方法（Cai and Sharma，2010），但目前完全依赖于遥感数据作为输入的区域作物水分生产率估算研究还很少。

根据遥感蒸散发模型及作物估产模型计算得到灌区内主要作物蒸散发、产量的空间分布，即可计算得到不同作物 WP 的空间分布，并进一步分析 WP 的影响因素（Bastiaanssen et al.，1999；Mo et al.，2005），提出提高 WP 的措施。此外，在 WP 的计算中，ET 为作物生长期的蒸散发，因此还需要对作物出苗到成熟的时间进行识别。已有研究表明，植物物候与遥感植被指数（如 NDVI 或 LAI 等）存在密切关系，因此根据对 NDVI 序列动态变化特征的分析，可以确定植物的物候期（Wei et al.，2012；Pan et al.，2015；Yu and Shang，2020）。

作物种植适宜度评价是指对某种作物的种植适宜程度进行定性、定量以及定位的评价。目前对作物种植适宜度的评价研究大多基于影响作物生长的生态因子进行评价，主要包括气象因子（降水、气温等）（马润佳，2017；金林雪等，2018）和土壤因子（土壤有机质含量、pH 等）（彭聪聪，2016）。具体来说，根据不同生态因子对作物生长的影响程度，确定不同因子的贡献权重，从而得到总体的作物种植适宜度指数（一般在 0 ~ 1），按照种植适宜度指数对作物种植区进行划分以实现土地资源的有效利用（何奇瑾和周广胜，2011；王丽等，2016；谢国雪等，2017）。目前相关研究中多忽略了灌溉对作物生长的影响，而在我国灌溉农田占农田总面积的 50% 左右（操信春等，2012），灌溉是影响作物种植适宜度的关键因子。作物水分生产率是反映作物生产状况的综合指标，Xue 和 Ren（2016）应用线性标准化方法（Z-Scores 方法）对河套灌区玉米、向日葵和小麦的水分生产率进行标准化，然后通过比较标准化后的不同作物水分生产率，得到三种主要作物的适宜种植分布，实现了基于作物水分生产率的作物种植适宜度评价。

1.2.8 作物种植结构优化

作物种植结构优化是缓解水资源短缺条件下粮食危机的有效措施。作物种植结构优化按照优化目标的不同可分为单目标（张帆等，2016）和多目标优化（王雷明，2017）；按照优化方法的不同可分为线性（徐万林和粟晓玲，2010；张洪嘉，2013）和非线性优化（张智韬等，2011）。对于优化目标来说，节水效益是众多作物种植结构优化研究中的共同优化目标。Davis 等（2017）对全球 14 种灌溉和非灌溉作物的种植结构进行优化，在满足全球粮食需求的同时，灌溉水量减少高达 12%；张智韬等（2011）对陕西宝鸡峡五泉灌区的多种作物种植结构进行优化，在不改变作物总种植面积的条件下，实现了灌区内作物总耗水量减少 15% 左右。徐万林和粟晓玲（2010）对甘肃武威市凉州区的粮食和蔬果等多种作物种植结构进行优化，优化后该地区农业可节水 2.63 亿 m^3。对于优化方法来说，比较常用的是非线性优化方法，如陈兆波（2008）应用粒子群算法对新疆塔里木河流域的粮食和蔬菜等作物种植比例进行优化，实现水资源的高效利用；王雷明（2017）应用混沌粒子群算法对内蒙古河套灌区水资源约束条件下的玉米和向日葵等作物种植结构进行优化；Chen 等（2020）利用模糊分式规划模型得到了青海省三江源地区水、土资源合理配置方案。

虽然节水是作物种植结构优化的关键目标，但农业生产中农民对种植作物类型的选择主要取决于作物的经济效益。在灌区作物耗水总量不变的情况下，以经济效益最大化为目标的作物种植结构优化研究更具有应用价值。目前作物种植结构优化研究的优化尺度比较单一，主要是在流域尺度（陈兆波，2008）和区域尺度（高明杰，2005；张帆等，2016；Chen et al.，2020）。对于不同尺度下作物种植结构优化前后对当地节水和经济效益等的影响，还需要进一步加强研究。

1.3 研究内容及技术路线

针对农业用水效率评价研究与实践中存在的问题，尚松浩等（2015）提出了农业用水效率遥感评价分析框架。近年来结合研究工做进一步完善了分析框架(图1-1)，主要包括数据收集、模型开发、规律分析、效率评价及应用等部分。

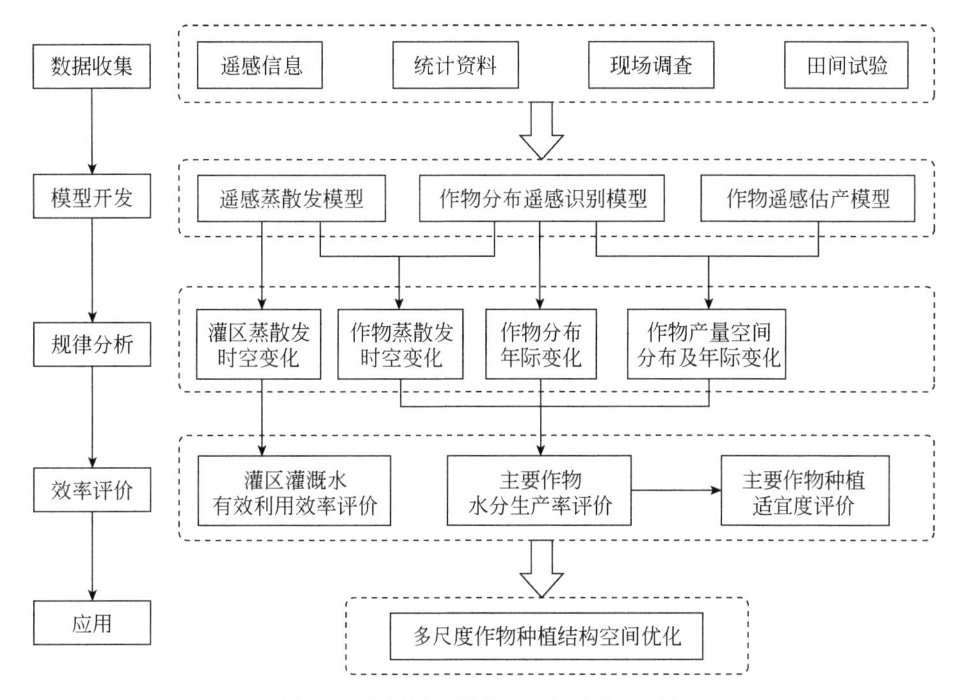

图 1.1 农业用水效率遥感评价分析框架

根据以上研究框架，以中国干旱区最大的灌区——内蒙古河套灌区作为典型区，开展以下研究工作：①将遥感数据和田间调查、实测数据相结合，建立区域蒸散发模型、作物分布识别与估产模型；②根据以上模型模拟结果，分析典型干旱区灌区主要作物空间分布、作物产量与作物生育期内耗水量的时空变化规律；③在此基础上，对灌区灌溉水利用效率、主要作物水分生产率及种植适宜度进行评价；④分别以经济效益最大化和节水量最大化为目标，在不同空间尺度（县级、3000 m 和 300 m 网格尺度）下对灌区主要作物种植分布进行优化，为干旱区灌区水土资源合理利用提供技术支撑。

1.3.1 数据收集

农业用水效率评价中需要用到的数据主要包括遥感数据、统计资料、现场调查数据和试验数据等。

（1）卫星遥感数据

综合考虑遥感数据的时间、空间分辨率及数据可获取程度，主要采用MODIS数据和HJ-1A/B数据。

MODIS数据来源于美国国家航空航天局（National Aeronautics and Space Administration，NASA）地球观测系统Terra和Aqua卫星上搭载的MODIS。研究中用到的MODIS数据（2000年以来）主要包括地表反射率数据MOD09GA（时间分辨率1天，空间分辨率500/1000 m）、地表温度及反射率数据MOD11A1（时间分辨率1天，空间分辨率1000 m）、植被指数数据MOD15A2（时间分辨率8天，空间分辨率1000 m），可从NASA数据中心下载（https://ladsweb.modaps.eosdis.nasa.gov/）。

HJ-1A/B数据（2009年以来）来源于中国2008年9月6日发射的环境与灾害监测（HJ-1A/1B）卫星CCD影像数据，该遥感影像满足同时具备高时间分辨率（单颗卫星的回访周期为4天）和中高空间分辨率（30 m）的要求（Wang et al.，2010）。HJ-1A/1B卫星CCD影像数据共有4个波段，分别为蓝光波段（0.43 ~ 0.52 μm）、绿光波段（0.52 ~ 0.60 μm）、红光波段（0.63 ~ 0.69 μm）和近红外波段（0.76 ~ 0.90 μm）。HJ-1A/1B卫星CCD影像数据从中国资源卫星应用中心（China Centre for Resources Satellite Data and Application，CRESDA）（http://cresda. spacechina.com）下载。

（2）历史统计及试验观测资料

根据研究工作的需要，还需要收集研究时段内的有关历史统计资料及田间试验观测资料，主要包括灌区土地利用数据、地面气象观测资料、水文、水资源利用及地下水资料、主要作物种植面积及产量数据、主要作物耗水及产量的试验观测资料等。

（3）现场调查

在研究区内选择主要作物相对集中分布的农田，进行主要作物分布及产量的定位调查。调查点采用全球定位系统（global positioning system，GPS）定位，调查作物种植密度及单株产量，估算作物单产。这些资料与遥感植被指数等数据结合对主要作物分布识别与估产模型进行率定与检验。

1.3.2 模型开发

农业用水效率评价的基础是灌区遥感蒸散发模型、作物分布遥感识别模型和主要作物遥感估产模型等。

（1）灌区遥感蒸散发模型

研究建立了混合双源梯形蒸散发模型 HTEM（Yang and Shang, 2013），该模型主要包括两个部分：①基于混合双源模式的冠层、土壤能量分配模型；②基于理论梯形植被指数 – 陆面温度空间的地表辐射温度分解模型。利用不同地区、不同植被类型下的水热通量观测结果对模型进行验证。

（2）作物分布遥感识别模型

在灌区主要作物分布定点调查的基础上，得到主要作物遥感植被指数（如NDVI）动态变化过程，统计分析主要作物 NDVI 序列的特征值及物候特征值，建立基于植被指数 – 物候指数特征空间的灌区主要作物分布遥感识别模型（Jiang et al.，2016；Yu and Shang，2017）。利用模型对灌区近年来主要作物分布及其面积进行识别，并根据统计及调查资料对识别结果进行检验。

（3）主要作物遥感估产模型

根据灌区主要作物产量统计资料及现场调查的基础上，建立主要作物遥感估产模型（Yu and Shang，2018）。利用模型对灌区近年来主要作物产量进行估算，并根据统计及调查资料对估产结果进行检验。

1.3.3 规律分析

利用以上模型计算分析灌区蒸散发的时空变化规律、主要作物及其生育期的空间分布规律、主要作物产量的空间分布规律。

（1）灌区蒸散发时空变化规律分析

根据遥感蒸散发模型计算结果，分析灌区蒸散发的时空变化规律、不同下垫面蒸散发的动态变化特征、主要影响因素及其对灌区节水改造的响应特性（Yang et al.，2012b）。结合主要作物分布识别及生育期识别结果，分析灌区内主要作物蒸散发及蒸腾的时空变化规律（Yu and Shang，2020）。

（2）主要作物及其生育期的空间分布规律

根据主要作物分布遥感识别模型计算结果，分析主要作物的空间分布与年际变化（Yu and Shang，2017）、作物生育期的空间分布与年际变化，分析作物生育期的主要影响因素。

（3）主要作物产量的空间分布规律

根据主要作物遥感估产模型计算结果，分析主要作物产量的空间分布特征、年际变化及其主要影响因素和对灌区节水改造的响应（Yu and Shang，2018）。

1.3.4 农业用水效率评价

利用蒸散发、作物生育期及产量计算结果，定量评价灌区灌溉水有效利用效率、主要作物水分生产率。

（1）灌区灌溉水有效利用效率定量评价

在灌溉农田蒸散发量计算结果的基础上，扣除有效降雨量得到灌溉农田消耗的灌溉水量，以灌溉农田消耗的灌溉水量与总（净）引水量的比值作为灌溉水有效利用效率（蒋磊等，2013）。根据计算结果分析灌区灌溉水有效利用效率的主要影响因素及动态变化过程。

（2）主要作物水分生产率定量评价

根据主要作物生育期内的作物蒸散发量及产量估算结果，计算出主要作物水分生产率（产量 / 生育期蒸散发）。根据计算结果分析灌区主要作物水分生产率的时空变化特征及其主要影响因素，提出提高灌区主要作物水分生产率的具体途径（于兵，2019）。

（3）主要作物种植适宜度定量评价

基于作物水分生产率的频率分布构建作物种植适宜度指数，进而对灌区玉米和向日葵的种植适宜度进行评价（于兵，2019）。根据作物种植适宜度指数的时空分布，对不同总种植面积下的灌区主要作物种植分布进行优化，得到不同总种植面积下节水高产的灌区主要作物种植分布。

1.3.5 作物种植结构空间优化

以上研究结果为基础，分别以经济效益和节水效益最大化为目标，建立了两种作物种植结构优化模型，并分别在县级尺度、3000 m 和 300 m 网格尺度下对河套灌区玉米和向日葵的种植结构进行优化，提出研究区节水、高效种植结构（于兵，2019）。

第 2 章　混合双源梯形遥感蒸散发模型及其验证

2.1　概　　述

利用卫星遥感信息反演陆面蒸散发是获取大尺度上蒸散发信息最为有效的途径之一，也是过去 40 年间蒸散发领域研究的热点。Brown 和 Rosenberg（1973）首次将热红外遥感信息用于陆面水热通量的估算。此后涌现了大量的遥感蒸散发估算模型（Bastiaanssen et al.，1998；Long and Singh，2012a, 2012b；Moran et al.，1994；Norman et al.，1995；Su，2002；Yang and Shang，2013；Yu et al.，2019）。在这些模型中，单源模型将蒸发、蒸腾作为一个整体来处理，如 Bastiaanssen 等（1998）提出的 SEBAL 模型和 Su（2002）提出的 SEBS 模型；而双源模型能将土壤蒸发与植被蒸腾分开计算，如 Norman 等（1995）提出的 TSEB 模型、Long 和 Singh（2012b）提出的 TTME 模型。一般来说，双源模型对下垫面条件具有更强的适应能力，尤其是针对植被非完全覆盖的地区（Timmermans et al.，2007；Verhoef et al.，1997）。

基于地表能量平衡原理的双源遥感蒸散发模型需要以土壤与植被组分各自的表面温度作为模型的输入。但是卫星遥感观测的 LST 反映了土壤与植被的综合效应，而不能直接得到各组分的表面温度。对于下垫面植被非均匀覆盖的地区，土壤与植被的表面温度之差可高达 20℃（Kustas and Norman, 1999）。因此，双源遥感蒸散发模型研究的一个重要内容是如何将遥感观测到的地表温度分解为各组分（土壤与植被）的表面温度。

已有研究表明，组分温度可以通过求解不同观测角度的 LST 与植被覆盖条件构成的二元二次方程组来确定（Jia et al.，2003；Kustas and Norman, 1997）。但是绝大多数情况下 LST 的观测仅仅是在一个角度上进行，这就需要在研究中引入其他的假设条件以闭合方程组。其中一种方法是采用 Priestley-Taylor（P-T）公式对植被蒸腾速率以及植被冠层的表面温度进行初步估计，并通过迭代计算以求得各组分的真实温度。然而该方法中最大的不确定性来自 P-T 公式中 P-T 系数的确定，在 Norman 等（1995）中 P-T 系数取值为 1.3，而在 Kustas 和 Norman（1999）中 P-T 系数取值为 2。一般来说，对于不受水分胁迫的下垫面，P-T 系数的取值约为 1.26；而对于干燥的下垫面，这一系数应远小于 1.26（Komatsu, 2003）。此外，P-T 公式同时忽略了下垫面的空气动力学特性。

另外一种确定组分温度的方法是通过解译植被指数（VI）–LST 的特征空间。Carlson（2007）指出，如果区域内拥有足够多的像元，并同时剔除质量不佳的部分（如水体、云遮盖、山地等），各像元 VI 和 LST 间的关系可以构成一个具有物理含义的三角形特征空间。在这个特征空间内，较高的 VI 值通常对应着较低的 LST 值，同时也意味着较大的蒸散发速率。Carlson（2007）分析指出，在此特征空间内，存在着多条土壤水分等值线，每一条等值线代表了相同的土壤水分状态。由于土壤表面的辐射温度主要取决于土壤水分状态与土壤质地条件，而对于一个特定的区域，其土壤质地一般变化不大。因此，可以认为同一条土壤水分等值线上的土壤表面温度相同（Carlson，2007；Long and Singh，2012b；Nishida et al.，2003）。

尽管 VI-LST 特征空间可以有效地用于确定组分温度，现阶段对其研究仍有两个关键问题亟待解决。第一，三角形特征空间忽略水分对植被蒸腾过程的胁迫，并简单地认为植被温度与气温相等（Nishida et al.，2003）；第二，传统的基于遥感影像确定特征空间边界的方法实际上存在很大的主观性与不确定性（Long et al.，2012）。对于湿润地区而言，其干边往往是不存在的；同样对于干旱地区，也可能不存在现实中的湿边。

为了考虑水分对蒸腾过程的胁迫，Moran 等（1994）用梯形特征空间取代了三角形特征空间。为了解决干边、湿边确定过程中的不确定性，Long 等（2012）结合地表能量平衡与地表辐射平衡公式推导出了理论上的极限状态（干边与湿边），Long 和 Singh（2012b）进一步建立了基于梯形特征空间的 TTME 模型。与其他基于三角形或梯形特征空间的蒸散发模型相似，TTME 模型没有考虑下垫面空气动力学特征的异质性。这使得该模型仅适用于下垫面条件简单且均一的情况，而不适用于异质性较强的地区，这也在客观上限制了模型在较大尺度上的应用。

针对以上问题，本书研究建立了基于混合双源模式（Guan and Wilson，2009；Yang et al.，2012a）与梯形 VI-LST 特征空间的 HTEM 模型（Yang and Shang，2013）。该模型采用了理论推导的梯形 VI-LST 特征空间来确定各组分温度，同时采用混合双源模式对地气间阻力系统进行参数化并求取水热通量。将梯形特征空间与混合双源模式相结合可以达到两个目的：一方面，在梯形特征空间模型中考虑了下垫面空气动力学特征的异质性；另一方面，将混合双源模式发展为双源遥感蒸散发模型。进一步将 HTEM 模型在三个研究区进行应用和验证，包括两个农田生态系统（Yang and Shang，2013）和一个自然生态系统（灌木林）（Yang et al.，2013）。

2.2 模型建立

HTEM 模型由两个子模块构成，第一个子模块利用混合双源模式对有效净辐射进行组分间的分配，并对地表能量平衡公式中的各能量通量进行估算；第二个子模块利用理论推导的梯形植被覆盖度 F_c-LST 特征空间以确定土壤与植被各自的表面温度。

2.2.1 混合双源模式

如图 2.1 所示，在混合双源模式中采用了层状模型（Shuttleworth and Wallace，1985）的方法对有效净辐射在组分间进行分配，即

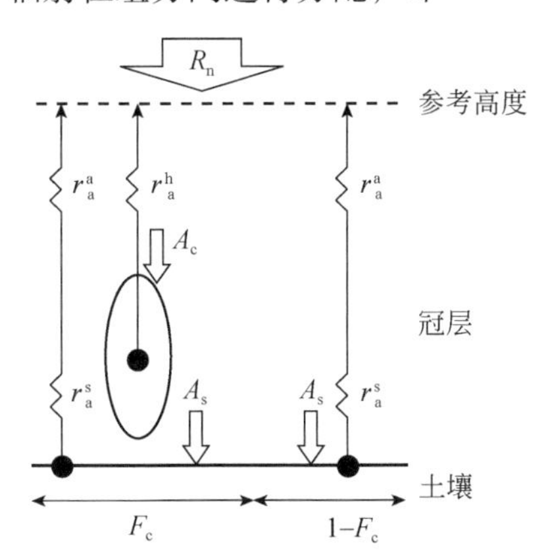

图 2.1　HTEM 模型中混合双源能量分配模式与阻抗结构

图中变量解释见式（2-1）~ 式（2-10）

$$A_c=R_n[1-\exp(-k_c\ \mathrm{LAI})] \tag{2-1}$$

$$A_s=R_n[\exp(-k_c\ \mathrm{LAI})] \tag{2-2}$$

式中，A 为单位面积内的有效净辐射，W/m^2；下标 c 和 s 分别代表植被和土壤；k_c 为辐射在冠层中的衰减系数；LAI 为叶面积指数；R_n 为净辐射，W/m^2，可根据地表辐射平衡公式进行计算，即

$$R_n=(1-\alpha)S_d+\varepsilon\sigma(\varepsilon_a T_a^4-\text{LST}^4) \tag{2-3}$$

式中，S_d为向下传播的太阳辐射，W/m²；α为地表反射率；$\sigma=5.67\times10^{-8}$ W/(m²•K⁴)，为Stefen-Boltzmann常数；T_a为空气温度，K；LST为卫星遥感观测的地表温度，K；ε和ε_a分别为长波辐射的地表发射率和大气发射率。其中，大气发射率ε_a可由式（2-4）求出（Brutsaert, 1975）：

$$\varepsilon_a=1.24(e_a/T_a)^{1/7} \tag{2-4}$$

式中，e_a为大气中的水汽压，hPa。

Kustas和Norman（1999）认为辐射在冠层内的指数衰减规律[式（2-1）、式（2-2）]仅在植被接近完全覆盖时有效。而对于植被稀疏覆盖的下垫面，由于土壤表面的温度较高，冠层会接收大量来自地表的长波辐射能量。Kustas和Norman（1999）因此提出了基于辐射传播过程的冠层内部辐射传输模型。然而该模型需要大量的冠层形态参数及不同波段的反射率数据，这些参数在通常情况下较难获取，且会给模拟带来更多的不确定性。在HTEM中，采用了对k_c在植被完全覆盖及裸土两种极端状况间进行线性插值的方法来确定非完全覆盖条件下的k_c值（Zhang B et al.，2008）。

接下来，采用了块状模型（Lhomme et al.，1994；Lhomme and Chehbouni，1999）的方法计算地表的显热通量、潜热通量及土壤热通量。在块状模型中，每个“子块”表面均接受完全辐射，“子块”间水热通量不发生交换。通过子块在一个像元内的相对覆盖度（植被覆盖度，F_c）对“子块”产生的水热通量进行数值加权，便可得到像元内的水热通量值，即

$$A_c=F_c\times(\text{LE}_c+H_c) \tag{2-5}$$

$$A_s-G=(1-F_c)\times(\text{LE}_s+H_s) \tag{2-6}$$

式中，G为土壤热通量，W/m²；LE与H分别为潜热通量和显热通量，W/m²，下标c和s分别代表植被和土壤；F_c为植被相对覆盖度，可通过NDVI进行计算，即

$$F_c=1-\left(\frac{\text{NDVI}_{max}-\text{NDVI}}{\text{NDVI}_{max}-\text{NDVI}_{min}}\right)^n \tag{2-7}$$

式中，NDVI_{max}与NDVI_{min}分别为植被完全覆盖及裸土条件下的NDVI值；n为表示冠层内叶倾角分布的系数，其取值一般变化于0.60 ~ 1.25（Li et al.，2005）。

土壤热通量采用Bastiaanssen（2000）提出的半经验模型进行估算：

$$G=R_n\times(\text{LST}-273.16)\times(0.0038+0.0074\alpha)(1-0.98\text{NDVI}^4) \tag{2-8}$$

对于各“子块”，显热通量采用电学类比原理进行计算：

$$H_c = \rho C_p \frac{T_c - T_a}{r_a^h} \tag{2-9}$$

$$H_s = \rho C_p \frac{T_s - T_a}{r_a^a + r_a^s} \tag{2-10}$$

式中，ρ 为空气密度，kg/m^3；C_p 为空气定压比热容，J/（kg・K）；T_s 和 T_c 分别为土壤及植被冠层的表面温度，K；r_a^h 为水热通量在冠层与参考高度间传输的空气动力学阻力，s/m；r_a^a 为水热通量在高度 $Z_{om}+d$（Z_{om} 为动量传输的表面粗糙度，d 为零平面位移高度）与参考高度间传输的空气动力学阻力，s/m；r_a^s 为水热通量在土壤表面边界层内部传输的空气动力学阻力，s/m。对于各空气动力学阻力的确定方法可参考 Sánchez 等（2008）。

最后，各“子块”的潜热通量则作为地表能量平衡方程的余项求出：

$$\mathrm{LE}_c = \frac{A_c}{F_c} \rho C_p \frac{T_c - T_a}{r_a^h} \tag{2-11}$$

$$\mathrm{LE}_s = \frac{A_s}{1-F_c} \rho C_p \frac{T_s - T_a}{r_a^a + r_a^s} \tag{2-12}$$

可以看出，潜热通量的计算需要土壤与植被各自的表面温度信息，而该信息可通过解译植被指数 – 地表温度梯形特征空间得到。

2.2.2　植被指数 – 地表温度梯形特征空间

理论上讲，植被指数 – 地表温度梯形特征空间可由代表 4 种极端状况的 4 个极端点确定。如图 2.2 所示，点 A 表示完全干燥的裸土表面，其上拥有最高的地

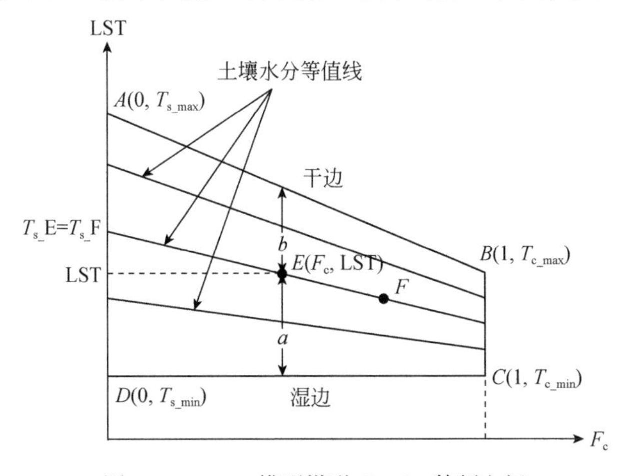

图 2.2　HTEM 模型梯形 F_c-LST 特征空间

表温度（T_{s_max}）；点 B 表示受到最大水分胁迫（完全干燥）的植被完全覆盖区域，其表面温度为 T_{c_max}。因此，点 A 和 B 构成了梯形特征空间的干边，并假设干边上的蒸散发速率为 0。相反，点 C 和 D 分别对应不受水分胁迫的植被完全覆盖区域与裸土区域，其构成了梯形特征空间的湿边。在湿边上，由于水分供应充足，蒸散发以潜在蒸散发速率进行。

有关研究（Carlson，2007）表明，在 VI-LST 的特征空间内存在土壤水分等值线，并且每条土壤水分等值线代表了相同的土壤表面温度（图 2.2）。对于梯形特征空间内部的土壤水分等值线，其斜率可以通过对干边与湿边的斜率进行线性插值求得。因此，梯形内任意一点 E 的土壤组分表面温度可以根据式（2-13）~ 式（2-15）确定：

$$T_s=F_c\times\frac{a}{a+b}(T_{s\_max}-T_{c\_max})+\mathrm{LST} \tag{2-13}$$

$$a=\mathrm{LST}-T_a \tag{2-14}$$

$$b=(1-F_c)(T_{s\_max}-T_{c\_max})+T_{c\_max}-\mathrm{LST} \tag{2-15}$$

此时，植被冠层的表面温度可以通过式（2-16）求得（Sánchez et al., 2008）：

$$T_c=\left[\frac{\varepsilon\mathrm{LST}^4-(1-F_c)\varepsilon_sT_s^4}{F_c\varepsilon_c}\right]^{1/4} \tag{2-16}$$

式中，ε_s 与 ε_c 分别为土壤与植被表面的长波辐射发射率。

为了确定梯形的形状，需要确定 4 个极端点的位置，即其各自的表面温度。对于湿边，由于最大的潜热通量往往对应着最小的显热通量，因此假定以区域内的平均气温代表湿边的表面温度。对于干边的两个极端点，其表面温度可以通过联立地表能量平衡方程与地表辐射平衡方程求出（Long et al., 2012）。对于裸土（点 A），其地表辐射平衡与能量平衡方程分别为

$$\begin{aligned}R_s&=(1-\alpha_s)S_d+\varepsilon_s\varepsilon_a\sigma T_a^4-\varepsilon_s\sigma T_s^4\\&\approx(1-\alpha_s)S_d+\varepsilon_s\varepsilon_a\sigma T_a^4-\varepsilon_s\sigma T_s^4-4\varepsilon_s\sigma T_a^3(T_s-T_a)\end{aligned} \tag{2-17}$$

$$R_s-G=H_s+\mathrm{LE}_s=\rho C_p\left(\frac{T_s-T_a}{r_a^a+r_a^s}\right)+\mathrm{LE}_s \tag{2-18}$$

式中，α_s 为裸土表面的短波反射率。

联立求解式（2-17）与式（2-18），并假定极端干燥条件下 $\mathrm{LE}_s=0$ 以及裸土的土壤热通量 $G=0.35R_n$（Long and Singh, 2012b），可以得到极端干燥条件下的裸土表面温度，即

$$T_{s\_max}=\frac{R_{s,0}}{4\varepsilon_s\sigma T_a^3+\rho C_p/[0.65(r_a^a+r_a^s)]}+T_a \tag{2-19}$$

同理，对点 B 建立辐射平衡与能量平衡方程，同时假设 $LE_c=0$，即可求得点 B 处的地表温度：

$$T_{c\_max}=\frac{R_{c,0}}{4\varepsilon_c\sigma T_a^3+\rho C_p/r_a^c}+T_a \tag{2-20}$$

$$R_{c,0}=(1-\alpha_c)S_d+\varepsilon_c\varepsilon_a T_a^4-\varepsilon_c\sigma T_a^4 \tag{2-21}$$

式中，α_c 为植被表面的短波反射率。

此外，在求解极端点空气动力学阻力时，根据 Long 和 Singh（2012b）的研究，将植被高度假设为 h_c_max=1m。虽然这种假设带有一定的主观性，但 2.3.4 节中对模型参数的敏感性分析表明，模型估算的蒸散发量对极端点植被高度的变化并不敏感。

2.2.3　瞬时蒸散发的日内升尺度转换

基于遥感影像的 ET 反演仅能获取卫星过境时刻下垫面的瞬时蒸散发速率。而对于日蒸散发量的估算，需要将卫星过境时刻的 ET 估算值通过一定的方法在日内进行升尺度计算。在 HTEM 中，采用了 Allen 等（2007）提出的参考蒸散发比日内不变假设，将 ET 的瞬时模拟值（ET_{inst}）升尺度为日 ET 值。参考蒸散发比（F_{ET}）定义为

$$F_{ET}=\frac{ET_{inst}}{ET_r} \tag{2-22}$$

式中，ET_r 为卫星过境时刻的参考作物蒸散发量，其计算公式可参见 Allen 等（1998）。

日蒸散发量（ET_{day}）则由式（2-23）求出：

$$ET_{day}=F_{ET}\times ET_{r\_day} \tag{2-23}$$

式中，ET_{r_day} 为日参考作物蒸散发量。

对于缺乏遥感数据的日期，其参考蒸散发比可通过在临近的有遥感影像的两日间进行线性插值求取（Tasumi et al.，2005）。

对于日内土壤蒸发（E）和植被蒸腾（T）的计算，模型中假设当日内降水量可以忽略时（如 $<$ 2mm），日内植被蒸腾量在总蒸散发中所占的比例不变，即 T/ET 在日内为一常数。E 与 T 的相对比例主要取决于地表植被覆盖状况及土壤

水分垂向分布状况（主要区分表层土壤含水量与根系层土壤含水量）。一般认为，植被覆盖状况在日内的变化可以忽略；同时，在无降水、灌溉发生的情况下，土壤水分的日内变化也相对较小（Gentine et al.，2011）。

2.3 模型验证 I ——雨养农业区

2.3.1 研究区域与数据

研究区域位于美国艾奥瓦州中部的农业区（41.87 °N ~ 42.05°N，93.83°W ~ 93.39°W），区域内超过80%的土地覆盖为雨养玉米和大豆种植用地。该地区的气候类型属于湿润气候，年均降水量为835 mm。在2002年6月15日（年内日序DOY166）~ 7月8日（DOY189），在该地区内进行了系统的土壤水分–大气耦合观测试验（SMACEX）。试验期间，搭建了14个气象观测塔用以观测常规的气象数据及土壤水分和作物生长数据；其中的12个观测塔上设置了涡度相关系统，对地表与大气间的水、热通量交换进行观测（表2.1）。对于涡度相关系统观测的能量不闭合问题，统一采取了波文比法对其进行修正（Anderson et al.，2005）。对于试验及研究区的详细介绍，可参见Kustas等（2005）。

表 2.1 研究区域内通量站站点信息

站点	作物	行间距 /m	水汽探测器	纬度 /（° ）	经度 /（° ）
WC03	大豆	0.38	LI7500	41.9838	−93.7550
WC06	玉米	0.76	LI7500	41.9329	−93.7533
WC13	大豆	0.76	KH20	41.9522	−93.6877
WC14	大豆	0.05	LI7500	41.9460	−93.6962
WC151	玉米	0.76	LI7500	41.9378	−93.6631
WC152	玉米	0.76	LI7500	41.9378	−93.6650
WC161	大豆	0.25	LI7500	41.9341	−93.6627
WC162	大豆	0.25	LI7500	41.9355	−93.6641
WC23	玉米	0.20	KH20	41.9925	−93.5358
WC24	玉米	0.76	LI7500	41.9929	−93.5286
WC25	大豆	0.20	LI7500	41.9423	−93.5394
WC33	玉米	0.76	LI7500	41.9753	−93.6443

遥感数据选用了 Landsat 卫星获取的 TM/ETM+ 影像（TM 空间分辨率为 60 m，ETM+ 为 30 m）（http://glovis.usgs.gov/）。试验期间，共选用了三幅未受云覆盖干扰的影像，分别是 DOY174 上午 10:29 获取的 TM 影像、DOY182 上午 10:42 获取的 ETM+ 影像及 DOY189 上午 10:48 获取的 ETM+ 影像。同时获取的还有该地区的数字高程图（DEM），其空间分辨率为 30 m。

卫星过境时刻的 LST 采用 Li 等（2004）提供的方法，利用 TM/ETM+ 影像的热红外波段（Band 6）进行估算。反射率则根据 Allen 等（2007）提供的方法利用影像的可见光和近红外波段（Band 1 ~ 5, 7）进行估算。植被覆盖度（F_c）采用式（2-7）进行计算，其系数 n 取值为 0.625，而 $NDVI_{max}$ 和 $NDVI_{min}$ 则分别取值为 0.94 和 0（Li et al.，2004）。LAI 及植被高度（h_c）则由 Anderson 等（2004）提供的经验公式进行计算：

$$\text{LAI}=(2.88\times \text{NDWI}+1.14)[1+0.104\exp(4.1\times \text{NDWI})] \tag{2-24}$$

对于玉米：

$$h_c=(1.2\times \text{NDWI}+0.6)[1+0.04\exp(5.3\times \text{NDWI})] \tag{2-25}$$

对于大豆：

$$h_c=(0.5\times \text{NDWI}+0.26)[1+0.005\exp(4.5\times \text{NDWI})] \tag{2-26}$$

式中，NDWI 为归一化水分指数，可通过遥感影像的近红外波段（NIR，Band 4）和短波波段（SWIR，Band 5）的反射率来确定，即

$$\text{NDWI}=(\text{NIR}-\text{SWIR})/(\text{NIR}+\text{SWIR}) \tag{2-27}$$

2.3.2　通量观测站模拟结果验证

为了匹配遥感影像像元大小与涡度相关系统观测值所代表区域的大小，显热通量与潜热通量的模拟值均根据当时的风向与风速进行了沿上风方向上 1 ~ 2 个像元内的数值平均，以代表通量源区域内的模拟值（Choi et al.，2009；Gonzalez-Dugo et al.，2009）。图 2.3 显示了地表能量平衡公式中各通量（净辐射、土壤热通量、显热通量和潜热通量）在卫星过境时刻模拟值与观测值的对比。

总体上看，HTEM 模拟得到的所有 4 个能量组分均与观测值间具有很好的吻合度。净辐射（R_n）模拟的均方根误差（RMSE）为 19.1 W/m^2，其平均偏差（模拟值的均值与观测值的均值之差）为 4.6 W/m^2（表 2.2）。土壤热通量（G）的均方根误差为 21.6 W/m^2，其平均相对误差为 19.7%。然而，从图 2.3 中可以看出，玉米地中 G 的模拟精度普遍较大豆地中 G 的模拟精度高。由于 HTEM 模型中 G 的估算采用了 Bastiaanssen（2000）提出的半经验公式，而该公式最初是在土耳

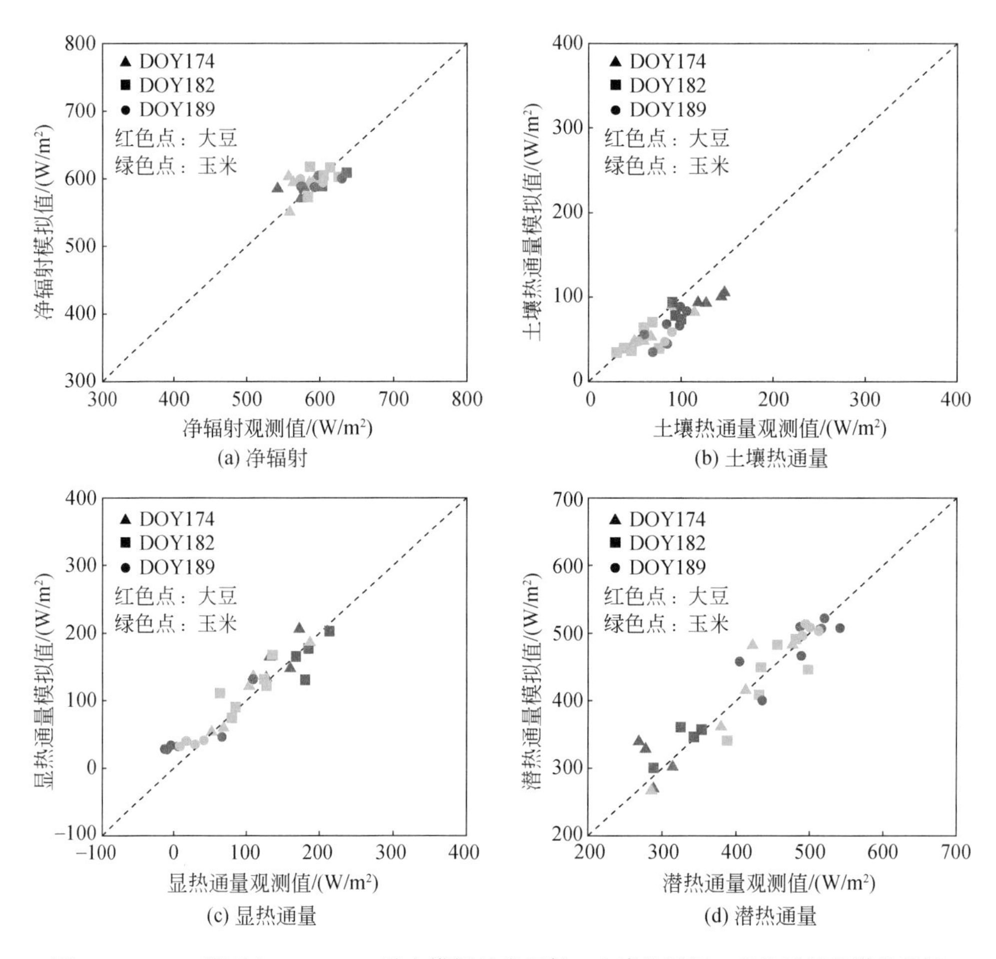

图 2.3　HTEM 模型在 SMACEX 站点模拟的净辐射、土壤热通量、显热通量及潜热通量与观测值的对比

其的 Gediz 河流域进行拟合。因此，对该公式进行局地参数化将会有效地提高 G 的模拟精度。

表 2.2　HTEM 模型在 SMACEX 站点模拟结果统计分析

能量组分	日期（DOY）	观测值平均 /（W/m²）	模拟值平均 /（W/m²）	平均偏差 /（W/m²）	均方根误差 /（W/m²）	平均相对误差 /%
R_n	174（9）	573.1	586.8	13.7	26.2	3.3
	182（10）	604.8	600.1	−4.7	16.3	2.0
	189（11）	591.0	595.2	4.2	14.0	2.0
	全部（**30**）	**589.7**	**594.3**	**4.6**	**19.1**	**2.4**

续表

能量组分	日期（DOY）	观测值平均 /（W/m^2）	模拟值平均 /（W/m^2）	平均偏差 /（W/m^2）	均方根误差 /（W/m^2）	平均相对误差 /%
G	174（9）	101.3	82.8	−18.5	24.3	17.9
	182（10）	70.1	62.5	−7.6	15.7	16.2
	189（11）	79.3	59.2	−20.1	23.7	24.4
	全部（**30**）	**82.9**	**67.4**	**−15.5**	**21.6**	**19.7**
H	174（9）	123.5	137.9	14.4	21.9	14.5
	182（10）	135.9	137.6	1.7	24.5	16.1
	189（11）	22.4	44.2	21.8	28.1	262
	全部（**30**）	**90.6**	**103.4**	**12.8**	**25.1**	**100**
LE	174（9）	348.3	366.1	17.8	39.2	9.1
	182（10）	398.8	400.0	1.2	28.6	6.1
	189（11）	489.3	491.8	2.5	25.1	4.1
	全部（**30**）	**416.2**	**423.5**	**7.2**	**31.1**	**6.4**

注：括号内的数字代表当天有效观测站的数量。

显热通量（*H*）模拟值的均方根误差（RMSE）为 25.1 W/m^2，其平均偏差为 12.8 W/m^2（表 2.2）。然而，*H* 模拟值的平均相对误差却高达 100%。这是由于在 DOY 189 天，*H* 的平均相对误差达到了 262%。一方面，这是由于当天 *H* 的绝对值较小，尽管 *H* 模拟误差的绝对值较小，其相对误差却仍然很高；另一方面，当天 5 个通量站 *H* 的观测结果为负值，说明在水平方向存在着较强的热量对流作用。模型中将湿边的表面温度近似用区域平均气温代替，导致模型并不能模拟能量在水平方向上的对流效应。此外，Alfieri 等（2011）的研究结果表明，当区域内出现较强的水平方向上能量流动时，涡度相关系统的观测误差会明显增大。

潜热通量（LE）模拟值的 RMSE 和平均偏差分别为 31.3 W/m^2 及 7.2 W/m^2，平均相对误差也仅为 6.4%。尽管 DOY 189 天的 *H* 模拟值相对误差高达 262%，LE 模拟值的相对误差却仅有 4.1%，这甚至低于 3 天的平均值。最高的 RMSE 发生在 DOY 174 天（39.2 W/m^2），这是由于当天土壤热通量的模拟精度较低所造成的。由于潜热通量在模型中是作为地表能量平衡公式的余项求出的，模型对土壤热通量的低估（18.5 W/m^2）导致了其对潜热通量的高估（17.8 W/m^2）（表 2.2）。

2.3.3 区域模拟结果

图 2.4 显示了整个研究区域内植被蒸腾（LE_c）、土壤蒸发（LE_s）以及 NDVI 的空间分布及其在 3 个模拟时段间的变化。可以看出，一方面，对于某一特定的模拟时段，NDVI 高值对应着高植被蒸腾量与低土壤蒸发量；另一方面，NDVI 值在 3 个模拟时段间呈上升趋势，这也导致了植被蒸腾量在时段间的变化亦呈上升趋势，而土壤蒸发量则呈下降趋势（DOY189 较高的土壤蒸发是由于 3 天前的一场较大降水导致土壤表层水分含量明显上升所造成的）。

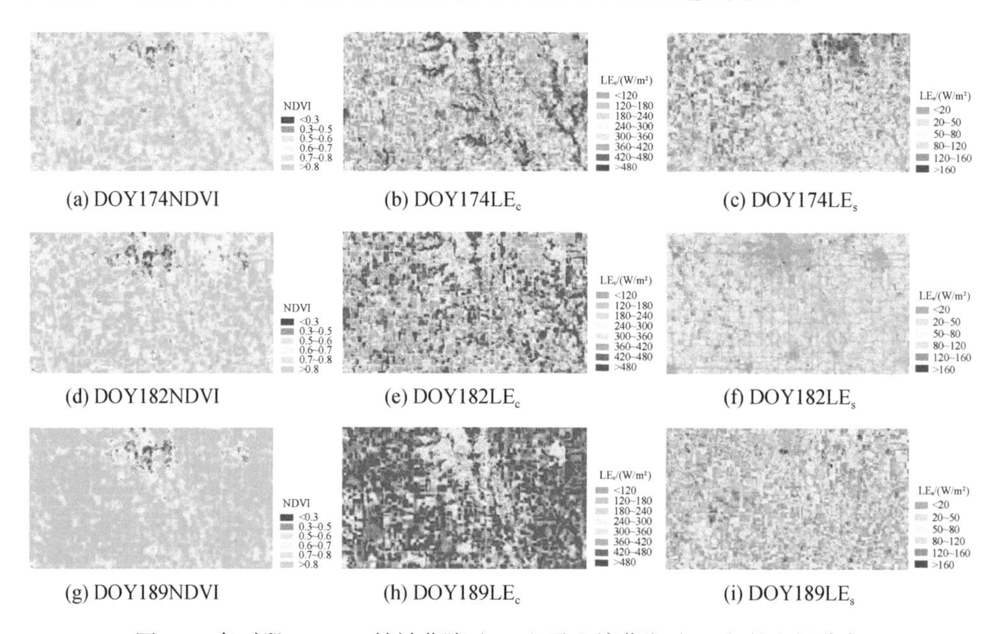

图 2.4　各时段 NDVI、植被蒸腾（LE_c）及土壤蒸发（LE_s）的空间分布

图 2.5 描绘了 DOY 174 区域内各像元 LE_s、LE_c 与 NDVI 间的关系。可以看出，LE_c 随 NDVI 的增大而增加，而 LE_s 却随 NDVI 的增大而降低。在 DOY174，NDVI 和土壤水分含量在区域上的分布拥有较高的异质性，这导致 LE_c 和 LE_s 在区域上也表现出较大的空间异质特征。各像元间 LE_c 和 LE_s 的变差系数高达 0.41 和 0.47。相反，对于 DOY189，区域内的 NDVI 达到最大值并且土壤水分含量由于 DOY185 的一场较大降水而维持在较高水平，导致 LE_s 和 LE_c 在这一天表现出最小的空间变化（图 2.4），其 LE_c 和 LE_s 的变差系数仅分别为 0.22 和 0.18。这一模拟结果也与 Choi 等（2009）及 Long 和 Singh（2012b）在本区域的研究结果相符。

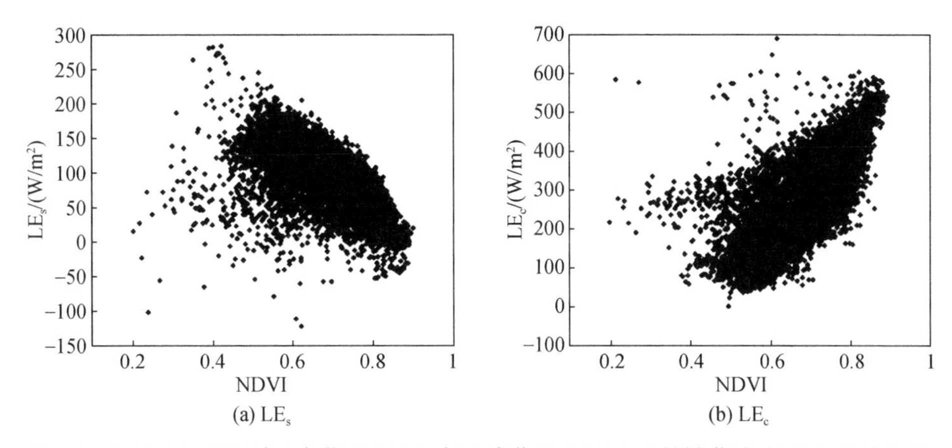

图 2.5　DOY 174 天区域内各像元 NDVI 与土壤蒸发（LE_s）及植被蒸腾（LE_c）间的关系

2.3.4　模型比较

SMACEX 试验区由于拥有高密度的通量观测站点而被广泛地应用于各类蒸散发模型的验证及对比。将 HTEM 的模拟结果与之前研究中其他模型在同一区域模拟的蒸散发结果进行了对比，参与对比的模型包括 TTME 模型、TSEB 模型、SEBAL 模型、改进 SEBAL（M-SEBAL）模型以及三角形特征模型（TIM）。各模型主要特征见表 2.3。

表 2.3　参与对比的各模型及其主要特征

模型	单/双源	组分温度求解方法	是否包括阻力系统	遥感影像	涡度相关系统能量闭合方法	参考文献
HTEM	双源	梯形特征空间法	是	Landsat TM/ETM+	BR	Yang 和 Shang（2013）
TTME	双源	梯形特征空间法	否	Landsat TM/ETM+	BR	Long 和 Singh（2012b）
TSEB	双源	P-T 假设	是	Landsat TM/ETM+	BR	Choi 等（2009）
				Landsat TM/ETM+	BR	Li 等（2005）
M-SEBAL	单源	—	是	Landsat TM/ETM+	BR	Long 和 Singh（2012a）
SEBAL	单源	—	是	Landsat TM/ETM+	BR	Choi 等（2009）
				Landsat TM/ETM+	BR	Long 和 Singh（2012a）
TIM	单源	—	否	Landsat TM/ETM+	BR	Choi 等（2009）

注：BR 为波文比法（Bowen ratio method）。

模型模拟误差结果对比如图 2.6 所示。很明显，HTEM 模拟的显热通量（H）与潜热通量（LE）均方根误差与平均偏差均小于其他各模型，而净辐射（R_n）与土壤热通量（G）的模拟精度则与其他模型相当。由于 HTEM 模型和 TTME 模型间最大的区别在于模型中是否考虑了下垫面的空气动力学特性，因此两者间的比较可以有力地说明在模型中考虑下垫面空气动力学特性的重要性。尽管研究区的地形比较平坦，下垫面覆盖条件也比较单一（以农田为主）。但图 2.6 的对比结果仍然表明考虑了下垫面空气动力学特性的 HTEM 模型的模拟精度要高于未考虑下垫面空气动力学特性的 TTME 模型。

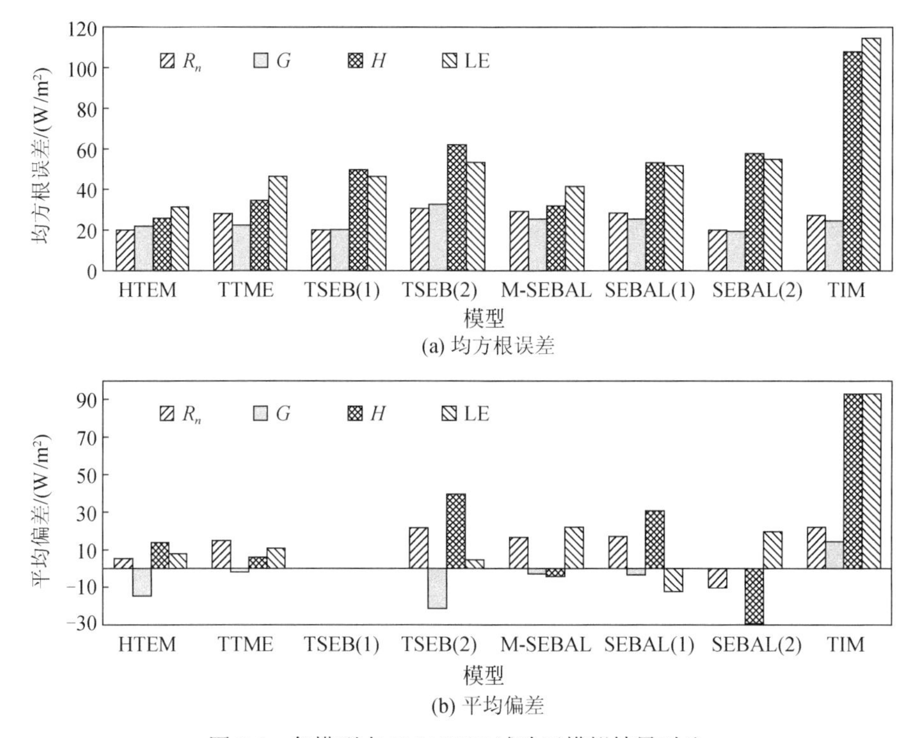

图 2.6 各模型在 SMACEX 试验区模拟结果对比

SEBAL(1): Long 和 Singh（2012a）；SEBAL(2): Choi 等（2009）；TSEB (1): Li 等（2005）；TSEB (2): Choi 等（2009）

对于其他各模型，SEBAL 表现出与双源模型相近的模拟精度，其 LE 模拟值的均方根误差约为 50.0 W/m^2。然而，SEBAL 模型在两个不同研究中得到的平均偏差却呈现出不同的符号。造成这一现象的原因可能是由于在应用 SEBAL 模型时需要人工选取区域内的干湿点，而不同研究者的选择往往具有差异。为了克服 SEBAL 模型中干湿点选取的主观性，Long 和 Singh（2012a）对 SEBAL 模型进行了改进。可以看出，改进后的 SEBAL 模型模拟的 LE 精度不论从均方根误差还是平均偏差的角度都有所提高。在 TSEB 模型的两个不同应用中，P-T 系数取值分别为 1.3 和 1.26，并且该值在整个区域内保持不变。从理论上说，P-T 系数受植被种类、种植密度、空气水汽压差及土壤水分状态等因素的影响（Agam et al.，2010）。对于植被完全覆盖且不受水分胁迫的下垫面，P-T 系数一般大于 1.26；而对于 P-T 系数小于 1.26 的情况，TSEB 模型中并没有对其进行考虑。因此，TSEB 模型在水分胁迫较大时有高估 LE 的趋势（Agam et al.，2010；Choi et al.，2009；Fisher et al.，2008；Kustas and Norman, 1999；Long and Singh, 2012b）。

2.3.5　模型敏感性分析

对于 HTEM 模型的敏感性分析，本书采用了单变量敏感性分析方法。定义第 i 个变量的敏感性指数为第 i 个变量变化后模拟的蒸散发量（$LE_{\pm}$）和原始蒸散发量（LE_0）之差与 LE_0 的比值，即

$$S_i = \frac{LE_{\pm} - LE_0}{LE_0} \times 100\% \tag{2-28}$$

各参数的变换范围与步长设定如下：对于温度变量，其变化范围为 ±2 K，步长为 ±0.5 K；其他变量的变化范围为 ±20%，步长为 ±5%。分析选用了 DOY 174 的数据，这是由于这一天区域内植被覆盖状况与土壤水分含量均具有较大的空间异质性，从而能够最大限度地避免敏感性分析中可能遇到保守性问题。

敏感性分析结果如表 2.5 及图 2.7 所示。对 LE 影响最为显著的变量是温度，LE 随着气温（T_a）的升高而增大，但随着地表温度（LST）的升高而减小。气温增高 2 K 会导致 LE 增加 15.3%，而 LST 增高 2 K 则导致 LE 降低 23.2%（表 2.4）。然而，与 TTME 模型相比，HTEM 中 LE 对温度变量的依赖程度要低于 TTME 模型。Long 和 Singh（2012b）发现 LST 和 T_a 分别上升 2 K 将导致 LE 分别减小 28.6% 和增加 27.6%。

表 2.4　HTEM 模型中潜热通量 LE 的参数敏感性分析结果　（单位：%）

参数	参数变化（温度为 K，其他参数为 %）引起的 LE 变化							
	−20%（−2 K）	−15%（−1.5 K）	−10%（−1 K）	−5%（−0.5 K）	5%（0.5 K）	10%（1 K）	15%（1.5 K）	20%（2 K）
地表温度（LST）	17.3	13.6	9.5	5	−5.4	−11	−17	−23.2
气温（T_a）	−21	−15.4	−10	−4.8	4.3	8.5	12.1	15.3
地表反射率（α）	7.1	5.3	3.5	1.8	−1.8	−3.5	−5.3	−7.0
植被表面短波反射率 α_c	0.73	0.54	0.38	0.19	−0.19	−0.38	−0.57	−0.75

续表

参数	参数变化（温度为K，其他参数为%）引起的LE变化							
	−20%（−2 K）	−15%（−1.5 K）	−10%（−1 K）	−5%（−0.5 K）	5%（0.5 K）	10%（1 K）	15%（1.5 K）	20%（2 K）
裸土表面短波反射率 α_s	2.02	1.52	1.01	0.51	−0.51	−1.02	−1.53	−2.04
风速（u）	7.4	5.5	3.7	1.9	−1.8	−3.7	−5.5	−7.4
水汽压（e_a）	1.8	1.4	0.9	0.4	−0.4	−0.8	−1.2	−1.6
植被高度（h_c）	2.4	1.8	1.2	0.6	−0.5	−1.1	−1.6	−2.1
极端点植被高度（h_c_max）	1.2	0.9	0.6	0.3	−0.3	−0.6	−0.8	−1.1

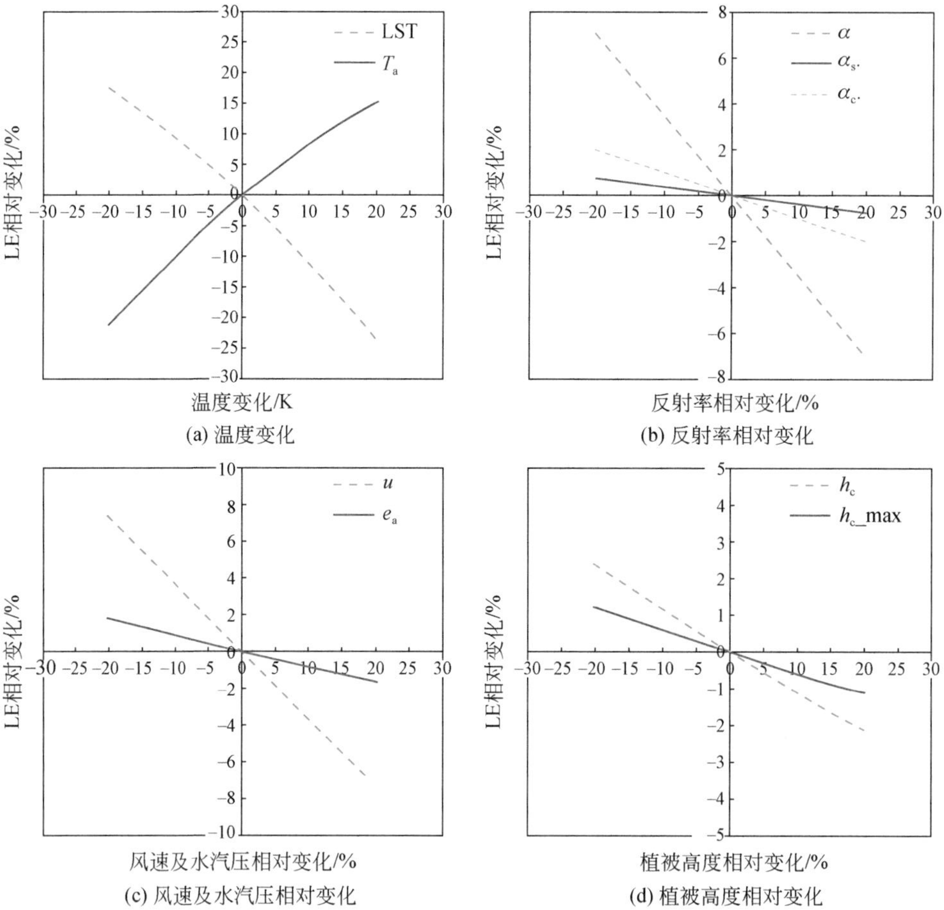

(a) 温度变化

(b) 反射率相对变化

(c) 风速及水汽压相对变化

(d) 植被高度相对变化

图 2.7　HTEM 模型参数敏感性分析结果

地表反射率(α)同样对LE有着较大的影响，α增加20%将会导致LE下降7%。然而，极端点反射率的变化对 LE 的影响却并不明显（表 2.5）。对于其他参数，结果显示风速（u）、水汽压（e_a）及植被高度（h_c）的增加均会导致 LE 的降低。风速增加导致蒸散发下降的原因在于风速上升将会导致空气动力学阻力的下降，从而使得干边极端点的表面温度（T_s_max 与 T_c_max）下降。这意味着梯形的干边向下方移动从而导致蒸散发量减少（俗称梯形脱水）。此外，分析表明模型估算的 LE 对假定的极端点植被高度（h_c_max）的改变并未呈现出明显变化，这意味着虽然该高度的确定具有一定的主观性，但却不至于带来较大的模拟不确定性。

2.4　模型验证 II——灌溉农田

2.4.1　研究站点与数据

清华大学位山生态水文观测站位于山东省聊城市位山灌区中部的一片农田内（116°3'15.3"E，36°38'55.5"N，海拔 30 m）（图 2.8）。该区域属于温带半湿润季风气候区，多年平均温度 13.3℃，多年平均降水量 532 mm。区域内主要的农作物种植方式为冬小麦和夏玉米轮作。冬小麦生长期为每年的 10 月下旬至次年的 6 月上旬，而夏玉米生长期为 6 月中旬至 9 月下旬。由于冬季温度低、土壤冻结等原因，灌溉农田的模型验证研究中仅考虑了冬小麦和夏玉米的主要生长期，即 3 月初至 9 月末。

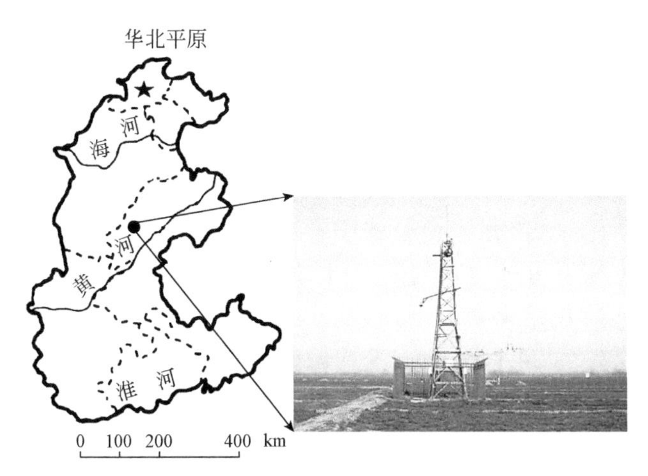

图 2.8　位山生态水文观测站地理位置

2005 年以来，清华大学水文水资源研究所在位山生态水文站进行了系统的生态水文要素观测试验。观测项目包括常规的气象数据（如风速、气温、湿度、辐射、降水等）、水热通量数据（涡度相关系统）、作物生理参数（LAI、F_c、h_c）及土壤水热状况（1.6 m 深的土壤水热观测剖面）等。涡度相关的观测数据采用了能量剩余法对其进行能量闭合修正（Yang et al.，2010）。对于该站点及试验观测的详细介绍，可参考雷慧闽（2011）。

遥感数据选用了 Terra 卫星搭载的 MODIS 传感器的遥感产品，其时间精度为 1 天，空间精度为 1 km。研究中使用了 3 个 MODIS 数据集，包括地表反射率数据集（MOD09GA）、8 天地表反射率数据集（MOD09Q1）以及地表温度数据集（MOD11A1）。所有数据均由 NASA 数据中心提供（https://ladsweb.modaps.eosdis. nasa.gov/）。研究选择了 2007 年作物的主要生长期（3 月 1 日至 9 月 30 日）为模拟期，在此期间，共有 66 幅 MODIS 影像可供使用，其中冬小麦生长期 39 幅，夏玉米生长期 27 幅。

全波段地表反射率采用 Liang（2001）提供的算法通过 MOD09GA 数据集中各波段的反射率进行估算。NDVI 则采用 Huete 等（2002）的方法由红光及近红外波段反射率计算。式（2-7）中 $NDVI_{max}$、$NDVI_{min}$ 和系数 n 分别设为 0.93、0.12 和 0.7。由于研究时段内 LAI 的观测值较少，通过雷慧闽等（2012）拟合的 LAI 与 NDVI 的关系曲线，借助 NDVI 的观测值估算 LAI。同时，基于观测数据建立了植被高度 h_c 与 LAI 的关系曲线，即

冬小麦：

$$h_c=0.1029\times LAI^{1.4496} \tag{2-29}$$

夏玉米：

$$h_c=0.2755\times LAI^{1.3911} \tag{2-30}$$

2.4.2 站点模拟结果验证

图 2.9 显示了地表能量平衡公式中各通量（净辐射、土壤热通量、显热通量和潜热通量）在卫星过境时刻模拟值与观测值的对比，表 2.5 显示了模拟值和实测值的对比分析结果。对于连续的冬小麦 – 夏玉米生长季，净辐射 R_n 模拟值的均方根误差为 24.1 W/m^2、平均偏差为 –1.3 W/m^2。其中 R_n 在玉米季的模拟精度要略高于其在小麦季的模拟精度。地表热通量 G 的均方根误差为 20.3 W/m^2（小麦季为 23.8 W/m^2、玉米季为 15.2 W/m^2）、平均偏差为 3 W/m^2（小麦季为 6.6 W/m^2、玉米季为 –2.2W/m^2）。与模型在 SMACEX 站点的验证结论类似，利用站点数据对土壤热通量模型进行参数化或许可以有效地提高 G 的模拟精度。

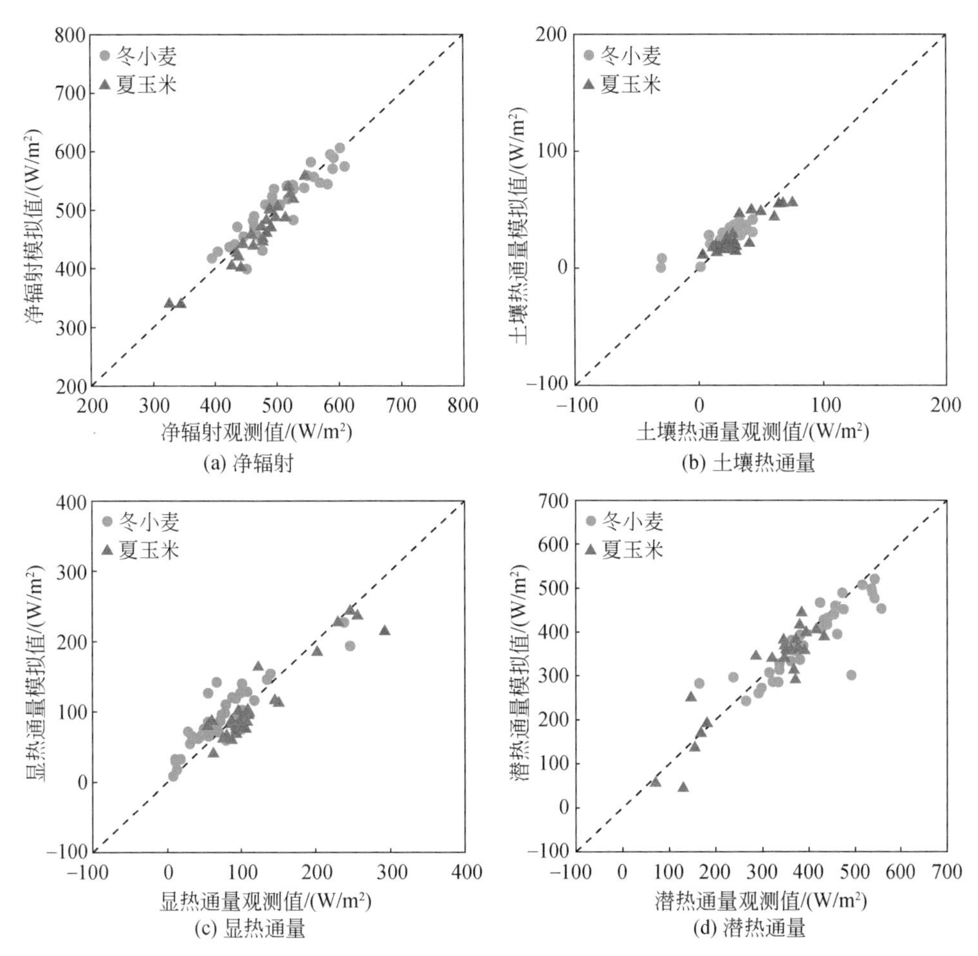

图 2.9　HTEM 模型在位山生态水文站模拟的净辐射、土壤热通量、显热通量及潜热通量与观测值的对比

表 2.5　HTEM 模型在位山生态水文站模拟结果统计分析

能量组分	作物类型	$\overline{o}$ / (W/m²)	$\overline{s}$ / (W/m²)	平均偏差 / (W/m²)	均方根误差 / (W/m²)	平均相对误差 /%
R_n	冬小麦	502.5	506.3	3.8	25.7	3.7
	夏玉米	473.9	465.2	−8.7	21.9	3.2
	全 部	**490.8**	**489.5**	**−1.3**	**24.1**	**3.5**
G	冬小麦	20.5	27.1	6.6	23.8	36.7
	夏玉米	31.9	29.7	−2.2	15.2	30.5
	全 部	**25.2**	**28.2**	**3.0**	**20.3**	**34.2**

续表

能量组分	作物类型	$\overline{o}$ /（W/m²）	$\overline{s}$ /（W/m²）	平均偏差 /（W/m²）	均方根误差 /（W/m²）	平均相对误差 /%
H	冬小麦	77.3	91.9	17.6	28.9	47.8
	夏玉米	125.3	113.9	−11.4	24.6	17.6
	全 部	**96.9**	**102.6**	**5.7**	**27.3**	**35.0**
LE	冬小麦	404.7	387.3	−17.4	48.2	9.1
	夏玉米	316.7	321.6	4.9	39.9	14.3
	全 部	**368.7**	**358.7**	**−10.0**	**45.0**	**11.2**

注：$\overline{o}$ 为观测值的均值；$\overline{s}$ 为模拟值的均值。

显热通量 H 模拟值的均方根误差为 27.3 W/m²、平均偏差为 5.7 W/m²，这意味着 H 模拟的平均误差仅占 H 观测均值的 5.9%。然而，从图 2.9 中可以看出，H 的模拟结果在不同的作物生长季内存在着明显的系统性偏差：小麦季呈现出对 H 的系统性高估而玉米季则存在对 H 的系统性低估。一个可能的原因在于模型中对植被生理参数（LAI、h_c）的求取依赖于其与遥感指数间的经验关系，从而导致对该类参数的确定存在着较大的误差。

尽管显热通量 H 的模拟存在着明显的系统性偏差，潜热通量 LE 的模拟结果却与实测值符合较好。对于整个冬小麦 – 夏玉米生长季，LE 模拟值的均方根误差为 45 W/m²、平均偏差为 −10 W/m²，平均相对误差为 11.2%。

2.4.3 土壤蒸发与植被蒸腾过程

图 2.10 显示了 LE 的观测值与土壤蒸发潜热（LE_s）和植被蒸腾潜热（LE_c）模拟值在研究时段内的变化过程。由于轮作的耕种方式，3 个变量在一个生长季内均呈现出两个明显的变化周期。模拟的 LE_c 随着作物的返青而迅速增高，相应地，LE_s 则迅速降低。在作物生长的旺季，LE_c 占据总 LE 的 90% 以上。随着作物的成熟、叶片变黄、叶面积指数下降，LE_c 也相应降低，而 LE_s 则升高。这一现象表明 HTEM 模型可以很好地反映出植被覆盖条件的变化对于土壤蒸发和植被蒸腾过程的影响。

为了进一步检验 HTEM 模型中植被参数对区分土壤蒸发和植被蒸腾的控制作用，图 2.11 显示了 LE_c（LE_s）与平衡蒸发（equilibrium evaporation, LE_{eq}）的比例和植被覆盖参数（LAI、F_c）之间的关系，其中采用平衡蒸发对 LE_c（LE_s）

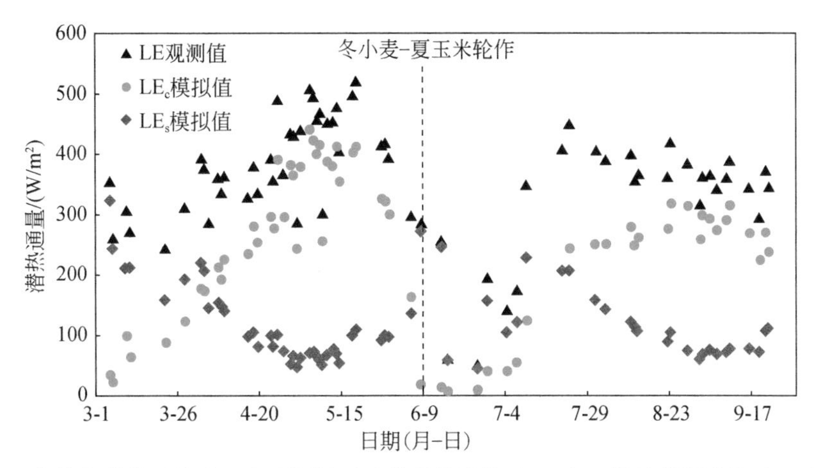

图 2.10　蒸散发潜热通量（LE）观测值及土壤蒸发潜热（LE_s）、植被蒸腾潜热（LE_c）模拟值的动态变化过程

进行标准化可以消除气象要素对蒸散发的影响。平衡蒸发由式（2-31）计算（Eichinger et al.，1996）：

$$LE_{eq}=\frac{\Delta(R_n-G)}{\Delta+\gamma} \tag{2-31}$$

式中，Δ为饱和水汽压 ~ 温度关系曲线的斜率，kPa/℃；γ为湿度计常数，kPa/℃。

从图 2.11 中可以看出，LE_c/LE_{eq} 与 LAI 和 F_c 间存在很好的正相关关系。在 HTEM 模型中，LAI 越大，冠层所截获能量的比例越高；同时，F_c 越大，下垫面植被覆盖的比例则越高。两者的增加均会导致更大的植被蒸腾量。与此截然相反的趋势是 LE_s/LE_{eq} 随着 LAI 和 F_c 的增大而降低。此外，在图 2.11（c）和（d）

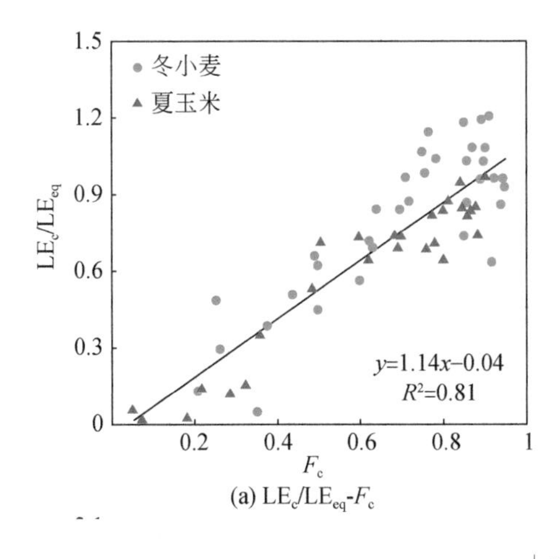

(a) LE_c/LE_{eq}-F_c

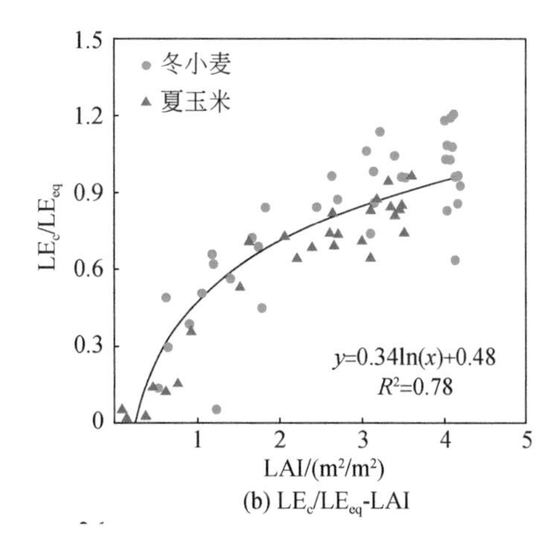

(b) LE_c/LE_{eq}-LAI

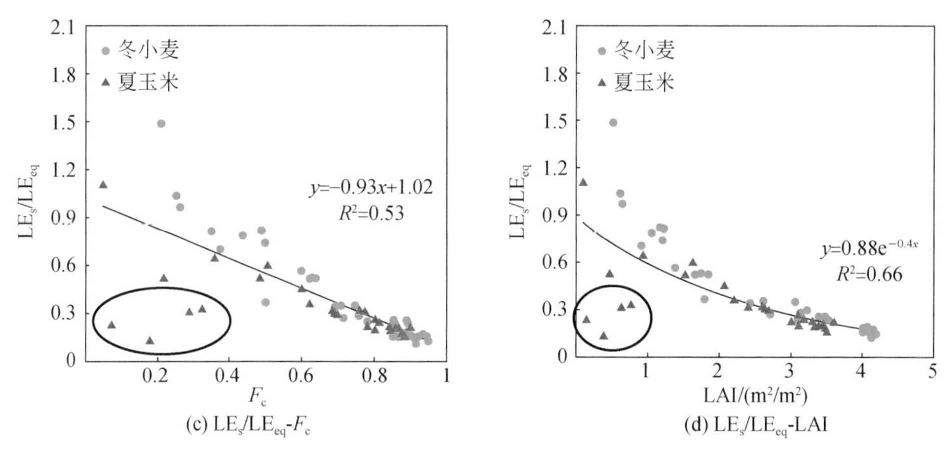

图 2.11　土壤蒸发（植被蒸腾）与平衡蒸发之比和植被参数（LAI、F_c）间的关系

中可以看到一些明显偏离拟合曲线的数据点，这主要是由于这些时段较低的土壤含水量所造成的。由于平衡蒸发仅能反映气象要素对蒸散发的影响（Eichinger et al.，1996），因此，土壤水分含量的不同也会导致图 2.11 中数据点的分散。

2.4.4　模型比较

Yang 等（2010）在同一站点利用 SEBS 模型结合 MODIS 数据对 2005 ~ 2008 年小麦季和玉米季农田的水热通量进行了模拟。图 2.12 显示了 Yang 等（2010）的模拟结果与 HTEM 模拟结果的对比。

可以看出，无论是小麦季还是玉米季，HTEM 模拟的显热通量和潜热通量的均方根误差均小于 SEBS 模型。这主要得益于 HTEM 的双源模型结构，因为

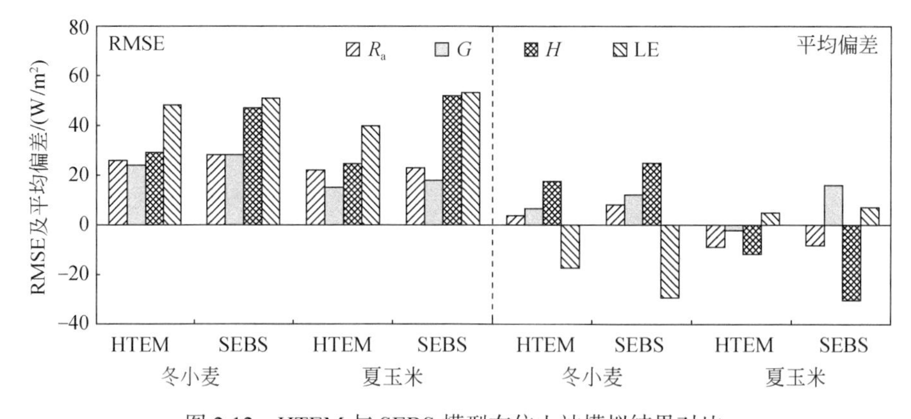

图 2.12　HTEM 与 SEBS 模型在位山站模拟结果对比

单源的 SEBS 模型并不能区分土壤蒸发与植被蒸腾，导致当植被覆盖度较低时，SEBS 模型的模拟精度较低。此外，HTEM 和 SEBS 模型在小麦季均表现出对 *H* 和 LE 模拟的系统性偏差。由于净辐射及土壤热通量的模拟精度均较高，这一系统性误差可能是由于 LAI 估计值的系统性误差所带来的。

2.5　模型验证Ⅲ——灌木林

2.5.1　研究站点与数据

第 3 个研究站点选取了美国农业部（USDA-ARS）位于亚利桑那州东南部 Walnut Gulch 实验流域中的 Lucky Hills 试验站（31.744°N，110.051°W）。该站海拔为 1363 ~ 1375 m，年均气温为 17℃，年均降水量为 322 mm，其中超过 2/3 的降水集中于 7 ~ 9 月的季风期。该地区的土壤类型主要为砂质壤土，并具有较高含量的碎裂岩。植被类型以灌木为主，植被平均高度为 0.6 m，植被覆盖度约为 26%。对于该站点的详细介绍可参考 Emmerich（2003）及 Scott 等（2006）。

在 2003 年的主要生长季（DOY 185 ~ DOY 328）内，研究人员于该站进行了一系列的观测试验。气象要素由设于该站的自动气象站进行观测，包括气温、湿度、风速、辐射以及降水。用时域反射仪（TDR）观测该站的土壤水分含量，观测范围为地表至地下 2 m 深的土层。冠层上方的潜热与显热通量通过波文比系统进行测量，观测周期为 20 min，各方向上的通量源区均大于 1 km。植被的蒸腾速率采用热平衡茎流计进行观测，观测周期为 30 min。茎流计安装在随机选取的 16 株灌木上，并通过冠层投影面积与区域面积的比例将茎流速率转换为区域上植被的蒸腾速率。为了进一步验证茎流计观测的准确度，试验中对由光合作用气体交换系统测得的叶片气孔导度与由茎流计观测反推的叶片气孔导度进行了对比，两者间的确定性系数达到 0.82。将一天 24 h 内各时段的蒸散发及蒸腾量求和便可得到日蒸散发（ET）及日蒸腾量（*T*），而日土壤蒸发量（*E*）则为日蒸散发量与日蒸腾量之差。此外，在 DOY 203 ~ DOY 288，采用红外辐射仪对土壤及冠层表面的温度进行了连续观测。对于观测试验详细的说明可参考 Scott 等（2006），模拟中用到的参数取值见表 2.6。

遥感数据同样选取了 Terra 卫星搭载的 MODIS 传感器的遥感产品，包括地表温度与地表发射率产品（MOD11A1，1000 m）、地表反射率产品（MOD09GA，1000 m）以及 8 天 LAI 产品（MOD15A2，1000 m）。在研究期内，共有 94 幅有效的 MODIS 影像，其中 58 幅属于 DOY 208 ~ DOY 288。

表 2.6　HTEM 模型参数及其取值

参数	符号	取值	来源
土壤表面反射率	α_s	0.13	Campbell 和 Norman（1998）
冠层表面反射率	α_c	0.24	Campbell 和 Norman（1998）
土壤表面发射率	ε_s	0.96	Sánchez 等（2008）
冠层表面发射率	ε_c	0.985	Sánchez 等（2008）
式（2-7）中参数	n	0.80	根据现场资料确定
最大 NDVI	$NDVI_{max}$	0.89	Li 等（2005）
最小 NDVI	$NDVI_{min}$	0.10	Li 等（2005）
冠层中辐射衰减系数	k_c	0.40	Guan 和 Wilson（2009）

2.5.2　模拟结果

（1）温度

图 2.13 显示了模拟期内气温的观测值以及两种极端情况下（干燥裸土和干燥冠层）卫星过境时刻表面温度模拟值的变化趋势。可以看出，干燥冠层的表面温度（T_c_max）系统地低于干燥裸土的表面温度（T_s_max），但高于气温。这有力地证明了梯形特征空间的合理性，而不是三角形特征空间（Carlson, 2007；Jiang 和 Islam, 1999）或矩形空间（Batra et al.，2006；Jiang et al.，2009）。三角

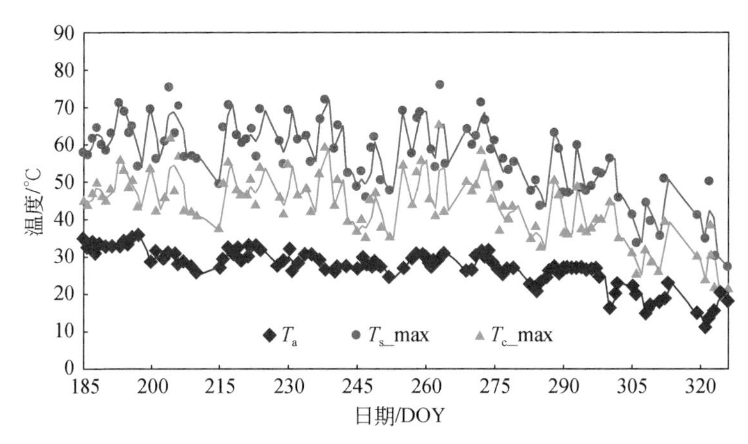

图 2.13　气温（T_a）实测值及干燥冠层表面温度（T_c_max）、干燥裸土表面温度（T_s_max）模拟值在模拟期内的变化过程（实线代表 3 天移动平均值）

形特征空间认为当植被完全覆盖时，干燥和湿润的下垫面拥有相同的表面温度，因而忽略了水分对植被蒸腾作用的胁迫；而矩形空间则认为对于极端干燥的下垫面，无论是否有植被覆盖，其表面温度均相同。

在整个模拟期内，三个温度变量拥有相似的变化趋势，并同时呈现出由夏季至冬季的下降趋势。然而，T_c_max 和 T_s_max 的变幅明显大于气温。这是因为 T_c_max 和 T_s_max 并不完全决定于气温，而是同时受辐射和风速的影响。有趣的是，T_c_max 和 T_s_max 在模拟期内的变化规律非常相似，这可能是由模拟期内植被的覆盖状况变化较小所造成的。

图 2.14 显示了卫星过境时刻各组分表面温度（植被冠层与土壤）的模拟值与观测值的对比结果。总体上看，HTEM 模型能够有效地将遥感观测的地表温度分解为冠层表面温度与土壤表面温度，其模拟值与实测值的均方根误差（RMSE）分别为 1.77℃（土壤）和 2.25℃（冠层），这一模拟精度与其他类似研究的结果相当。基于热红外辐射仪，Kimes（1983）得到的植被表面温度模拟值的均方根误差为 1℃，而土壤表面温度模拟值的均方根误差为 2℃。该误差范围与 Merlin 和 Chehbouni（2004）的研究相似。一般来说，将地表温度分解为组分温度的误差范围为 1 ~ 2℃（Kimes，1983）。同时，考虑到 MODIS 表面温度观测亦存在误差（±1℃）（Wan et al.，2002），HTEM 模型估算组分温度的精度还是令人满意的。

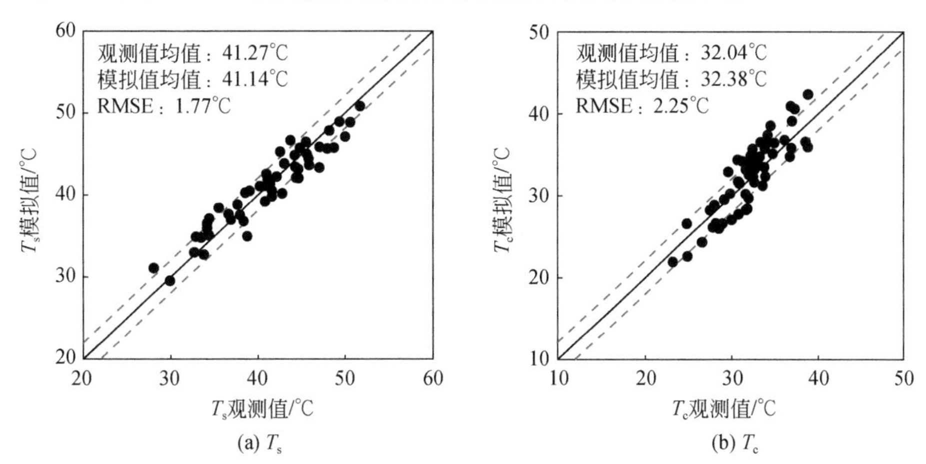

图 2.14　组分温度（T_s 与 T_c）的模拟值与观测值对比

实线代表 1 ∶ 1 线，虚线代表 ±2℃误差区间

（2）瞬时通量

图 2.15 显示了地表能量平衡公式中各通量（净辐射、土壤热通量、显热通量和潜热通量）在卫星过境时刻模拟值与观测值的对比。可以看出，各能量通量的模拟值均与波文比系统的观测值符合较好。净辐射（R_n）模拟值的均方根误差

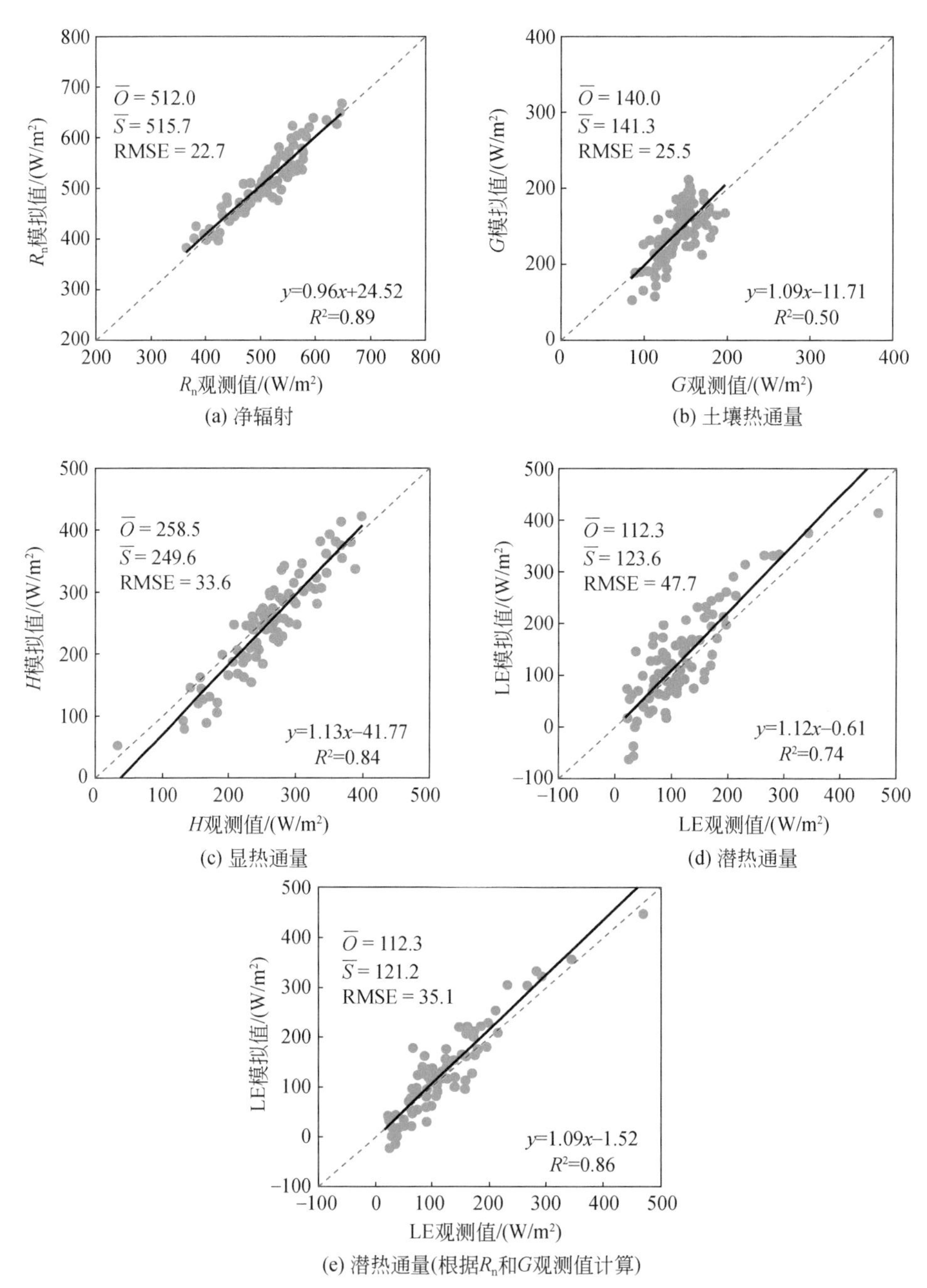

图 2.15　HTEM 模型在 Lucky Hill 站模拟的净辐射、土壤热通量、显热通量及潜热通量与观测值的对比

$\overline{O}$ 和 $\overline{S}$ 分别为观测值和模拟值的平均值

为 22.7 W/m^2、平均偏差为 3.7 W/m^2。土壤热通量（G）的模拟值均值较观测值均值高 1.3 W/m^2，其均方根误差为 25.5 W/m^2，但两者间的确定性系数却仅为 0.5。这表明在 HTEM 模型中，需要对估算土壤热通量的公式进行局地参数化以提高其模拟精度。

显热通量 H 的模拟精度较高，其模拟值的均方根误差为 33.6 W/m^2、平均偏差为 −8.9 W/m^2。然而，可以看到当 H 较大时模型有高估 H 的趋势，而在 H 较小时模型有低估 H 的趋势。潜热通量（LE）同样具有较好的模拟结果，与波文比系统的观测值相比，其均方根误差为 47.7 W/m^2、平均偏差为 11.3 W/m^2。然而，由于潜热通量在模型中是作为地表能量平衡公式的余项求出，R_n 及 G 的模拟误差会传递到 LE 的模拟结果中。为了减小 R_n 和 G 的模拟误差带来的 LE 模拟误差，图 2.15（e）绘制利用 R_n 和 G 的观测值计算的 LE 值与 LE 观测值的对比。很明显，此时 LE 的模拟精度大幅提高，其均方根误差降低为 35.1 W/m^2、平均偏差减小为 8.9 W/m^2。这也说明了提高 R_n 和 G 估算精度在能量平衡余项法遥感蒸散发模型中的重要性。

（3）日尺度土壤蒸发与植被蒸腾过程

灌木林模型验证研究仅在日尺度上对模型区分土壤蒸发和植被蒸腾的准确性进行了评价，其原因在于受到植株内部水分存储变化的影响，茎流计观测的植被蒸腾与同一时刻真实的蒸腾速率间存在一定的滞后现象（Čermák et al., 2007）。图 2.16 显示了日蒸散发量（ET）的模拟值与观测值对比结果，图 2.17 显示了 ET 各组分（E 和 T）的模拟值与观测值的对比结果。为了符合日内 T/ET 比例不变的假设，在以下的分析中，忽略了日降水量大于 2 mm 的天数。同时，瞬时潜热通量（LE）采用了 R_n 和 G 的观测值进行计算。

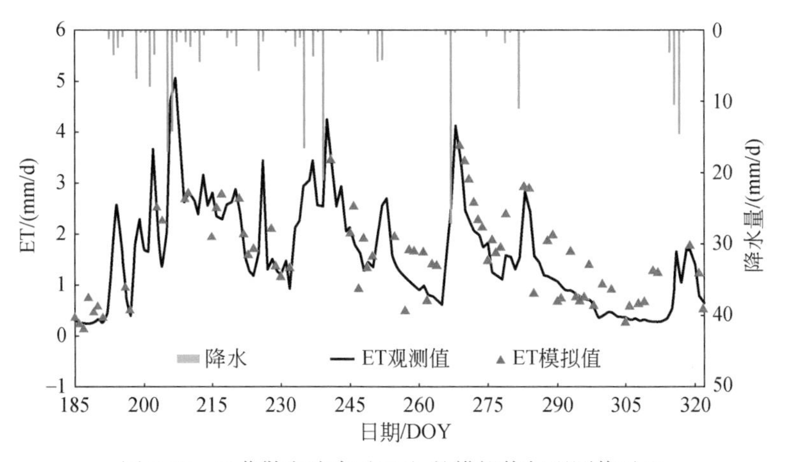

图 2.16　日蒸散发速率（ET）的模拟值与观测值对比

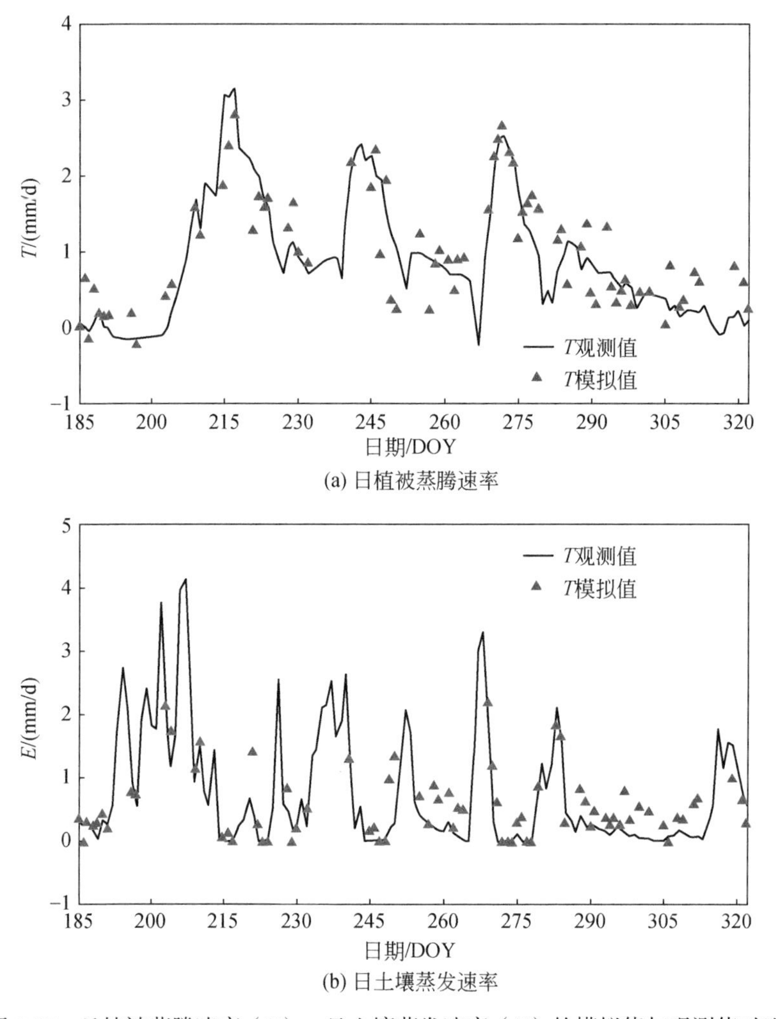

(a) 日植被蒸腾速率

(b) 日土壤蒸发速率

图 2.17　日植被蒸腾速率（T）、日土壤蒸发速率（E）的模拟值与观测值对比

对于 ET，其模拟值与观测值总体上符合较好。但可以明显地看出，对于模拟期内两个较长的无雨期（DOY 255 ~ DOY 263 及 DOY 280 ~ DOY 305），模型的模拟精度要低于其他时段。这主要是由于这两个时段中表面温度较大的模拟误差所导致的。从图 2.14 中可以看出，当 T_s 和 T_c 较高时，其模拟误差的绝对值也往往较大。模拟期内 ET 的变化在很大程度上受降水过程控制，这也是干旱区 ET 变化的普遍特征（Mielnick et al.，2005；Unland et al.，1996；Yang et al.，2012b）。尽管超过一半的 ET 模拟值高于实测值，但其均方根误差（RMSE）也仅为 0.52 mm/d，占到了 ET 观测均值的 40%。然而，这一较

高的相对误差是由于 ET 较小的绝对值所造成的。模拟期内 ET 模拟值的平均偏差为 0.31 mm/d。

对于 *E* 和 *T* 的区分，模拟值与观测值间也符合较好。*E* 和 *T* 模拟值的均方根误差分别为 0.36 mm/d 和 0.41 mm/d。这一误差可能源自模型中对陆面过程描述的不详尽、模型输入或 ET 数据的观测误差。同时，将茎流计的观测数据升尺度为整个下垫面的蒸腾速率时同样也会产生较大的误差（Trambouze et al.，1998；Zhang et al.，2011）。此外，模型中假设了 *T*/ET 在一日中为一定值，但 Yang 等（2012a）的观测数据却显示土壤水分含量在日内实际上呈下降趋势。这一下降趋势对于根区土壤是非常缓慢的，但对于表层土壤却是不可忽视的。这也解释了为什么土壤蒸发的模拟精度要低于植被蒸腾。值得庆幸的是，MODIS Terra 影像的获取时间接近每日的正午时刻，这使得根据该影像估算的 *T*/ET 值接近于 *T*/ET 的日内均值，这也在一定程度上减小了 *T*/ET 日内不变假设给模型带来的不确定性。分析 *E* 和 *T* 的变化规律可以发现，模拟期内 *E* 和 *T* 的变化过程均受降水过程控制。不同的是，土壤蒸发在雨后的 1 ~ 2 天内会达到极大值，并在此之后迅速减小，意味着该地区较高的大气蒸发能力和较差的表层土壤蓄水能力。然而，植被蒸腾速率在雨后的递减速度要明显缓慢得多。一方面，这是由于根区土壤层拥有较高的蓄水能力；另一方面，这也可能是由于前期的干旱导致植物体内蒸腾阻力的上升所造成的（Shuttleworth 和 Wallace, 1985）。

2.6 小　结

本章建立了基于混合双源模式和植被指数 – 地表温度梯形特征空间的陆面遥感蒸散发模型 HTEM。该模型拥有两个主要的优点：一是其混合双源模式使得模型能够适用于各种下垫面植被覆盖状况,并更好地区分土壤蒸发与植被蒸腾过程;二是其植被指数 – 地表温度梯形特征空间的确定并没有使用传统的基于遥感信息的确定方法，而是采用了从理论上推导出的极限干湿状态，从而避免了前人研究中确定特征空间时的主观性与不确定性。

研究选取了位于中国和美国三个研究区的观测资料对 HTEM 的模拟效果进行了验证，包括两个农田生态系统和一个灌木林生态系统。结果表明在不同的生态系统中，模型估算蒸散发的精度都是令人满意的。同时，该模型还能够较好地区分土壤蒸发与植被蒸腾过程。

模型中梯形特征空间的湿边温度定义为区域内平均的大气温度，这导致模型在应用时需要区域内比较均一的气温场。然而，HTEM 的梯形特征空间是在理论上进行确定的。对于遥感影像中的每一个像元，均可以确定其各自的梯形特征空间。这意味着只要气象要素在区域上的分布可以很好地被定义（如气象要素空间插值），HTEM 的模拟精度均是可以得到保证的。

将梯形湿边温度设为大气温度的另一个缺陷是忽略了空气中热量的水平对流，而这一现象在下垫面土地利用类型变化较大的区域尤为明显，如沙漠、绿洲交错带。因此，针对 HTEM 模型的下一步改进是从理论上找出与实际状况更为符合的湿边表面温度，同时在模型中考虑能量的水平对流效应。

第 3 章　河套灌区蒸散发时空变化规律

3.1　概　　述

蒸散发是灌区水分的主要消耗项，也是灌溉用水效率及作物水分生产率研究中的基础，掌握灌区尺度蒸散发时空变化规律对于评价灌区灌溉用水效率以及制定合理的灌溉制度具有重要的意义（Lei and Yang, 2010）。然而传统的基于点尺度的蒸散发观测和计算方法越来越不能满足灌区尺度蒸散发规律研究及用水管理的要求。遥感蒸散发模型已成为获取大尺度蒸散发时空变化规律的主要手段（Kalma et al., 2008；Yebra et al., 2013），在干旱区也得到了广泛应用（王国华和赵文智, 2011；Yang et al., 2012b）。

由于土壤和植被的表面温度通常不同，二者的热量源（汇）高度也不同。为考虑二者的差异，双源遥感蒸散发模型将地表分为土壤和植被两部分，分别计算土壤和植被的显热通量和潜热通量。这不仅更符合实际情况，亦可分别求得土壤蒸发和植被蒸腾过程，较单源模型具有更大的应用潜力。本章将采用 TSEB 模型和HTEM模型两种双源蒸散发模型估算河套灌区中西部的4个区、县、旗(磴口县、杭锦后旗、临河区和五原县）2003 ~ 2012 年作物生长季（4 ~ 10 月）的蒸散发过程，对比分析两种模型在河套灌区的适用性，并分析不同土地利用类型蒸散发的年内和年际变化规律。

3.2　河套灌区简介

研究区位于内蒙古河套灌区（40.1° ～ 41.4°N，106.1° ～ 109.4°E），包含灌区内 4 个主要区、县、旗（临河区、五原县、磴口县和杭锦后旗）（图 3.1）。河套灌区位于黄河上游内蒙古段北岸的冲积平原，北依狼山，南临黄河，东与包头市相接，西与乌兰布和沙漠相接，是我国三个特大型灌区之一，也是我国重要的商品粮、油生产基地。研究区的气候属于典型的中温带大陆性季风气候，夏季高温，冬季寒冷干燥。研究区年平均气温 5.6 ~ 7.4℃；降水量少并且年内分配不均，主要集中在6 ~ 9月，年平均降水量为139.8 ~ 222.2 mm，且自东向西、自南向北递减；蒸发量大，20 cm蒸发皿年蒸发量达2000 ~ 2400 mm；灌区光照充足，全年日照为3100 ~ 3200 h。河套灌区地貌以平原为主，地势整体上呈西南高、东北低的特点，海拔为1028 ~ 1062 m，土壤以砂土和壤土为主。

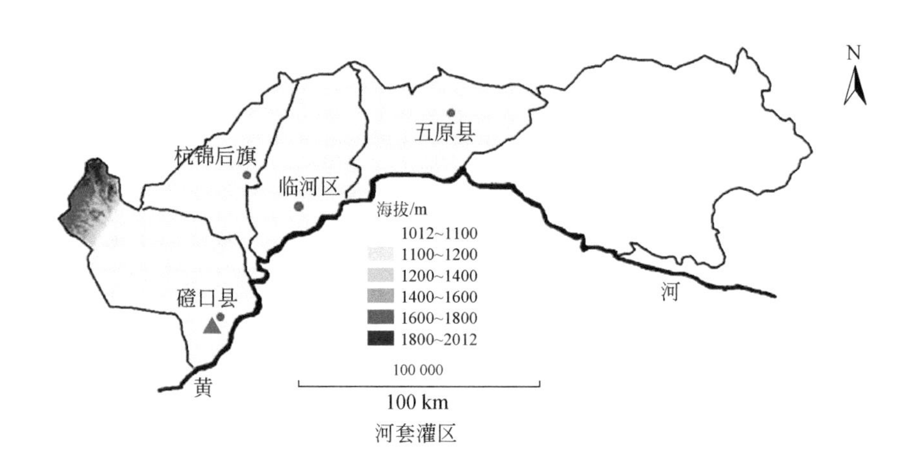

图 3.1　研究区地理位置

图中▲代表磴口农田试验站

研究区属于干旱大陆性气候，年降水量远小于蒸发能力，是典型的无灌溉即无农业的地区。在2000年灌区节水改造之前，从黄河引入灌区的灌溉水量年均高达50亿 m^3，约占黄河流域总引水量的1/7（Ren et al.，2016）。近年来，由于气候变化和人类活动的影响，黄河流域面临着严重的缺水问题（Zhang et al.，2014）。为了缓解黄河径流不断减少及流域水资源统一调度所带来的影响，河套灌区于1998年起开展了节水改造工程，目的是在其后20年内将河套灌区年引黄灌溉水量逐渐从50亿 m^3 减少到40亿 m^3 左右（薛景元，2018）。灌区灌溉水量的减少会对灌区内水文循环过程、作物耗水及产量等方面产生一定影响（Xue J et al.，2017），从而影响灌区内的农业生产。

从土地利用类型上来看（图3.2），磴口县西侧为山区，海拔变化范围为1059 ~ 2012 m。磴口县的中部和南部主要为沙地和戈壁，其余土地以农田为主（图3.2）。

图3.3和图3.4总结了2003 ~ 2012年河套灌区主要气象因素（气温、降水）的年际及年内变化特点。2003 ~ 2012年，年平均气温有降低的趋势，变化范围为7.5 ~ 9.8℃，最低和最高年平均气温分别出现在2012年和2007年。月平均

气温在年内呈现出正弦曲线变化规律，月平均气温最高值出现在每年的 7 月，最低值出现在每年的 1 月。

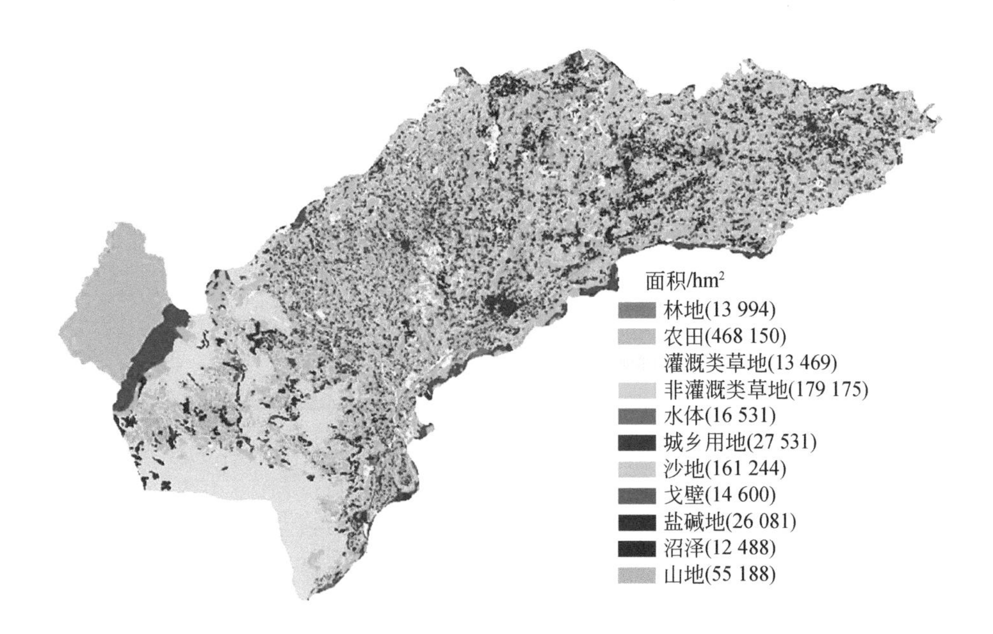

图 3.2　研究区土地利用类型分类

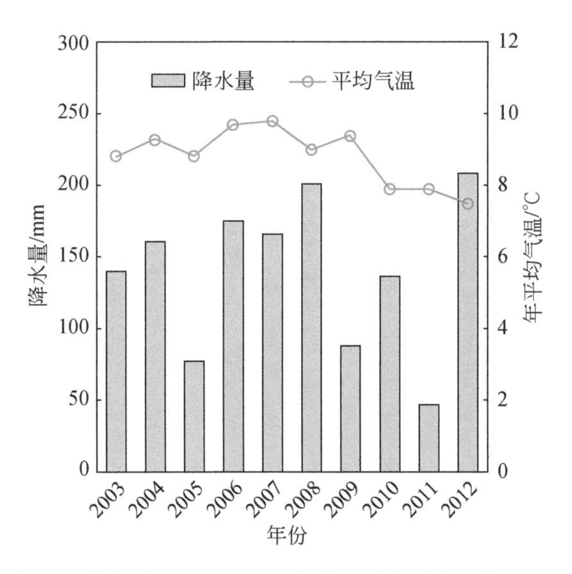

图 3.3　研究区 2003 ~ 2012 年降水量和平均气温

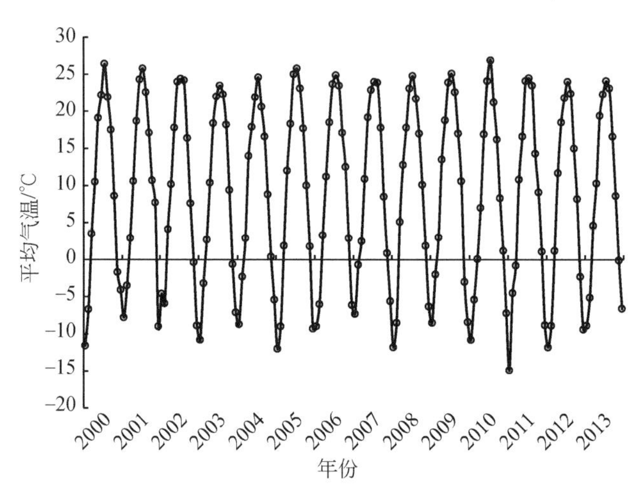

图 3.4　研究区月平均气温年内及年际变化图

河套灌区农作物种植结构十分复杂，以夏玉米、向日葵和春小麦为主要作物，兼种甜菜、胡麻等作物。春小麦生长季为每年的 3 月下旬至 7 月上旬。玉米的生长周期从 4 月中下旬开始，经历播种、三叶期、七叶期、拔节期、抽穗期、乳熟期、成熟期等各个阶段，至 10 月上旬结束。向日葵生长季为每年的 5 月下旬至 9 月中旬。2003 ~ 2012 年河套灌区主要作物种植结构变化较大。玉米、向日葵种植面积在 10 年间增长较快，其中玉米种植面积占研究区农田面积的比例从 2003 年的 20% 增加至 2012 的 34%，2012 年玉米已成为河套灌区种植面积最大的作物；向日葵从 20% 增加到 32%。同时，小麦种植比例则逐渐减少。这里需要指出的是，虽然玉米的种植面积最大，但其占农田的比例仅约占 1/3，这也从侧面说明河套灌区种植结构的复杂程度。

3.3　蒸散发计算的数据及方法

3.3.1　TSEB 模型和 HTEM 模型简介

本节研究采用 TSEB 模型（Norman et al.，1995）和 HTEM 模型（Yang and Shang，2013）2 个双源蒸散发模型来计算灌区尺度蒸散发。

基于双源模型的原理，能量在土壤和植被两种组分间的分配和阻抗结构如图 3.5 所示。忽略光合作用耗能和水平方向能量交换的地表能量平衡方程为

$$R_n=H+\mathrm{LE}+G \tag{3-1}$$

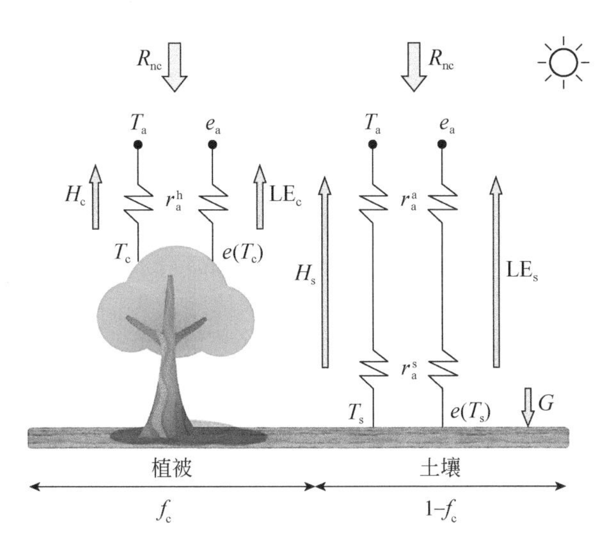

图 3.5　双源模型能量和阻抗结构示意图

e_a 为空气水汽压，$e(T_c)$ 为冠层水汽压，$e(T_s)$ 为地表水汽压

式中，R_n 为净辐射通量，W/m^2；H 为显热通量，W/m^2；LE 为潜热通量，W/m^2；G 为土壤热通量，W/m^2。净辐射通量是短波净辐射和长波净辐射之和，本节研究中采用 Allen 等（2007）提出的基于遥感信息的地表净辐射计算方法。

土壤和植被表面的净辐射计算公式为

$$R_{nc}=R_n[1-\exp(-k_c\,\mathrm{LAI})] \quad (3\text{-}2)$$

$$R_{ns}=R_n-R_{nc} \quad (3\text{-}3)$$

式中，下标 c 和 s 分别代表植被和土壤；k_c 为辐射在冠层中的衰减系数；LAI 为叶面积指数。土壤热通量可通过净辐射进行估算（Long and Singh, 2012a）

$$G=cR_{ns} \quad (3\text{-}4)$$

式中，c 为经验系数。

植被和土壤的能量平衡方程为

$$R_{nc}=\mathrm{LE}_c^{\,L}+H_c^{\,L} \quad (3\text{-}5)$$

$$R_{ns}=\mathrm{LE}_s^{\,L}+H_s^{\,L}+G \quad (3\text{-}6)$$

式中，上标 L 代表层状通量。根据本节研究中的阻抗结构图（图 3.5）可以得到各组分显热通量的计算公式：

$$H_c^{\,P}=\rho C_p\frac{T_c-T_a}{r_a^{\,h}} \quad (3\text{-}7)$$

$$H_s^{\,P}=\rho C_p\frac{T_s-T_a}{r_a^{\,a}+r_a^{\,s}} \quad (3\text{-}8)$$

$$H_c^L = f_c \times H_c^P \tag{3-9}$$

$$H_c^L = (1 - f_c) \times H_c^P \tag{3-10}$$

式中，上标 P 代表土壤或冠层块状通量；ρ 为空气密度，kg/m^3；C_p 为空气的定压比热，J/（kg·K）；T_c、T_s、T_a 分别表示植被表面温度、土壤表面温度和参考高度处气温，K；r_a^h 为水热通量在冠层与参考高度间传输的空气动力学阻力，s/m；r_a^a 为水热通量在高度 $Z_{om}+d$（Z_{om} 为动量传输的表面粗糙度，d 为零平面位移高度）与参考高度间传输的空气动力学阻力，s/m；r_a^s 为水热通量在土壤表面边界层内部传输的空气动力学阻力，s/m；f_c 为植被覆盖度，可以根据式（2-7）通过 NDVI 进行估算（Li et al., 2005）。各阻抗可通过 Sánchez 等（2008）提出的方法进行计算。

植被和土壤表面温度和遥感反演的地表温度 LST 之间有如下关系：

$$LST^4 = f_c \times T_c^4 + (1 - f_c) \times T_s^4 \tag{3-11}$$

双源模型的关键问题是如何计算植被和土壤各组分的表面温度。TSEB 是 Norman 等（1995）提出的一种应用广泛的双源蒸散发模型，该模型利用 Priestley-Taylor 公式（Priestley and Taylor, 1972）估算冠层的潜热通量作为迭代的初始值，即

$$LE_c^L = \alpha \frac{\Delta}{\Delta + \gamma} R_{nc} \tag{3-12}$$

式中，α 为 Priestley-Taylor（P-T）系数；Δ 为饱和水汽压 – 温度关系曲线的斜率，kPa/℃；γ 为湿度计常数，kPa/℃。

联立式（3-5）至式（3-12）可以计算得到土壤的潜热通量 LE_s，如果 $LE_s<0$，说明植被蒸腾受到水分胁迫，需要通过迭代方法使 α 逐渐降低，直到 LE_s 趋近于 0，最终获得各组分能量分量。

HTEM 模型则通过植被覆盖度 – 地表温度梯形特征空间（图 2.2）来确定植被和土壤表面温度，详细介绍见第 2 章。

3.3.2 蒸散发量的升尺度转换

根据遥感蒸散发模型计算得到卫星过境时刻的瞬时潜热通量可以求得瞬时蒸散发速率，需要通过一定的方法将瞬时蒸散发速率进行升尺度计算以获得日内以及更长时段内的蒸散发量。采用 METRIC 模型中参考蒸散发比法进行日内蒸散发量升尺度计算（Allen, 2007），见式（2-22）~式（2-23）。

由于云遮蔽等因素导致遥感数据并不是每日连续的，对于缺乏遥感数据的时段，参考蒸散发比通过邻近两个有遥感数据的日期进行线性插值获得（Bastiaanssen et al.，2002）。日蒸散发比插值的方法只在土壤含水量变化不大的情况下近似成立，对于有降雨但缺乏遥感数据的情况，本研究中采用以下方法进行估算：

$$\mathrm{ET_{day}}=\max\{f_{\mathrm{ETr}}\times \mathrm{ET_{r,day}},\ \min(P,\ k_c\times \mathrm{ET_{r,day}})\} \tag{3-13}$$

式中，$\mathrm{ET_{day}}$ 为日蒸散发；f_{ETr} 为参考蒸散发比；$\mathrm{ET_{r,day}}$ 为日参考作物蒸散发；P 为降水量；k_c 为作物系数。若降水量 P 小于潜在蒸散发 $k_c\times\mathrm{ET_{r,day}}$，则实际日蒸散发为插值得到的日蒸散发和降水量二者中较大的值。若降水量 P 大于潜在蒸散发 $k_c\times\mathrm{ET_0}$，则实际日蒸散发为插值得到的日蒸散发和潜在蒸散发二者中较大的值。

3.3.3　数据来源及预处理

综合考虑遥感数据的时间、空间分辨率及数据可获取程度、计算复杂性，研究中采用搭载在对地观测卫星 TERRA 上的中分辨率成像光谱仪 MODIS 数据，包括地表反射率数据 MOD09GA（1 ~ 7 波段，时间分辨率 1 天，空间分辨率 500/1000 m）和 MOD09GQ（1 ~ 2 波段，时间分辨率 1 天，空间分辨率 250 m）、地表温度数据 MOD11A1（时间分辨率 1 天，空间分辨率 1000 m）及植被指数数据 MOD15A2（时间分辨率 8 天，空间分辨率 1000 m）。有关数据从 NASA 数据中心下载（https://ladsweb.modaps.eosdis.nasa.gov/）。所有数据均被重新投影成横轴墨卡托投影图，并且重采样至 250 m，挑选出云覆盖率小于 5% 的影像（表 3.1）。

表 3.1　研究中使用的 MODIS 影像数据

年份	影像 / 幅	日期（DOY）
2003	58	36, 43, 54, 57, 68, 79, 80, 85, 103, 105, 108, 110, 114, 120, 121, 128, 129, 139, 144, 148, 153, 156, 157, 164, 173, 174, 189, 201, 208, 214, 217, 223, 228, 231, 235, 245, 251, 253, 255, 256, 265, 266, 274, 287, 288, 290, 294, 297, 299, 303, 306, 308, 319, 326, 333, 335, 340, 347
2004	65	2, 37, 41, 50, 53, 60, 66, 71, 90, 92, 94, 98, 99, 101, 105, 108, 114, 117, 119, 126, 128, 133, 142, 151, 160, 162, 172, 174, 183, 188, 202, 208, 217, 220, 225, 229, 238, 241, 244, 247, 252, 259, 261, 264, 265, 266, 270, 275, 277, 281, 284, 286, 288, 295, 300, 302, 313, 316, 320, 325, 334, 336, 339, 345, 354
2005	61	50, 64, 66, 71, 76, 78, 82, 87, 94, 99, 103, 105, 107, 110, 117, 121, 123, 126, 128, 131, 133, 147, 149, 153, 162, 164, 169, 171, 173, 186, 196, 204, 212, 215, 229, 238, 244, 245, 251, 256, 265, 276, 279, 281, 283, 288, 290, 297, 302, 304, 309, 313, 315, 317, 322, 324, 327, 329, 332, 350, 357

续表

年份	影像 / 幅	日期（DOY）
2006	56	8, 49, 54, 60, 65, 67, 72, 74, 79, 81, 83, 85, 88, 105, 110, 113, 120, 126, 133, 138, 142, 147, 151, 154, 161, 165, 167, 177, 181, 186, 207, 209, 211, 213, 218, 227, 232, 245, 248, 252, 259, 277, 282, 284, 289, 291, 294, 295, 298, 303, 305, 309, 312, 314, 318, 325
2007	53	12, 17, 31, 36, 83, 93, 95, 97, 114, 116, 120, 125, 132, 138, 139, 145, 146, 148, 152, 155, 159, 164, 175, 191, 196, 200, 212, 214, 219, 225, 228, 232, 239, 246, 251, 253, 262, 264, 266, 267, 287, 292, 298, 301, 308, 310, 312, 317, 324, 331, 333, 349, 365
2008	64	4, 9, 53, 57, 59, 62, 64, 66, 69, 75, 77, 86, 93, 98, 101, 105, 107, 114, 116, 119, 121, 125, 126, 128, 135, 139, 141, 144, 151, 158, 162, 176, 182, 183, 186, 188, 194, 197, 203, 215, 217, 224, 235, 240, 244, 249, 255, 256, 274, 276, 279, 285, 290, 299, 304, 306, 309, 313, 324, 333, 336, 340, 345, 352
2009	70	22, 27, 32, 36, 41, 45, 50, 59, 64, 72, 79, 82, 87, 91, 95, 98, 105, 111, 116, 119, 123, 125, 132, 137, 142, 146, 150, 151, 155, 164, 171, 174, 175, 176, 180, 182, 187, 192, 196, 205, 212, 214, 217, 221, 223, 224, 225, 226, 228, 231, 239, 242, 244, 254, 260, 264, 265, 267, 269, 271, 275, 279, 281, 285, 287, 290, 297, 299, 301, 311
2010	58	49, 50, 56, 74, 85, 91, 92, 96, 103, 105, 113, 119, 121, 122, 130, 131, 139, 151, 153, 156, 162, 169, 170, 171, 178, 186, 190, 192, 199, 201, 202, 203, 209, 210, 217, 220, 231, 234, 238, 240, 247, 254, 256, 265, 266, 268, 276, 277, 279, 281, 288, 290, 298, 325, 332, 334, 336, 352
2011	55	28, 30, 33, 44, 58, 62, 69, 74, 83, 92, 100, 101, 104, 108, 111, 132, 133, 136, 141, 143, 150, 152, 163, 165, 181, 193, 195, 196, 197, 200, 207, 211, 213, 214, 218, 221, 228, 234, 238, 241, 243, 253, 255, 266, 268, 275, 277, 289, 293, 314, 316, 319, 323, 341, 348
2012	76	32, 34, 38, 41, 45, 49, 52, 57, 66, 68, 70, 72, 83, 84, 90, 95, 97, 107, 112, 118, 122, 130, 135, 137, 139, 143, 145, 151, 153, 160, 162, 164, 167, 168, 169, 177, 184, 186, 187, 193, 205, 208, 211, 221, 222, 225, 232, 234, 235, 239, 241, 242, 248, 250, 257, 258, 263, 271, 272, 273, 276, 283, 285, 296, 299, 301, 303, 305, 306, 317, 319, 324, 330, 331, 333, 344

土地利用类型数据来源于中国西部环境与生态科学数据中心提供的2000年研究区土地利用类型数据（http://westdc.westgic.ac.cn）。DEM数据选用SRTM 90 m空间分辨率数据（http://strm.csi.cgiar.org）。气象数据及作物生长发育资料来自中国气象数据网（http://data.cma.gov.cn）。用于区域水量平衡分析的数据（降水量、引黄水量、排水量及地下水位等）则由内蒙古河套灌区管理总局提供（http://www.zghtgq. com）。

3.3.4 模型评价

从点尺度和区域尺度对TSEB模型和HTEM模型的蒸散发估算结果进行精度评价。在点尺度上，采用2009年磴口县节水农业示范区试验站（40°24′32″N，107°2′19″E）5 ~ 7天的平均蒸散发量（戴佳信等，2011）与两种双源遥感蒸散发模型计算结果进行对比。在区域尺度上，则采用水量平衡模型计算出区域生长季蒸散发量，并与两种双源遥感蒸散发模型的计算结果进行对比。灌区水量平衡方程如下：

$$ET_{wb}=P+D-R-\Delta S \tag{3-14}$$

式中，ET_{wb} 为水量平衡计算得到的生长季灌区总蒸散发量；P 为生长季内灌区降水量；D 为灌区引水量；R 为灌区出流水量；ΔS 为生长季内土壤水分蓄变量，通过地下水位的变化进行估算。

3.4　河套灌区蒸散发计算结果及分析

3.4.1　TSEB 模型和 HTEM 模型验证

在点尺度上，TSEB 模型和 HTEM 模型的计算结果与实验观测结果（戴佳信等，2011）均吻合较好（图 3.6）。HTEM 模型的均方根误差为 0.52 mm/d；TSEB 模型的均方根误差略高于 HTEM 模型，为 0.66 mm/d。HTEM 模型和 TSEB 模型的相对误差分别为 7.0% 和 5.5%。从试验站蒸散发 2009 年年内变化可以发现，两个模型在生育初期和后期的模拟效果要优于生育中期。

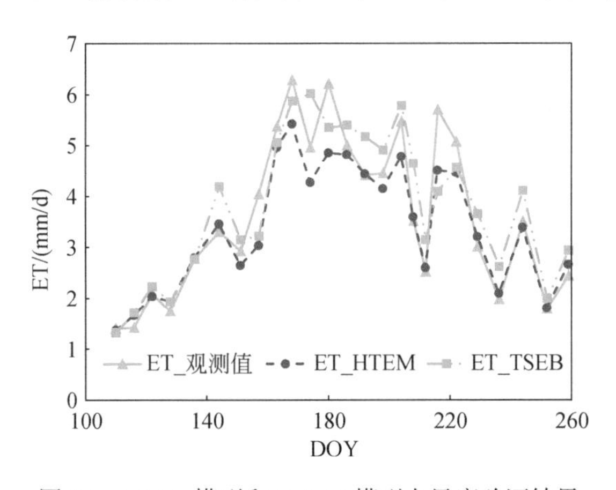

图 3.6　TSEB 模型和 HTEM 模型点尺度验证结果

在区域尺度上，HTEM 模型的结果要好于 TSEB 模型的结果（图 3.7）。HTEM 模型的均方根误差和相对误差分别为 26.2 mm 和 5.3%，而 TSEB 模型的均方根误差为 40.7 mm，相对误差达到 8.2%。从区域尺度的计算结果可以看出，TSEB 模型的蒸散发估算结果均高于水量平衡计算结果（2007 年除外）。

而 HTEM 模型估算的蒸散发量与水量平衡计算结果相比高估的年份有 6 年（2003 ~ 2005 年和 2009 ~ 2011 年），低估的年份有 4 年（2006 ~ 2008 年和 2012 年）。

Yang 等（2012b）利用 SEBAL 模型也计算了同一地区 2000 ~ 2010 年的蒸散发，其结果表明 SEBAL 计算得到的点尺度上均方根误差为 0.53 mm/d，区域尺度上的均方根误差为 26.1 mm。无论从点尺度和区域尺度来看，HTEM 模型与 SEBAL 模型计算结果具有相当的精度，而 TSEB 模型的精度稍低于 HTEM 模型和 SEBAL 模型。

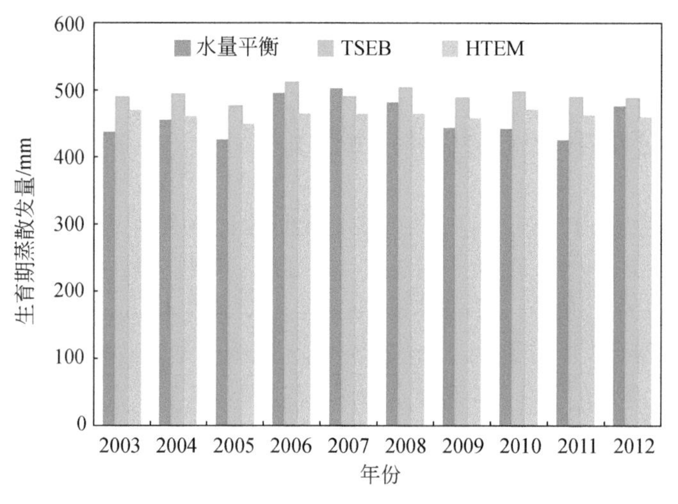

图 3.7　TSEB 模型和 HTEM 模型区域尺度验证结果

3.4.2　蒸散发及蒸发、蒸腾的空间分布

遥感蒸散发模型不仅能够提供灌区尺度上蒸散发量信息，更能提供灌区蒸散发的空间分布信息。图 3.8 和图 3.9 分别显示了 TSEB 模型和 HTEM 模型 2003 ~ 2012 年作物生育期内研究区蒸散发量的空间分布特征（以 2003 年、2006 年、2009 年、2012 年为例）。从整体趋势来看，河套灌区的东北部蒸散发量较高，大部分地区在 600 mm 以上，西南部蒸散发量明显低于其他地区，大部分地区小于 250 mm。

造成蒸散发这种空间差异的原因是杭锦后旗、临河区和五原县三个区、县、旗的土地利用类型以农田为主，而处于西南部的磴口地区大部分土地利用类型为沙地和戈壁，仅有中部和东部有少量的沼泽和农田。从频率分布结果中可以看出，河套灌区生长季蒸散发量在 100 ~ 800 mm。两个模型的计算结果均表明研究区域内蒸散发量的最大值位于研究区东南边界的黄河河滩地上。定性分析遥感蒸散发模型计算的蒸散发空间分布结果符合实际情况。

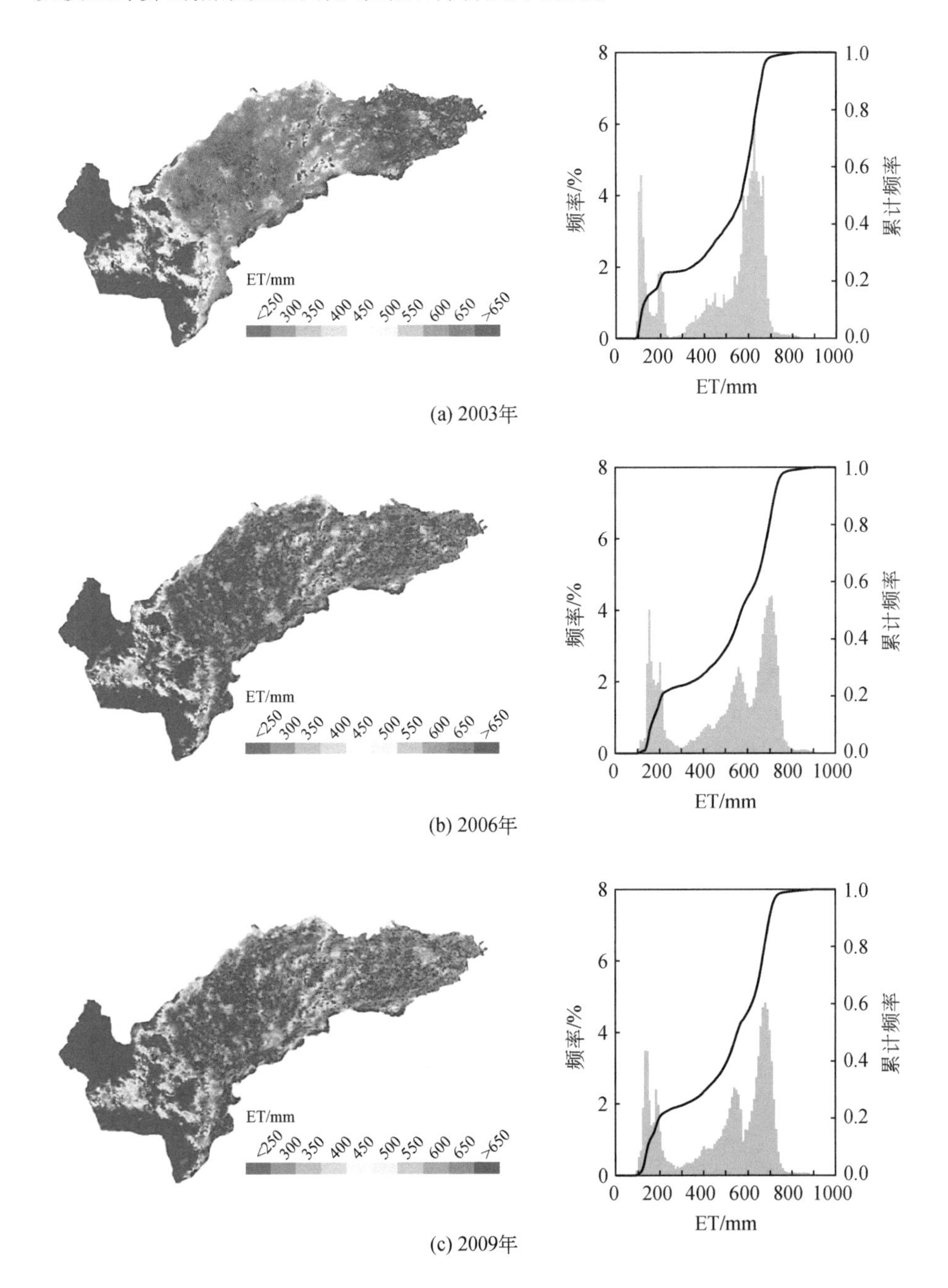

(a) 2003年

(b) 2006年

(c) 2009年

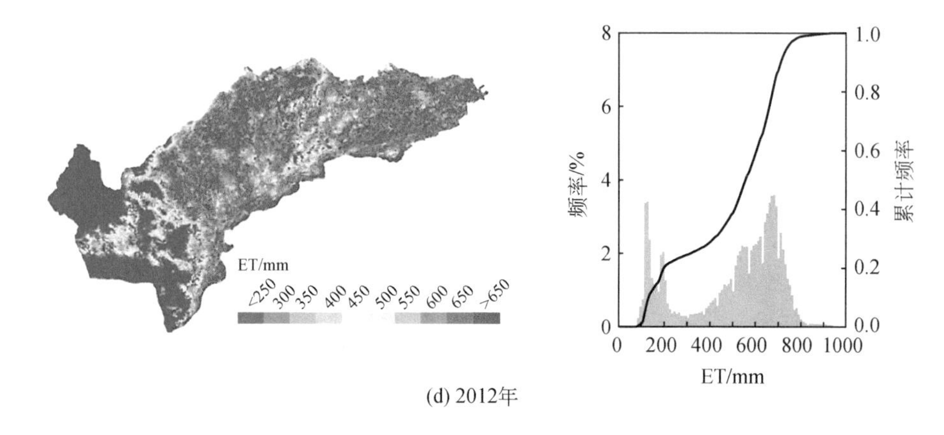

(d) 2012年

图 3.8　TSEB模型计算的 2003 ~ 2012 年河套灌区蒸散发空间分布及频率分布

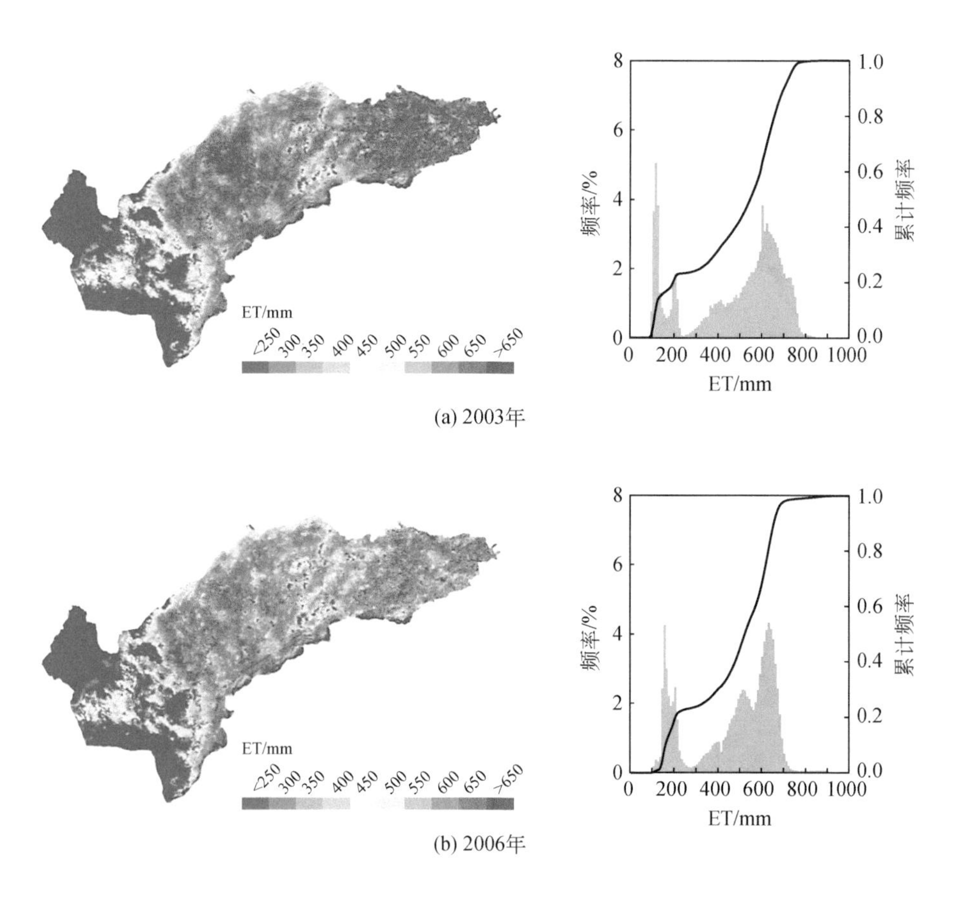

(a) 2003年

(b) 2006年

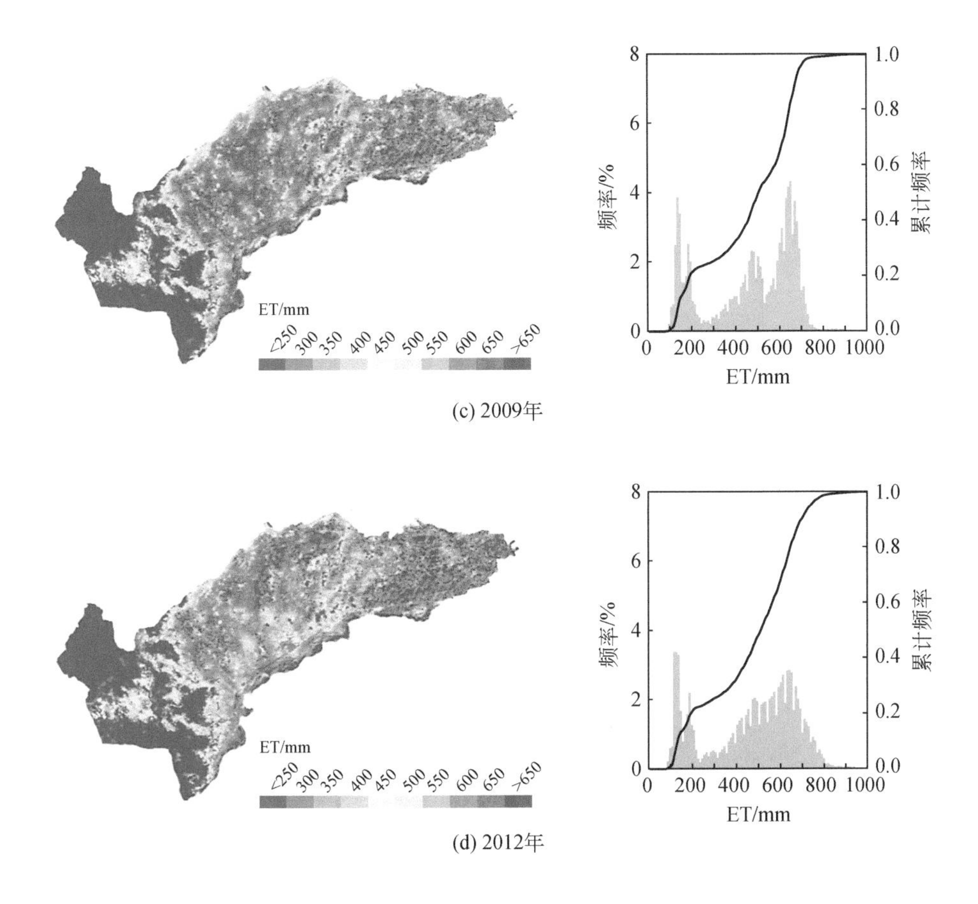

(c) 2009年

(d) 2012年

图 3.9　HTEM 模型计算的 2003 ~ 2012 年河套灌区蒸散发空间分布及频率分布

双源模型较单源模型更大的优势在于其将土壤和植被分别考虑，求出各组分的表面温度，因此可以区分土壤蒸发（E）和植被蒸腾（T）（图 3.10 和图 3.11）。从计算结果可以看出，在生育季内农田蒸散发以植被蒸腾为主。TSEB 模型计算得到的土壤蒸发在 200 ~ 300 mm，略低于 HTEM 模型计算的结果（250 ~ 350 mm）；植被蒸腾在 400 ~ 500 mm，略高于 HTEM 模型计算的结果（350 ~ 450 mm）。造成这一现象的原因是两个模型区分土壤和植被组分表面温度的思路不同，TSEB 模型中以 Priestley-Taylor 公式计算的潜在蒸腾量为迭代初始条件，可能会造成植被蒸腾量被高估的现象。研究区土壤蒸发最大的地区为东南边缘黄河左岸的河滩地，原因是这一区域紧邻黄河，由河道渗漏补给作用导致这一区域土壤含水量较高，土壤蒸发受水分胁迫较小，蒸发强烈。研究区西南部主要为沙漠戈壁和山地，植被覆盖度较低，因此植被蒸腾量很小。

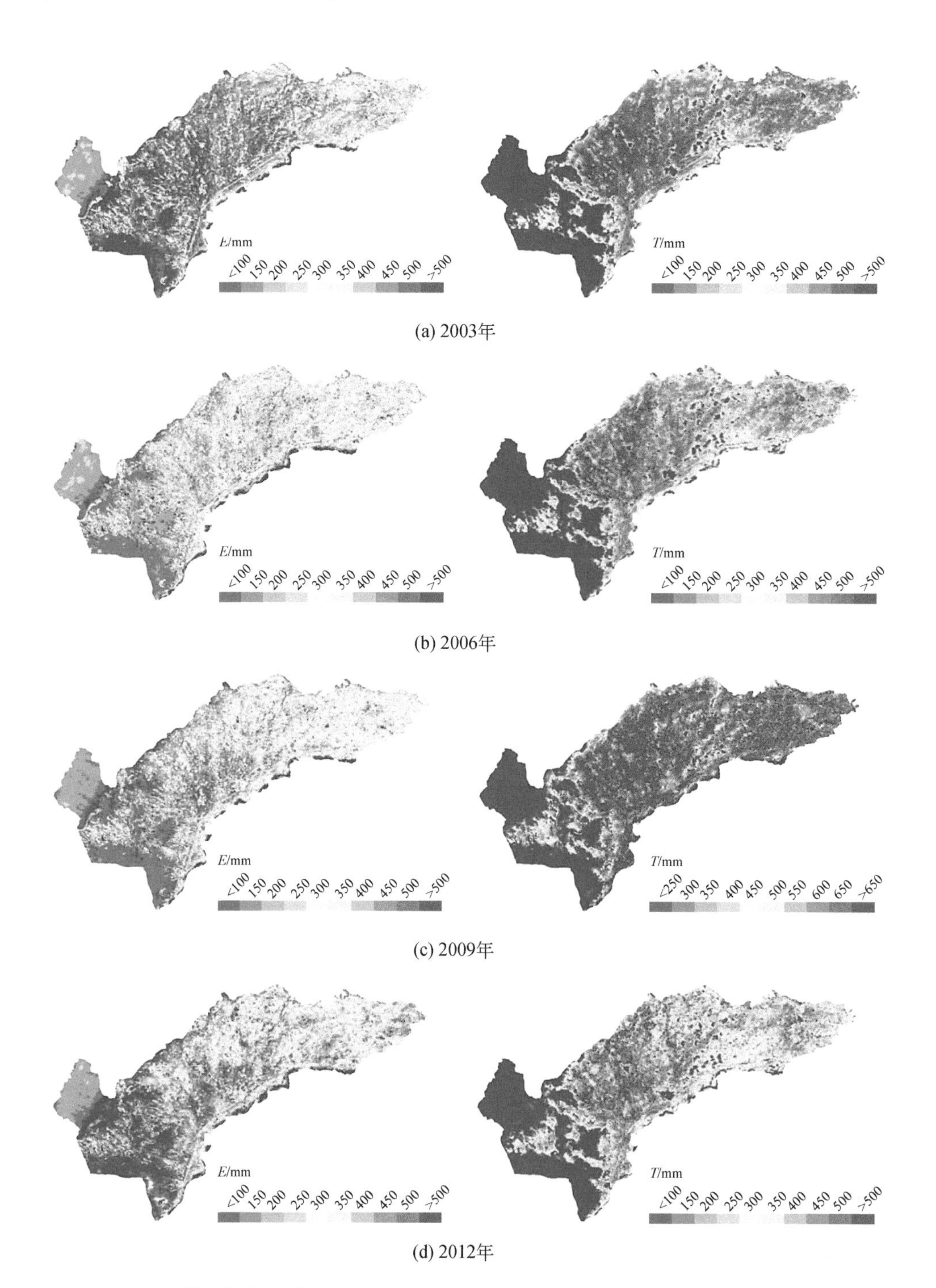

图 3.10　TSEB 模型计算得到的 2003 ～ 2012 年河套灌区土壤蒸发（E）和植被蒸腾（T）空间分布

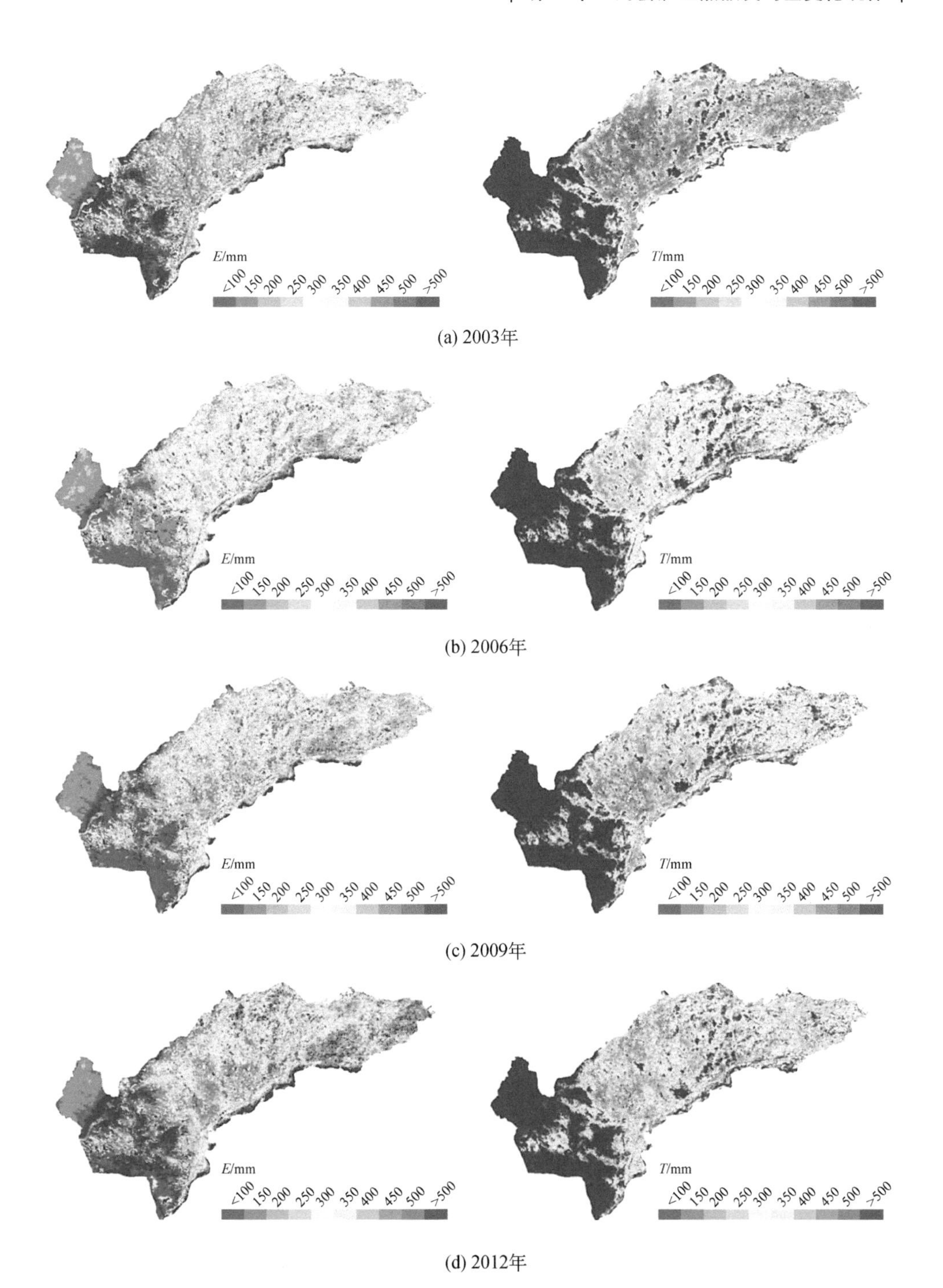

图 3.11　HTEM 模型计算得到的 2003 ~ 2012 年河套灌区土壤蒸发（E）和植被蒸腾（T）空间分布

3.4.3 农田蒸散发分析

农田是研究区内主要土地利用类型（图 3.2），同时也是灌溉引水的主要消耗区。表 3.2 总结了 TSEB 模型和 HTEM 模型 2003 ~ 2012 年逐年 4 ~ 10 月的农田蒸散发（ET）、土壤蒸发（E）和植被蒸腾（T）。TSEB 模型计算结果表明农田生长季蒸散发量最大值和最小值分别为 669 mm（2006 年）和 625 mm（2005 年），平均值为 647 mm；平均土壤蒸发和植被蒸腾量分别为 271 mm 和 376 mm。植被蒸腾量占蒸散发量的比例变化范围为 0.55 ~ 0.61。而从 HTEM 模型计算结果可以看出，农田生长季蒸散发量在 599 ~ 640 mm 范围内变化，多年平均蒸散发量为 617 mm。HTEM 模型计算结果与同一区域 SEBAL 模型计算结果（Yang et al.，2012b）接近。多年平均土壤蒸发和植被蒸腾量分别为 319 mm 和 298 mm，分别占蒸散发量的 52% 和 48%。郝远远等（2015）在研究区进行的农田试验结果表明，2012 年作物蒸腾平均为 306 mm，与 HTEM 模型计算结果更为接近。

表 3.2 TSEB 模型和 HTEM 模型农田生长季蒸散发（ET）、土壤蒸发（E）及植被蒸腾（T）

年份	ET/mm		E/mm		T/mm		T/ET	
	TSEB	HTEM	TSEB	HTEM	TSEB	HTEM	TSEB	HTEM
2003	630	625	250	287	380	338	0.60	0.54
2004	652	618	263	317	389	301	0.60	0.48
2005	625	600	249	306	376	294	0.60	0.49
2006	669	599	298	331	371	268	0.55	0.45
2007	645	624	254	310	391	314	0.61	0.50
2008	660	603	294	326	366	277	0.55	0.46
2009	645	617	278	332	367	285	0.57	0.46
2010	660	640	281	335	379	305	0.57	0.48
2011	643	622	274	325	369	297	0.57	0.48
2012	641	617	271	319	370	298	0.58	0.48
最大值	669	640	298	335	389	338	0.61	0.54
最小值	625	599	249	287	366	277	0.55	0.45
平均值	647	617	271	319	376	298	0.58	0.48

表 3.3 总结了 2003 ~ 2012 年研究区 4 个区县 4 ~ 10 月农田平均蒸散发结果。从 HTEM 模型结果可以看出，研究区内农田蒸散发最低的地区为磴口县，多年平均蒸散发量为 521.5 mm，最大和最小蒸散发量分别为 562.6 mm 和 497.5 mm。五原县为研究区内农田蒸散发量最大的地区，多年平均蒸散发量为 656.8 mm，变化范围为 615.6 ~ 688.2 mm。杭锦后旗和临河区的农田蒸散发量大致相当，多年平均值分别为 619.5 mm 和 618.7 mm。TSEB 模型计算结果与 HTEM 模型结果类似。从各区县的统计结果来看，磴口县的农田蒸散发量明显低于其他三个区县，造成此现象的原因可能有以下两方面。首先，磴口县农田面积较小且分散分布在沙地中间（图 3.2）。受周围沙地的影响，磴口县农田获得的净辐射小于其他区域农田（HTEM 模型计算得到 2012 年磴口县和五原县平均净辐射通量分别为 541.69 W/m^2 和 562.57 W/m^2），进而造成潜热通量较其他地区偏小。其次，受沙地的影响，磴口县农田的气温要高于其他地区。在模型计算时采用临河气象站观测气温会低估磴口县农田的气温，进而高估了农田的显热 [式（3-7）、式（3-8）]，导致农田的潜热被低估。

表 3.3　2003 ~ 2012 年研究区四县农田蒸散发　　（单位：mm）

项目	TSEB				HTEM			
	磴口县	杭锦后旗	临河区	五原县	磴口县	杭锦后旗	临河区	五原县
2003 年	483.2	598.9	598.1	633.2	497.5	619.0	625.8	688.2
2004 年	532.7	680.7	656.2	680.5	507.7	638.3	616.3	655.9
2005 年	526.9	644.7	649.0	633.0	503.7	610.0	621.5	615.6
2006 年	589.6	687.0	675.7	686.7	531.8	607.5	604.1	624.2
2007 年	586.8	658.4	648.5	659.5	562.6	625.5	623.4	653.9
2008 年	572.6	673.1	667.4	683.0	514.3	601.2	609.4	638.1
2009 年	564.1	659.4	656.0	662.4	533.8	617.5	625.4	649.9
2010 年	570.3	675.6	664.6	685.5	542.2	648.3	641.5	677.5
2011 年	530.4	652.8	641.2	690.7	511.9	622.5	611.7	680.9
2012 年	537.5	644.4	637.5	689.0	509.5	605.0	607.6	683.8
最大值	589.6	687.0	675.7	690.7	562.6	648.3	641.5	688.2
最小值	483.2	598.9	598.1	633.0	497.5	601.2	604.1	615.6
平均值	549.4	657.5	649.4	670.4	521.5	619.5	618.7	656.8

图 3.12 总结了 TSEB 模型和 HTEM 模型计算得到的农田逐月蒸散发及年内变化。从年内变化规律可以看出，农田月蒸散发量及植被蒸腾量在年内呈单峰变化，年内最大值为每年的 7 月左右。造成这一现象的原因是 7 月前后研究区内大部分农作物处于生长旺盛阶段，植被覆盖度较高，蒸散发作用强烈，并且水分消耗主要以植被蒸腾为主，约占同期蒸散发量的 70%。在生育阶段初期（4 ~ 5 月）

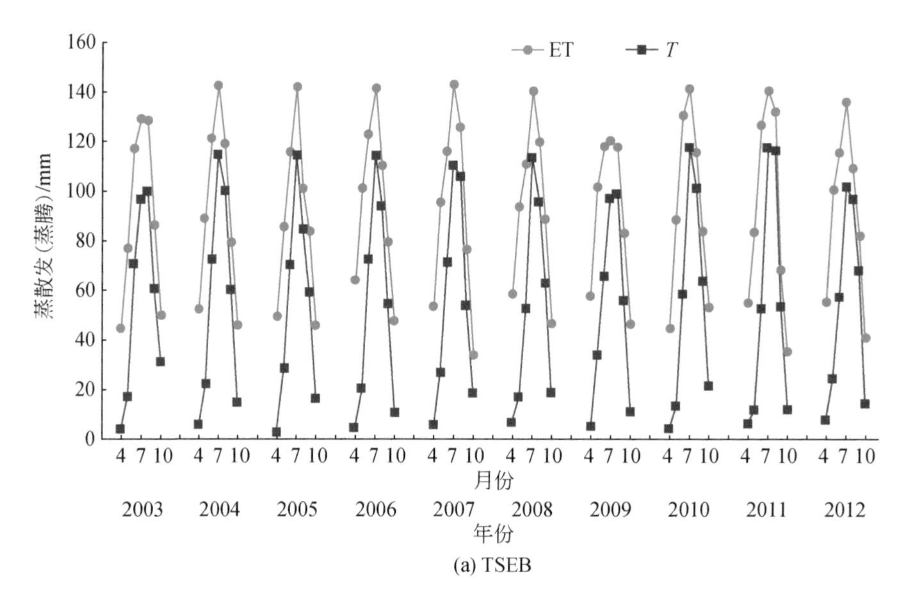

(a) TSEB

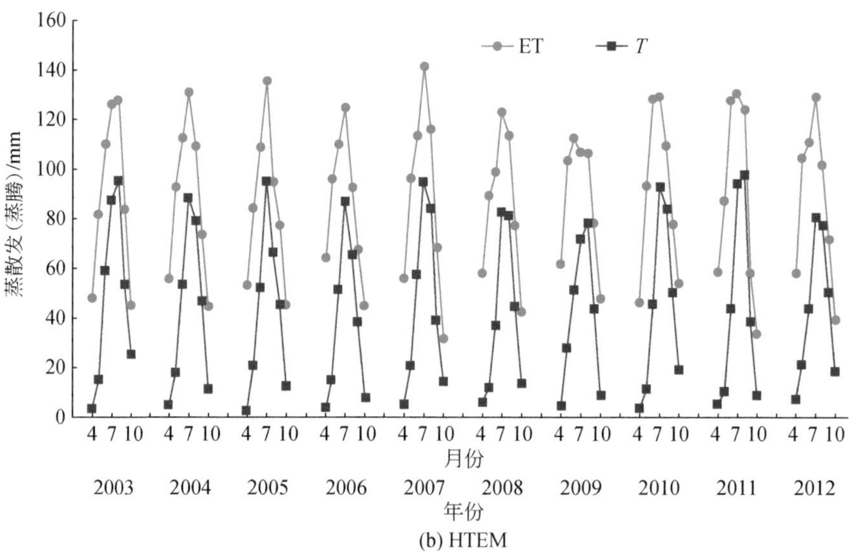

(b) HTEM

图 3.12　TSEB 模型和 HTEM 模型计算的农田月蒸散发量与植被蒸腾量变化过程

植被蒸腾相对较少，这是由于这一时期向日葵还未播种，小麦和玉米虽已播种但仍处于苗期，植被覆盖度低，农田耗水主要以土壤蒸发的形式。

3.4.4　其他土地利用类型蒸散发分析

研究区内其他土地利用类型生长季蒸散发量及年际变化如表 3.4 和图 3.13 所示（年际变化以 HTEM 模型为例）。蒸散发量最大的土地利用类型为水体，TSEB 模型和 HTEM 模型计算得到的水体平均蒸散发量分别为 716 mm 和 679 mm。平均蒸散发量最小的土地利用类型是戈壁，两个双源模型的计算结果相近，分别为 111 mm（TSEB 模型）和 109 mm（HTEM 模型）。灌溉草地蒸散发量仅次于水体和农田，TSEB 模型和 HTEM 模型计算的灌溉草地多年平均蒸散发量分别为 646 mm 和 574 mm。沼泽、林地和非灌溉草地的蒸散发量相近，以 HTEM 模型为例，多年平均蒸散发量分别为 506 mm、455 mm 和 455 mm。非灌溉草地蒸散发量年际变化较剧烈，这是由于非灌溉草地蒸散发主要依赖黄河引水至田间的过程中渗漏的水量。节水改造后，采取渠道衬砌等工程手段加之黄河引水量逐年减小，导致可供非灌溉草地蒸散发的水量减小，水分胁迫增加。

表 3.4　TSEB 模型和 HTEM 模型各土地利用类型生长季蒸散发量（单位：mm）

项目	模型	土地利用类型									
		戈壁	水体	盐碱地	沼泽	城乡用地	沙地	林地	灌溉草地	非灌溉草地	山地
2003 年	T	122	692	429	492	391	119	448	647	567	193
	H	120	654	396	443	353	114	397	567	505	192
2004 年	T	110	705	421	556	377	152	509	640	499	189
	H	108	668	387	505	339	146	450	562	443	188
2005 年	T	121	697	403	539	362	155	496	622	478	192
	H	119	664	371	492	327	150	444	552	428	191
2006 年	T	123	740	437	593	391	173	525	659	516	197
	H	121	711	409	550	360	169	478	595	471	196
2007 年	T	101	716	419	591	372	154	513	642	497	174
	H	98	680	390	538	338	148	461	570	447	173

续表

项目	模型	土地利用类型									
		戈壁	水体	盐碱地	沼泽	城乡用地	沙地	林地	灌溉草地	非灌溉草地	山地
2008年	T	121	726	436	589	383	166	524	660	509	184
	H	119	702	413	546	359	161	487	607	472	184
2009年	T	110	712	418	560	367	152	508	642	492	179
	H	109	673	383	502	333	144	452	565	438	179
2010年	T	103	726	431	562	378	140	519	662	508	176
	H	100	683	395	499	341	134	462	587	453	174
2011年	T	105	713	429	541	379	146	513	646	500	192
	H	104	667	396	486	340	144	458	568	446	191
2012年	T	96	734	432	563	377	145	513	643	501	175
	H	93	691	402	498	341	139	457	565	447	173
均值	T	111	716	425	559	378	150	507	646	507	185
	H	109	679	394	506	343	145	455	574	455	184

注：T代表TSEB模型，H代表HTEM模型。

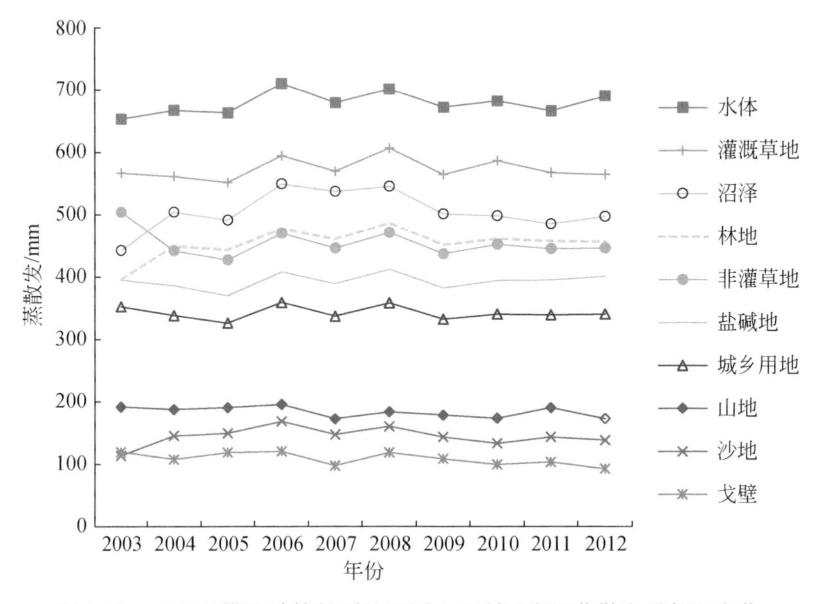

图3.13　HTEM模型计算得到的不同土地利用类型蒸散发量年际变化

3.5 小　结

本章利用两种双源蒸散发模型（TSEB 模型和 HTEM 模型），结合 MODIS 遥感数据对河套灌区 2003 ~ 2012 年作物主要发育期（4 ~ 10 月）的蒸散发过程进行了计算，从点尺度和区域尺度对两个模型的模拟结果进行对比分析。同时，分析了河套灌区蒸散发量、土壤蒸发和植被蒸腾的空间分布规律，分析了农田蒸发蒸腾年内和年际变化规律以及其他土地利用类型蒸散发量的年际变化特征。得到的主要结论如下。

（1）HTEM 模型较 TSEB 模型在河套灌区具有更高的精度。在试验站点尺度上 HTEM 模型的均方根误差为 0.52 mm/d；区域尺度上 HTEM 模型的均方根误差为 26.2 mm。

（2）TSEB 模型和 HTEM 模型模拟得到的研究区农田生育期内蒸散发多年平均值分别为 647 mm 和 617 mm。TSEB 模型和 HTEM 模型计算得到的农田多年平均植被蒸腾量分别为 376 mm 和 298 mm，分别占蒸散发量的 58% 和 48%。

（3）研究区内除农田外的其他土地利用类型中，水体的蒸散发量最大，戈壁的蒸散发量最小。灌溉草地蒸散发量仅次于水体，沼泽、林地和非灌溉草地蒸散发量相近。非灌溉草地耗水受节水改造工程影响最大。

第 4 章　河套灌区灌溉用水效率评价

4.1 概　述

水分是保证灌区农业生产最为重要的资源。基于传统的方法进行灌区灌溉用水效率评价存在诸多困难，包括渠道渗漏损失量难以准确获得、作物有效利用的灌溉水量难以准确界定、灌区内渠系网络结构复杂、由典型渠道及农田试验结果推求整个灌区的灌溉用水效率具有很大的不确定性等。同时，灌溉用水效率还具有时间尺度效应，一次或几次灌溉试验观测得到的灌溉用水效率和整个灌溉系统的用水效率也存在一定的差异。对于特定灌区而言，每次灌溉的灌溉用水效率是不一样的，甚至差别较大；而且一次灌溉之后，灌溉水并不能立即被作物吸收利用，而是需要一段时间。因此，传统的灌溉水利用系数在区域水资源管理中会出现一定的问题。为解决这一问题，在灌溉用水效率评价中一个更为合理的评价指标是以灌溉农田消耗的灌溉水量（灌溉农田蒸散发量与有效降水量之差）来表示灌溉水的有效利用量（Keller and Keller, 1995）。

鉴于传统的灌溉用水效率评价指标均或多或少地存在理论上或应用上的问题，本章试图建立一个基于遥感蒸散发的灌溉用水效率评价指标，以便更为真实地反映区域内实际的灌溉用水效率。我们以灌区内灌溉地作物生育期内实际消耗的灌溉水量表示灌溉水的有效利用量，将灌溉水有效利用量与灌区净引水量（灌区总引水量与退水量之差）和总引水量的比值分别定义为基于净引水量和总引水量的灌溉水有效利用系数（蒋磊，2016）。利用 HTEM 模型计算得到的河套灌区灌溉地作物发育期（4 ~ 10 月）的蒸散发量，并结合灌区内降水量与引水量的观测资料，对节水改造之后河套灌区灌溉水有效利用系数进行分析和评价。

4.2　基于遥感蒸散发的灌区灌溉用水效率评价方法

4.2.1　灌溉地－非灌溉地水量平衡模型

由研究区土地利用类型（图 3.2）可以得到研究区灌溉地分布及统计结果（表 4.1）。由于研究区地处干旱区，降水稀少，基本不产生地表径流，因此忽略地表径流量。土壤非饱和带含水量和地下水资源量年际变化较小，在本章研究中不予考虑。灌区灌溉地－非灌溉地水量平衡示意图如图 4.1 所示（蒋磊等，2013）。

表 4.1　研究区灌溉地分布及统计结果　　（单位：km^2）

区县	灌溉地面积			总计
	果园	草地	农田	
五原	0.50	21.88	1316.56	1338.94
临河	6.94	69.38	1395.25	1471.57
杭锦后旗	0.00	33.00	1212.69	1245.69
磴口	0.00	8.00	610.06	618.06
总计	7.44	132.26	4534.56	4674.26

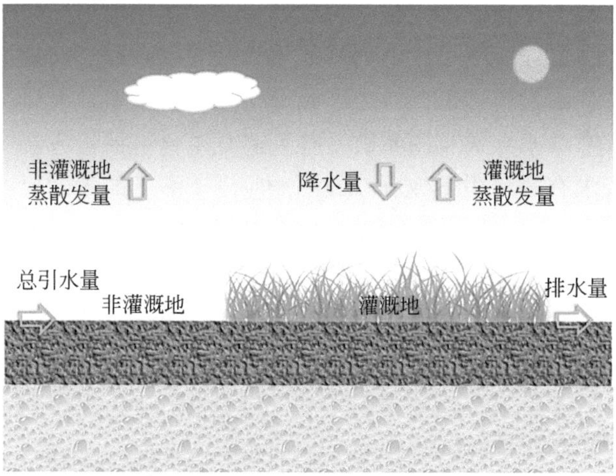

图 4.1　灌区灌溉地－非灌溉地水量平衡示意图

参考农区－非农区水均衡模型（雷志栋等，1999）的思路，将灌区内土地利用类型分为灌溉地（包括灌溉农田、灌溉草地和灌溉果园）和非灌溉地两大类，蒸散发也相应分为灌溉地蒸散发及非灌溉地蒸散发。河套灌区水量平衡可以表示为

$$I + P_0 + P_F = ET_0 + ET_F + D \tag{4-1}$$

式中，I 为灌区总引黄水量；P_F、P_0 分别为灌区灌溉地、非灌溉地降水量；ET_F、ET_0 分别为灌溉地、非灌溉地蒸散发量；D 为灌区退排水量；$I–D$ 为灌区净引水量。

4.2.2 灌溉水有效利用系数的确定方法

由于河套灌区渠系结构复杂（赵永亮等，2004），渠系渗漏损失量、进入田间的净水量与贮存在根系层内的灌水量难以通过监测和计算准确得到。因此，本章以灌区内灌溉地发育期内蒸散发量与有效降水量之差 $(ET_F–P_F)$ 表示灌溉水的有效利用量，将灌溉水有效利用量与灌区净引水量的比值定义为基于净引水量的灌溉水有效利用系数 η_N，将灌溉水有效利用量与灌区总引水量的比值定义为基于总引水量的灌溉水有效利用系数 η_I，即

$$\eta_N=(ET_F–P_F)/(I–D) \tag{4-2}$$

$$\eta_I=(ET_F–P_F)/I \tag{4-3}$$

在传统的灌溉水利用系数评估中，需要估算通过灌溉到达作物根系层的水量。但是由于土壤墒情、作物、灌水情况等的差异，到达作物根系层的灌溉水量存在很大的空间变异性，在区域尺度上估算的灌溉水利用系数具有较大的不确定性。然而，利用遥感蒸散发模型可以较为准确地估算灌溉地蒸散发量，从而可以较为客观准确地估算灌溉水有效利用系数，并且避开了传统评价方法中难以估算的环节。此外，灌溉水有效利用系数可以方便地应用于灌区的不同尺度（不同渠道控制的灌溉单元）。

4.3 河套灌区灌溉用水效率评价结果

4.3.1 水量平衡方程各分量及灌溉水有效利用系数计算结果

2003 ～ 2012 年引黄水量采用河套灌区管理总局（http://www.zghtgq.com）

水资源公报中提供的数据，降水量采用中国气象数据网（http://data.cma.cn/）提供的日值数据集，蒸散发量采用第 3 章中 HTEM 模型计算结果。灌溉地水量平衡方程各分量及灌溉水有效利用系数 η_N 和 η_I 计算结果见表 4.2。

表 4.2　水量平衡方程各分量及灌溉水有效利用系数

项目	灌溉地降水量 P_F/亿 m³	灌溉地蒸散发量 ET_F/亿 m³	总引水量 I/亿 m³	净引水量 $I-D$/亿 m³	灌溉水有效利用量 ET_F-P_F/亿 m³	灌溉水有效利用系数	
						η_N	η_I
2003 年	8.10	29.61	—	34.07	21.51	0.631	—
2004 年	7.93	29.31	46.90	37.64	21.38	0.568	0.456
2005 年	3.55	28.44	49.42	41.25	24.89	0.603	0.504
2006 年	6.87	28.38	50.23	40.53	21.51	0.531	0.428
2007 年	6.98	29.59	50.26	39.97	22.61	0.566	0.450
2008 年	9.19	28.57	46.81	37.10	19.38	0.522	0.414
2009 年	3.98	29.25	53.25	41.97	25.27	0.602	0.475
2010 年	6.37	30.32	55.20	33.23	23.95	0.721	0.434
2011 年	2.19	29.46	50.30	36.10	27.27	0.755	0.542
2012 年	9.73	29.26	49.71	31.91	19.53	0.612	0.393
最大值	9.73	30.32	55.20	41.97	27.27	0.755	0.542
最小值	2.19	28.38	46.81	31.91	19.38	0.522	0.393
均值	6.49	29.22	50.23	37.38	22.73	0.611	0.455

注：—表示无数据。

图 4.2 给出了降水量、灌溉地蒸散发量、总引水量以及净引水量 2003 ~ 2012 年际变化图。从图中可以看出，2005 年、2009 年和 2011 年降水较少，属于枯水年。2010 年和 2012 年降水偏多。2003 ~ 2012 年灌溉地降水量多年平均值为 6.49 亿 m³（平均 138.8 mm）；灌溉地降水量最少的年份为 2011 年，最多的年份为 2012 年，分别为 2.19 亿 m³（平均 46.9 mm）和 9.73 亿 m³（平均 208.2 mm）。由研究区灌溉地蒸散发量年际变化图可以看出，2003 ~ 2012 年，研究区灌溉地蒸散发量年际变化较小，基本维持在较稳定的水平，均值为 29.22 亿 m³（平均 625.1 mm），变化范围为 28.38 亿 m³（598.4 mm, 2006 年）~ 30.32 亿 m³（648.7 mm, 2010 年）。2004 ~ 2012 年，2010 年总引水量最多（55.20 亿 m³），2008 年总引水量最小（46.81 亿 m³），多年平均总引水

量为 50.23 亿 m^3。从研究区净引水量年际变化过程可以看出，2005 ~ 2012 年，研究区净引水量有减小的趋势。2005 年和 2009 年净引水量较其他年份多，分别为 41.25 亿 m^3 和 41.97 亿 m^3，原因可能是 2005 年和 2009 年降水量较少，需要较多的引水量保证灌区农作物的正常生长。净引水量最少的年份为 2012 年，仅为 31.91 亿 m^3。

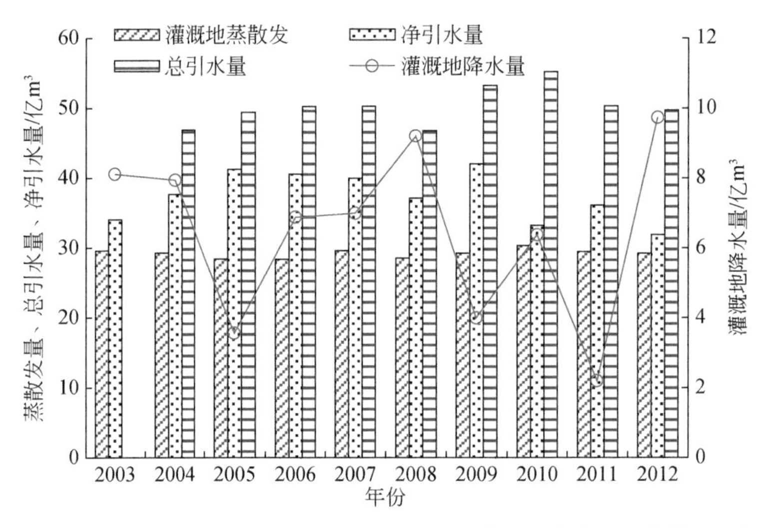

图 4.2　2003 ~ 2012 年研究区总引水量、净引水量及灌溉地降水量、蒸散发量年际变化

研究区两种灌溉水有效利用系数 η_N 和 η_I 的年际变化如图 4.3 所示。从图中可以看出，η_N 随时间有增大的趋势，这反映了自 1998 年以来灌区节水改造工程逐步实施的效果。从 10 年间 η_N 的年际变化来看，2003 ~ 2008 年，η_N 逐年下降，2008 年达到 10 年间最小值（0.522）。2008 ~ 2011 年有明显提高，并在 2011 年达到 10 年间最大值，达到 0.755。随后 2012 年较 2011 年又有所减小。η_I 与 η_N 趋势相似，但是由于仅考虑灌区总引水量，η_I 的计算结果小于 η_N 的计算结果。2004 ~ 2012 年 η_I 变化范围为 0.393 ~ 0.542。η_I 的最大值和最小值分别出现在 2011 年和 2012 年，这是由于 2011 年研究区降水量少，农作物需要更多的引水来保证其正常生长，因此 2011 年退水量较少，导致 η_I 达到研究时段内的最大值。相反，2012 年降水丰沛，作物需水量较 2011 年并未有较大变化，导致研究区退水量较多，η_I 值较小。由上述分析可知，η_I 规律性不明显，受引水量和退水量影响波动较大。并且灌区退水量实际上并未进入农田，采用净引水量可以更科学合理地表征灌区灌溉用水效率。因此，研究中主要分析基于净引水量的灌溉水有效利用系数 η_N 的变化规律及其影响因子。

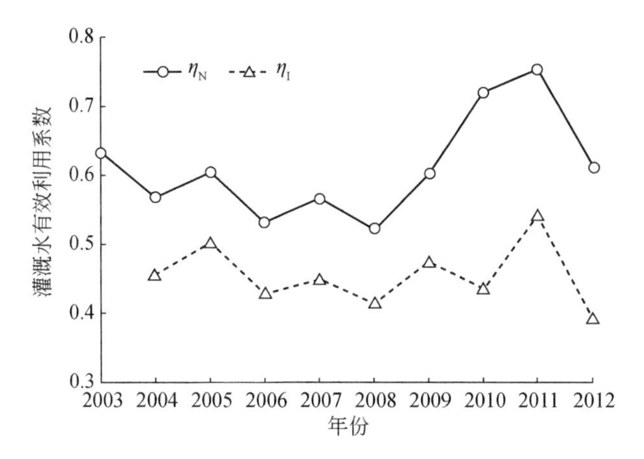

图 4.3　2003 ~ 2012 年研究区灌溉水有效利用系数年际变化图

研究区灌溉水有效利用系数 η_N 同时受降水量和引水量的影响，其相互关系如图 4.4 所示。可以看出 η_N 随降水量的增加有减小的趋势，相关系数 $r=-0.531$；而随净引水量的减少有增加的趋势，相关系数 $r=-0.473$。

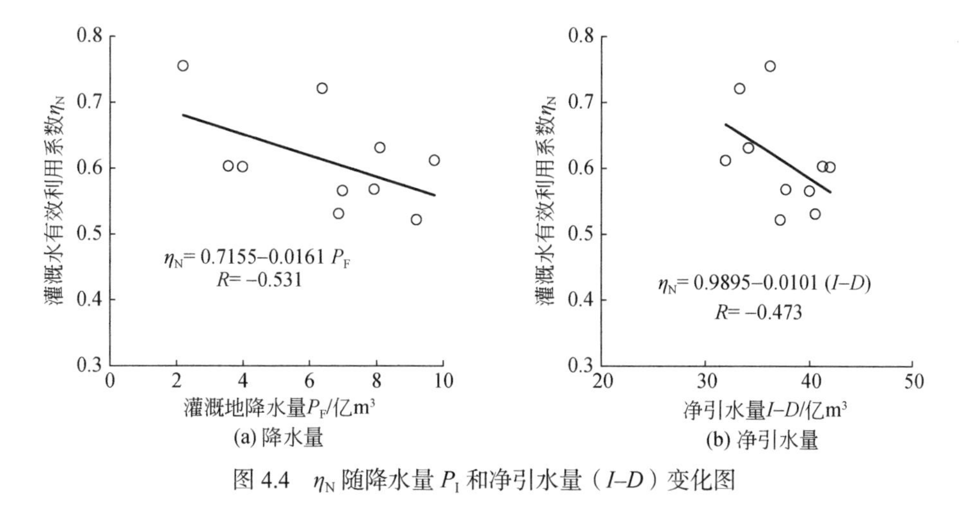

图 4.4　η_N 随降水量 P_I 和净引水量（I–D）变化图

4.3.2　灌溉水有效利用系数的经验估算模型及其影响因素

根据上述分析，考虑到基于净引水量的灌溉水有效利用系数 η_N 受节水改造历时（T）（自 1998 年开始，例如 T=5 表示节水改造开始 5 年，即 2003 年）、灌溉地降水量（P_F）和净引水量（I–D）共同影响，假设节水改造工程每年对灌

溉水有效利用系数的贡献是相同的，可以建立 η_N 的经验估算模型，即

$$\eta_N=a+bT+cP_F+d(I-D) \tag{4-4}$$

式中，T 为节水改造历时，年；P_F 为灌溉地降水量，亿 m^3；$I-D$ 为净引水量，亿 m^3；a, b, c, d 分别为回归系数，根据表 4.2 中的数据对式（4-4）经验模型进行线性回归，得到以下结果：

$$\eta_N=1.538+0.000568T-0.0294P_F-0.0198(I-D) \tag{4-5}$$

其中线性回归的相关系数 r=0.982，达到极显著相关水平（P=0.00573<0.01）。

由式（4-5）可以看出，η_N 不仅与输水系统、灌水技术有关，还与灌溉引水量和降水量有关。即使在相同的灌溉系统中，灌溉水有效利用系数也不为常数，而是随降水量和引水量的变化而变化，这更符合实际情况。为进一步分析各因子对灌溉水有效利用系数 η_N 的影响，将 2003 ~ 2012 年平均降水量作为多年平均降水量 $\overline{P}$，分别计算 50% 平均降水量（50% $\overline{P}$）、平均降水量（$\overline{P}$）和 150% 平均降水量（150%$\overline{P}$）情景下几种不同的净引水量和节水改造历时组合方案对基于净引水量的灌溉水有效利用系数 η_N 的影响。情景方案设置以及计算结果如表 4.3 所示。

表 4.3　η_N 情景方案设计及计算结果

节水改造历时 T/a	净引水量 $I-D$/ 亿 m^3	不同降水量下的 η_N		
		$P=50\%\ \overline{P}$	$P=\overline{P}$	$P=150\%\ \overline{P}$
5	45	0.553	0.457	0.362
5	40	0.652	0.557	0.461
5	35	0.751	0.656	0.560
5	30	0.850	0.755	0.660
10	45	0.555	0.460	0.365
10	40	0.655	0.559	0.464
10	35	0.754	0.659	0.563
10	30	0.853	0.758	0.662
15	45	0.558	0.463	0.368
15	40	0.658	0.562	0.467
15	35	0.757	0.661	0.566
15	30	0.856	0.761	0.665

注：$\overline{P}$ 为 2003 ~ 2012 年平均降水量。

从计算结果中可以看出，在降水量较多并且净引水量也较多的情景下，η_N 计算结果较小；相反，降水量较少并且净引水量也较小的情景下，η_N 计算结果较大。在相同降水量的情况下，η_N 随节水改造历时的增加而增加，随净引水量的增加而减小，并且供水减少对 η_N 变化的影响要大于节水改造工程。这一结果与 Soto-García 等（2013）的研究结果一致。另外，降水量也是影响 η_N 的一个重要方面。在节水改造历时相同、净引水量也相同的情况下，降水量从 50% $\bar{P}$ 增加到 150% $\bar{P}$，η_N 将减小 20% ~ 30%。

不同情景下的 η_N 计算结果表明，η_N 受节水改造历时、降水量和净引水量的共同影响，并不能用 η_N 直接表示节水改造的实施效果。但是，这一结果并不说明灌区节水改造工程的效果是不明显的。由图 4.2 可以看出，2003 ~ 2012 年，降水量、净引水量变化幅度较大，研究区灌溉地内蒸散发量基本维持在一个较稳定的水平，而净引水量自 2005 年之后由 41.25 亿 m^3 减少至 2012 年的 31.91 亿 m^3。这说明，正是采用了一系列节水措施，才使得输水过程中的水量损失减少，在灌溉引水量不断减少的情况下可以保证作物正常生长所需水量，为维持灌溉地较稳定的耗水及产量提供了保证。

4.4　小　　结

在河套灌区蒸散发计算的基础上，提出了基于遥感蒸散发的干旱区灌区灌溉水有效利用系数评价方法。这一指标具有明确的物理意义，直接采用灌溉地消耗的灌溉水量作为灌溉水有效利用量，可以通过遥感蒸散发模型进行较为准确的估算，具有较强的可操作性。与传统的灌溉水利用系数相比，灌溉水有效利用系数可以有效地规避其中难以准确监测或估算的部分，可以方便地应用于灌区的不同尺度。

利用 HTEM 模型计算得到河套灌区 2003 ~ 2012 年生育期（4 ~ 10 月）蒸散发量，结合降水数据和引水量数据，计算了基于净引水量和总引水量的两种灌溉水有效利用系数 η_N 和 η_I 的动态变化，建立了基于净引水量的灌溉水有效利用系数 η_N 的估算模型。结果表明，2003 ~ 2012 年河套灌区内灌溉地蒸散发量基本保持在一个较稳定的水平，说明灌区节水改造并未对灌溉地作物的生长产生明显影响，η_N 在 10 年间有增大的趋势。并且，η_N 随降水量的增加有减小的趋势，而随净引水量的减小有增加的趋势。从 η_N 经验估算模型中可以看出，减少供水对 η_N 的影响要大于灌区节水改造工程对 η_N 的影响。这也从另一方面表明，正是得益于灌区的节水改造，才在引水量减少的情况下依然可以保证灌溉地的蒸散发量维持在一个较稳定的水平，为灌溉地作物的正常生长提供了水量保证。

第 5 章　基于高分辨率遥感影像的主要作物识别方法及应用

5.1　概　　述

作物种植分布是作物产量估算、灌区水文过程模拟以及农业管理的基础资料，传统的调查统计方法不仅耗时耗力，而且难以准确获得作物分布信息（李秀彬，1999）。近年来遥感技术的发展为区域作物分布识别提供了一种较为可靠的途径（Gómez et al.，2016），不同分辨率遥感影像的选择是决定作物分布识别精度的关键因素之一，但目前常用的遥感影像基本难以同时满足高空间和高时间分辨率的要求。作物生长是一个持续的过程，从播种到收获通常需要几个月的时间，需要时间分辨率较高的长序列遥感影像对作物生长动态进行追踪，而时间分辨率较高的遥感影像通常只有中等或较低空间分辨率。在作物种植结构复杂的地区，将空间分辨率较低的遥感影像应用到作物识别通常会因为混合像元的存在而产生较大识别误差。因此，需要寻找同时具备高空间和高时间分辨率的遥感影像对作物种植结构复杂地区的作物分布进行识别。

近年来不同作物物候特征的差异性被广泛应用于作物分布识别中（Zhong et al.，2011），在相关领域研究的基础上，本章采用时间分辨率为 4d、空间分辨率为 30 m 的环境一号（HJ-1A/1B）卫星数据反演得到的 NDVI 时间序列，建立了基于植被指数与物候指数特征空间（Jiang et al.，2016）的作物识别模型，对河套灌区主要作物（玉米和向日葵）的多年种植分布进行识别（Yu and Shang，2017）。作物分布识别技术路线图如图 5.1 所示。

5.2　研究区域与数据来源

5.2.1　研究区域

选择位于内蒙古巴彦淖尔市的干旱区典型灌区——河套灌区为研究区（图

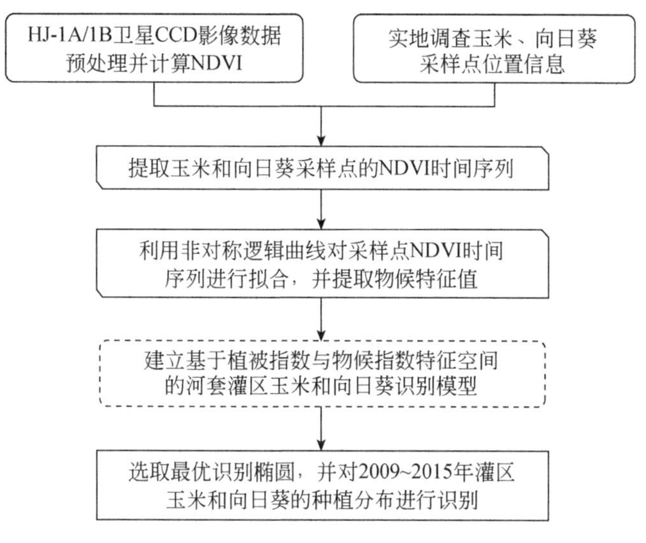

图 5.1　作物分布识别技术路线图

3.1），河套灌区是中国三大灌区之一，也是干旱区最大的灌区和最大的引黄灌区，在干旱区灌区中有很好的代表性。本章研究选取位于灌区中西部的四个县区作为主要研究区，四个县区的总面积为 91 万 hm^2，其中农田面积所占比例为 44%，并且与非农田交错分布在研究区内（图 5.2）。

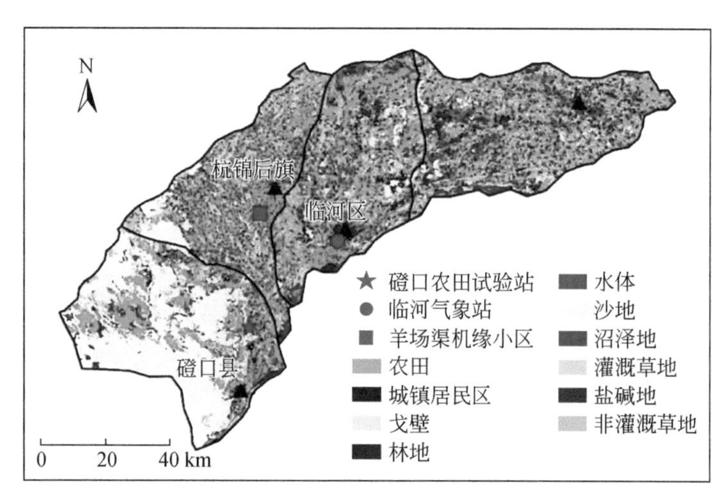

图 5.2　河套灌区土地利用图与试验站点位置

在研究时段 2009 ~ 2015 年，研究区内年平均降水量为 123 mm，其中 2012 年降水量最大为 208 mm，2009 年降水量最小为 88 mm；研究区内年平均参考作物蒸散发量（ET_0）为 1039 mm，其中 2011 年 ET_0 最大为 1075 mm，2009 年 ET_0 最小为 986 mm[图 5.3（a）]。多年平均气温为 8.6℃，每年 7 月气温最高，1 月气温最低 [图 5.3（b）]，霜冻期大约持续 135 ~ 150 d。

河套灌区是我国重要的粮食生产基地，玉米、向日葵和小麦是灌区内三种主要种植作物。由于近年来黄河来水量呈现减少趋势，黄河流域水量统一调度及 1998 年以来开展的大型灌区续建配套与节水改造工程要求灌区引黄水量逐步减少。在农业灌溉用水量减少以及经济因素的制约下，近年来研究区内主要作物的种植比例发生了显著变化。根据农作物种植结构的统计数据（图 5.4），2009 ~ 2015 年，玉米的种植比例从 23% 提升到 40%，向日葵的种植比例从 26% 提升到 40%，而小麦的种植比例则从 27% 减少到 13%。玉米和向日葵的种植比例显著增加，到 2015 年已经达到农田总面积的 80%，因此本章研究主要对玉米和向日葵的种植分布进行识别。

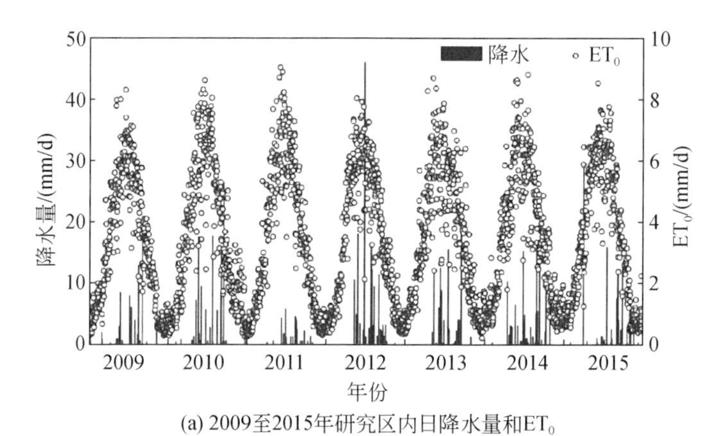

(a) 2009至2015年研究区内日降水量和ET_0

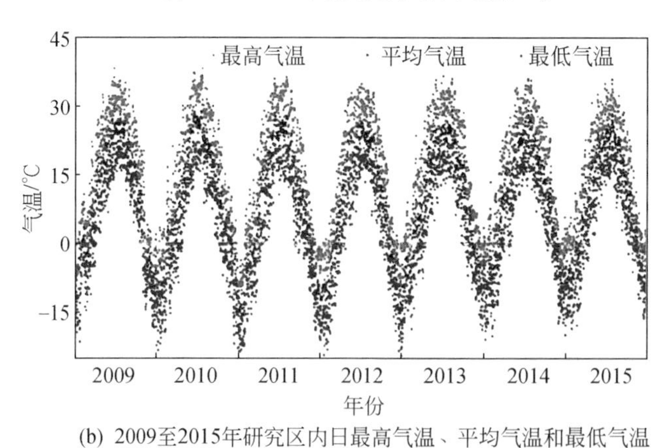

(b) 2009至2015年研究区内日最高气温、平均气温和最低气温

图 5.3　研究区内多年日降水量、参考作物蒸散发量（ET_0）和气温变化

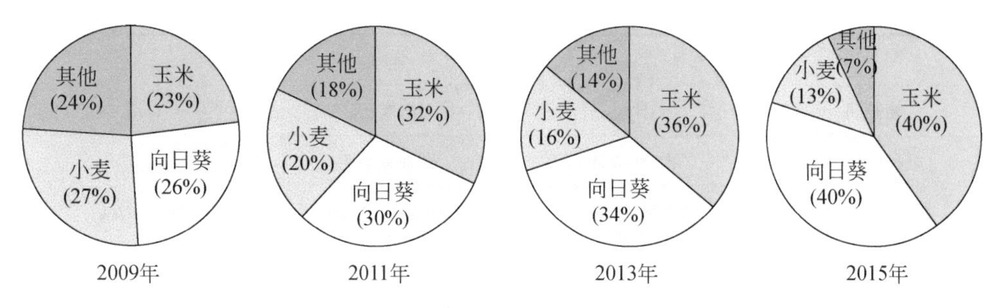

图 5.4　研究区农作物种植结构的统计数据

5.2.2　现场采样和验证数据

2012年 8 月下旬在研究区内进行作物分布采样，利用定位精度为 2 ～ 5 m 的全球定位系统（GPS）对采样点的经纬度进行测量，得到 41 个玉米采样地块和 53 个向日葵采样地块（图 5.5）。为了避免混合像元的存在，采样地块的面积均在 100 m × 100 m 以上。采样点的空间分布情况为，向日葵主要集中分布在五原县，而玉米则主要分布在杭锦后旗和临河区。为了更多地了解这两种作物的生长情况，在采样的同时也对当地作物的物候期进行了调查研究（表 5.1）。

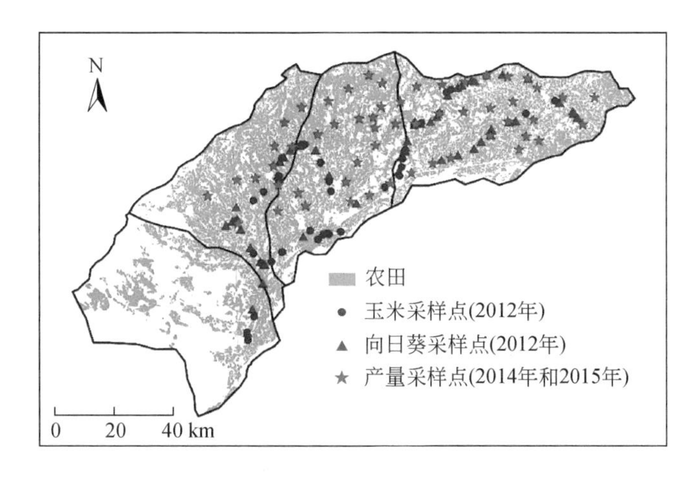

图 5.5　采样点分布图

以上采样点数据用于作物分布识别模型率定，此外采用 2014 年和 2015 年作物产量调查时得到的 110 个采样点数据及巴彦淖尔市农牧局（http://nmj.bynr.gov.cn）提供的县级作物种植面积统计数据进行模型验证。

表 5.1　2012 年实地调查玉米和向日葵的物候期

玉米		向日葵	
物候期	日期	物候期	日期
播种—拔节	5.1 ~ 6.19	播种—苗期	6.1 ~ 7.5
拔节—喇叭口	6.20 ~ 7.9	苗期—现蕾	7.6 ~ 7.24
喇叭口—抽雄	7.10 ~ 7.29	现蕾—开花	7.25 ~ 8.6
抽雄—灌浆	7.30 ~ 8.19	开花—灌浆	8.7 ~ 8.27
灌浆—收割	9.1 ~ 9.20	灌浆—收割	8.28 ~ 9.20

5.2.3　卫星遥感数据及数据预处理

遥感数据采用中国于 2008 年 9 月 6 日发射的用于环境与灾害监测的 HJ-1A/1B 卫星 CCD 影像数据，该遥感影像具有高时间分辨率（单颗卫星的回访周期为 4d）和中高空间分辨率（30 m）（Wang et al.，2010）。HJ-1A/1B 卫星 CCD 影像数据共有 4 个波段，分别为蓝光波段（0.43 ~ 0.52 μm）、绿光波段（0.52 ~ 0.60 μm）、红光波段（0.63 ~ 0.69 μm）和近红外波段（0.76 ~ 0.90 μm）。HJ-1A/1B 卫星 CCD 影像数据从中国资源卫星应用中心（CRESDA）（http://cresda.spacechina.com）下载获得。本章研究所用遥感数据包括 2009 ~ 2015 年覆盖研究区且云覆盖量小于 5% 的共计 195 幅 2A 级 HJ-1A/1B 卫星 CCD 影像数据（图 5.6）。

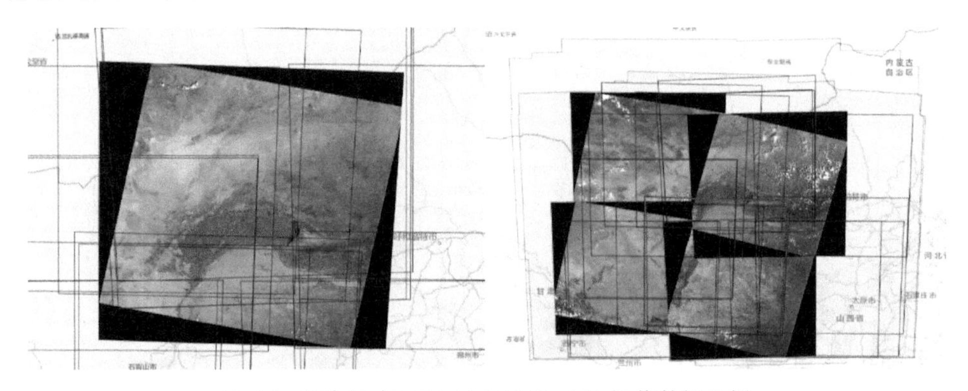

图 5.6　研究区内 HJ-1A/1B 卫星 CCD 影像数据示例

HJ-1A/1B 卫星 CCD 影像数据的预处理过程主要包括辐射定标和大气校正。辐射定标是把每个波段的图像数字（DN）转换为光谱辐射值，公式如下：

$$L_\lambda = \frac{\mathrm{DN}}{g} + L_0 \tag{5-1}$$

式中，L_λ 为每个波段的光谱辐射值，W/（m^2 • sr • μm）；g 和 L_0 为定标系数，可从遥感影像头文件中获取。

本章研究选取的大气校正方法为基于图像自身数据的校正方法（Sobrino et al.，2004），相对于遥感图像处理平台 ENVI 中内嵌的 FLAASH 大气校正方法（Wang et al.，2014），该方法最主要的优点是大气校正所需参数均可从遥感影像自身获取。具体校正公式如下：

$$\rho_{s,\lambda} = \frac{\pi \times (L_\lambda - L_p) \times d^2}{\mathrm{ESUN}_\lambda \times \cos\theta_z \times T_z} \tag{5-2}$$

$$d = 1 + 0.0167 \times \sin\left[\frac{2\pi \times (\mathrm{DOY} - 93.5)}{365}\right] \tag{5-3}$$

$$L_p = L_{\min} - L_{1\%} \tag{5-4}$$

$$L_{1\%} = \frac{0.01 \times \mathrm{ESUN}_\lambda \times \cos\theta_z \times T_z}{\pi \times d^2} \tag{5-5}$$

式中，$\rho_{s,\lambda}$ 为地表反射率；ESUN_λ 为太阳光谱辐照度，W/（m^2 • μm）（表 5.2）；θ_z 为太阳天顶角，与头文件中的太阳高度角互余；T_z 为大气透过率，近似等于 $\cos\theta_z$；DOY 为一年中的日序数；L_p 为大气层辐射值；$L_{\min}$ 为传感器每一波段最小光谱辐射值；$L_{1\%}$ 为反射率为 1% 的黑体辐射值。

表 5.2　HJ-1A/1B CCD 影像数据各波段的 ESUN_λ　[单位：W/（m^2 • μm）]

遥感影像		波段 1	波段 2	波段 3	波段 4
HJ-1A	CCD1	1914.32	1825.42	1542.66	1073.83
	CCD2	1929.81	1831.14	1549.82	1078.32
HJ-1B	CCD1	1902.19	1833.63	1566.71	1077.09
	CCD2	1922.90	1823.99	1553.20	1074.54

5.2.4　其他辅助数据

气象数据采用中国气象数据网（http://data.cma.cn）提供的研究区内临河气象站（图 5.2）气象数据，包括降水、气温、湿度及日照时数等。

土地利用数据采用国家青藏高原科学数据中心（http://westdc.westgis.ac.cn/）提供的 2000 年 1 ：100 000 土地利用分布图，将土地利用类型分为 10 个大类（图 5.2）。

5.3 基于植被指数与物候指数特征空间的作物分布识别模型

5.3.1 植被指数与物候指数特征值的提取

归一化植被指数（NDVI）为近红外与红光波段反射率之差与其和的比值。对于 HJ-1A/1B 卫星来说，近红外与红光波段对应的分别为波段 4 和波段 3，因此 NDVI 的计算公式如下：

$$\mathrm{NDVI}=\frac{\rho_{s,4}-\rho_{s,3}}{\rho_{s,4}+\rho_{s,3}} \tag{5-6}$$

式中，$\rho_{s,4}$ 和 $\rho_{s,3}$ 分别为近红外与红光波段的地表反射率。通常情况下，土壤和植被的 NDVI 大于 0，而水体或雪的 NDVI 小于等于 0。

近 20 年来，NDVI 一直广泛用于监测植被动态变化过程（Brown et al.，1993；Wang et al.，2004），最近的研究更加关注 NDVI 时间序列与作物物候期之间的关系（Pan et al.，2015；Parplies et al.，2016），这些研究都证实了 NDVI 在反演作物物候特征值时的有效性。因此，采用预处理后的 HJ-1A/1B 卫星 CCD 影像数据并根据式（5-6）计算研究区 2009 ~ 2015 年的 NDVI 序列。为了降低数据噪声的影响，采用非对称逻辑曲线（图 5.7）（Royo et al.，2014）对计算得到的 NDVI 序列进行拟合，该曲线已经成功应用于河套灌区玉米 NDVI 序列的拟合（Jiang et al.，2016）。非对称逻辑曲线公式如下：

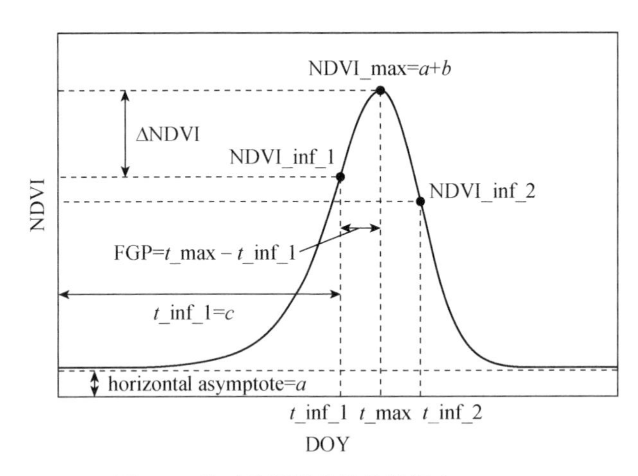

图 5.7 非对称逻辑曲线及特征点

$$\text{NDVI}=a+(b/k)\times(1+n)^{-(k+1)/k}\times n\times(k+1)^{(k+1)/k} \quad (5\text{-}7)$$

$$n=\exp\{[t+d\times\ln(k)-c]/d\} \quad (5\text{-}8)$$

式中，t 为一年中的日序数（DOY）；a、b、c、d 及 k 为拟合参数，n 为中间变量，上述参数可通过最小二乘法确定。

根据图5.7中的NDVI拟合曲线，可以计算出有关的植被指数与物候指数，包括代表作物生长最快的曲线左拐点（t_inf_1, NDVI_inf_1）、NDVI最大值点（t_max，NDVI_max）、作物凋萎最快的曲线右拐点（t_inf_2，NDVI_inf_2）以及NDVI最大值点与曲线左拐点之间的差值，即快速生长期（fast growth period，FGP）（FGP=t_max−t_inf_1，ΔNDVI=NDVI_max−NDVI_inf_1）。其中，t_max、t_inf_1及t_inf_2分别根据曲线一阶导数、二阶导数的零点来确定（Royo et al., 2014）。

由于采样地块的面积大于100 m×100 m，而HJ-1A/1B卫星CCD影像数据的像元大小为30 m×30 m，因而在每个采样田块内选取1～3个像元作为作物种植像元，即可分别获得160个玉米像元和140个向日葵像元。分别提取以上玉米和向日葵种植像元内的NDVI并计算其平均值作为玉米和向日葵的平均NDVI时间序列，并根据非对称逻辑曲线进行拟合（图5.8）。从图5.8中可以看出，玉米和向日葵NDVI拟合曲线的确定性系数（R^2）均大于90%，这说明该拟合曲线可以较好地描述研究区内主要作物的NDVI动态变化过程。同时可以看出，在第224天玉米的NDVI达到最大值（0.54），在第190天生长速率达到最大（此时NDVI为0.38）；向日葵在第227天NDVI达到最大值（0.52），在第203天

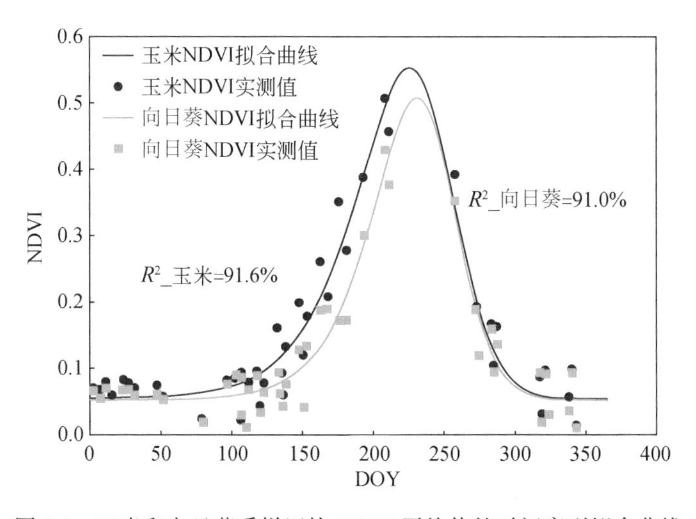

图5.8 玉米和向日葵采样田块NDVI平均值的时间序列拟合曲线

生长速率达到最大（此时 NDVI 为 0.37）。对于玉米和向日葵来说，NDVI 达到最大值的日期差异并不大，但玉米生长速率达到最大的日期要比向日葵提前半个月。上述结果表明，玉米的快速生长期（34 天）要长于向日葵（24 天），因此，将作物快速生长期（FGP）与 NDVI 特征值相结合可以对研究区内主要作物进行有效识别。

通过对比玉米和向日葵的 NDVI 拟合曲线可知，两者之间的差异主要存在于曲线左侧（即作物生长阶段），而曲线右侧（即作物凋萎阶段）几乎没有差异。因此，选择曲线左拐点和 NDVI 最大值点为曲线特征值点，采用对应的 NDVI 与作物物候特征值（表 5.3）对研究区内玉米和向日葵进行识别。

表 5.3　用于作物识别的 NDVI 及物候特征值

序号	NDVI 特征值	物候特征值
1	NDVI_max	
2	NDVI_inf_1	快速生长期（FGP）
3	ΔNDVI	

5.3.2　作物识别的特征椭圆模型

基于植被指数与物候指数特征空间的作物识别模型已经被成功应用于河套灌区玉米多年分布识别中（Jiang et al.，2016），该方法通过考虑玉米与其他作物生长过程与生长情况的差异性来识别玉米的分布。

作物物候特征值代表了作物的生长阶段，包括作物播种日期和收获日期等。尽管同一种作物在不用年份的播种日期可能会有所不同，但是同一种作物的生长过程在一定的环境条件下通常是相对稳定的。因此，采用作物两个物候特征值之间的差值来代替单一的物候特征值对作物进行识别。

NDVI 特征值代表了作物的生长情况，本章研究分别采用三种 NDVI 特征值（表 5.3）进行作物识别，通过对识别结果进行对比以选择识别精度较高的 NDVI 特征值。由于气象条件的年际差异，不同年份的植被生长情况有所不同。为了降低不同年份之间气象条件对植被生长的影响，需要对所选 NDVI 和作物物候特征值进行标准化。Jiang 等（2016）使用所有农田像元特征值的平均值对区域内所有像元内的特征值进行标准化，考虑到农田内作物种植结构的年际差异，同时还采用天然植被（草地和林地）像元特征值的平均值（表 5.4）对所有像元内的特征值进行标准化。采用标准化后的 NDVI 和作物物候特征值对作物进行识别。

表 5.4　2009 ~ 2015 年农田、草地和林地像元的 NDVI 特征值及 FGP 平均值

植被类型	特征值及FGP 平均值	2009 年	2010 年	2011 年	2012 年	2013 年	2014 年	2015 年
农田	NDVI_max	0.497	0.505	0.497	0.519	0.552	0.592	0.573
	NDVI_inf_1	0.347	0.333	0.337	0.366	0.390	0.427	0.405
	ΔNDVI	0.150	0.172	0.159	0.153	0.162	0.164	0.167
	FGP（d）	39.23	35.00	32.96	33.47	31.42	27.36	32.88
草地	NDVI_max	0.472	0.467	0.453	0.487	0.508	0.547	0.537
	NDVI_inf_1	0.333	0.312	0.310	0.345	0.361	0.398	0.387
	ΔNDVI	0.139	0.153	0.143	0.143	0.147	0.149	0.150
	FGP（d）	38.54	34.54	33.01	32.41	31.46	27.57	32.17
林地	NDVI_max	0.481	0.476	0.466	0.496	0.519	0.554	0.542
	NDVI_inf_1	0.339	0.315	0.320	0.351	0.368	0.403	0.387
	ΔNDVI	0.142	0.161	0.146	0.145	0.151	0.151	0.154
	FGP（d）	38.74	34.82	32.49	32.18	31.35	27.61	32.65

标准化后的 NDVI 与作物物候特征值呈负相关关系，每一组 FGP 均对应三组 NDVI 特征值，且均形成一组植被指数与物候指数特征空间（椭圆）对研究区内的玉米和向日葵进行识别。因此，共有 9 组（3 个植被指数 ×3 个用于植被指数和物候指数标准化的植被类型）基于植被指数与物候指数特征空间（椭圆）的作物识别模型（图 5.9）。图 5.9 中玉米和向日葵的 NDVI 特征值与 FGP 相关关系散点图可以分别用一个椭圆来覆盖，因而需要找到可以覆盖住这些散点的最小椭圆。中心点为（0, 0）的标准椭圆方程可用如下公式表示：

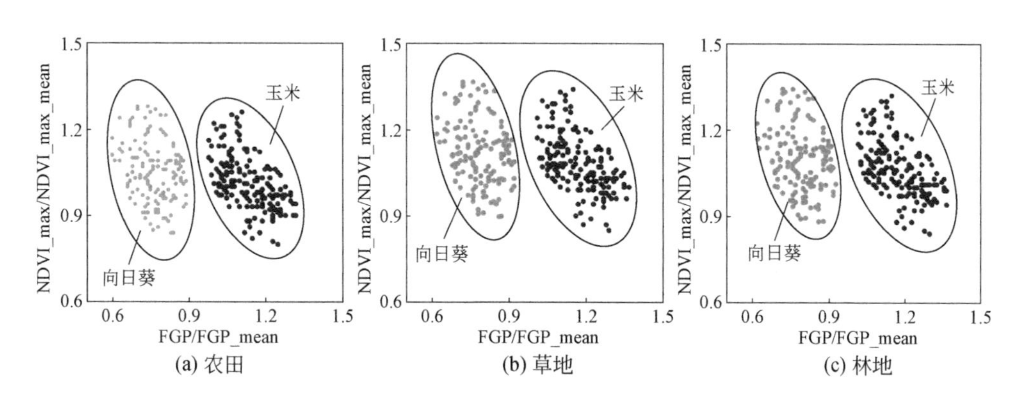

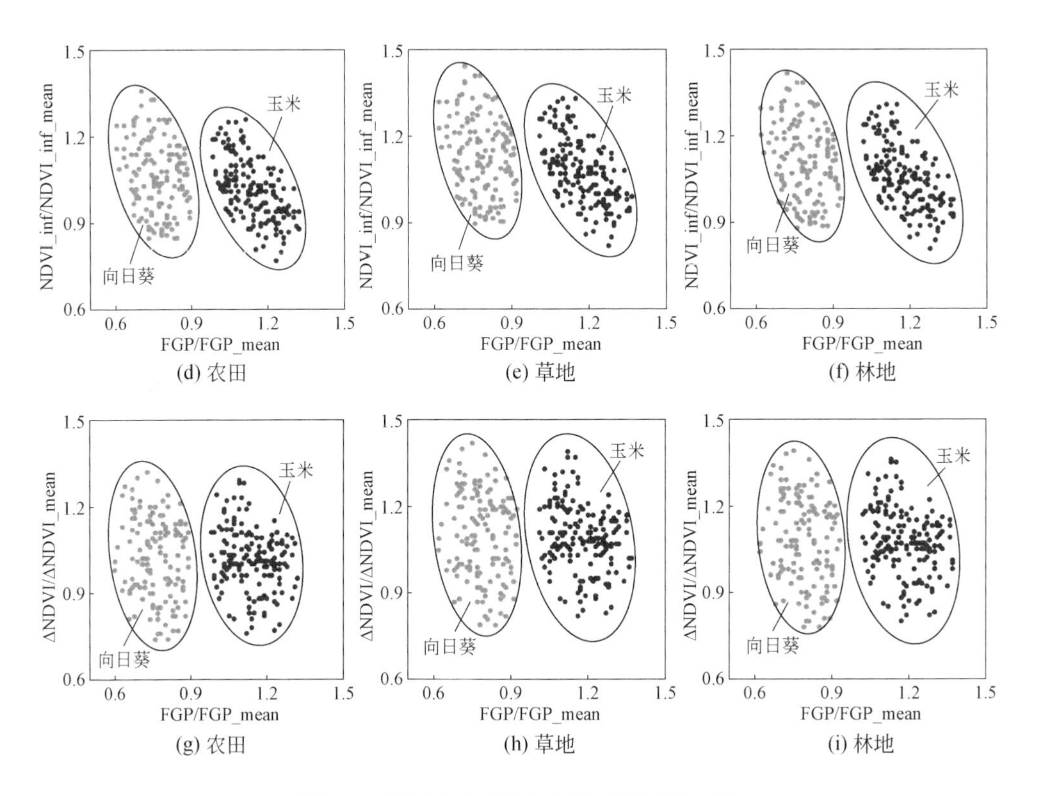

图 5.9　不同植被指数与物候指数特征空间

$$\frac{x^2}{a^2}+\frac{y^2}{b^2}=1(a>b>0) \tag{5-9}$$

式中，a 和 b 分别为椭圆的半长轴和半短轴。当椭圆的中心点从（0, 0）移动到（m, n），并且椭圆旋转角度为 θ 时，标准椭圆方程表示为

$$Ax^2+By^2+Cxy+Dx+Ey+F=0 \tag{5-10}$$

式中，A、B、C、D、E 和 F 为椭圆参数，可根据 m、n、a、b 及 θ 的值进行计算（Jiang et al.，2016）。

在所有散点均落入椭圆的条件下，以椭圆面积最小为目标，采用最小二乘法求出椭圆方程。由于采样点数量有限，计算得到的最小椭圆无法包含研究区内所有玉米或者向日葵的生长性状。因此，需要对最小椭圆的半长轴（a）和半短轴（b）进行适当倍数的放大，以实现玉米和向日葵识别精度的最优化。根据识别作物面积的相对误差确定放大倍数（F_a、F_b），相对误差定义为

$$\delta=\frac{A_c-A_s}{A_s}\times 100\% \tag{5-11}$$

式中，A_c 和 A_s 分别为识别和统计的作物种植面积。

将 2010 年、2011 年和 2013 年作为模型率定年份，2009 年、2012 年、2014 年和 2015 年作为模型验证年份。根据率定年份作物种植面积识别的相对误差对椭圆进行放大，其中设定 F_a 的范围为 1.00 ~ 1.35，F_b 的范围为 1.00 ~ 1.15，步长为 0.01。最终得到的玉米和向日葵识别椭圆的放大结果见表 5.5。

表 5.5　9 组玉米和向日葵识别椭圆的放大结果

图 5.9 中椭圆编号	标准化方法	NDVI 特征值	玉米		向日葵	
			F_a	F_b	F_a	F_b
a	农田	NDVI_max	1.18	1.11	1.32	1.09
b	农田	NDVI_inf_1	1.11	1.11	1.05	1.04
c	农田	ΔNDVI	1.09	1.06	1.11	1.02
d	草地	NDVI_max	1.18	1.12	1.22	1.00
e	草地	NDVI_inf_1	1.14	1.02	1.04	1.02
f	草地	ΔNDVI	1.19	1.04	1.06	1.00
g	林地	NDVI_max	1.18	1.11	1.09	1.00
h	林地	NDVI_inf_1	1.18	1.11	1.00	1.00
i	林地	ΔNDVI	1.22	1.11	1.04	1.00

在作物识别的过程中，研究区农田范围内所有像元的 NDVI 时间序列均用非对称逻辑曲线进行拟合，然而由于一些像元个别日期的数据质量不佳，会出现一些不符合实际情况的拟合结果。根据实地调查结果，玉米和向日葵的 FGP 通常在 20 ~ 60 天变化，因此定义拟合后计算得到的 FGP 在上述范围以外的像元为异常像元。本研究采用 K 最邻近（K-nearest neighbor，KNN）算法对异常像元进行处理，移动窗口大小设置为 3×3，如果异常像元周围 8 个像元内，有 4 个及以上像元为玉米或者向日葵，则认为异常像元也种植玉米或者向日葵。

此外，利用 Kappa 检验对识别和实际作物分布一致性进行评价。Kappa 系数 κ 的计算公式如下（Sim and Wright，2005）：

$$\kappa=\frac{P_0-P_c}{1-P_c} \tag{5-12}$$

式中，P_0 为总体分类精度，即每一类正确分类的样本数量之和除以总样本数；P_c 为理论分类精度。Kappa 系数通常为 0 ~ 1，其中，0 ~ 0.20 表示极低一致性，

0.21 ~ 0.40 表示一般一致性，0.41 ~ 0.60 表示中等一致性，0.61 ~ 0.80 表示高度一致性，0.81 ~ 1 表示几乎完全一致。

5.4 结果与讨论

5.4.1 不同作物分类模型识别结果对比分析

图 5.10 表示上述 9 组作物分类模型对 2009 ~ 2015 年灌区玉米和向日葵种植面积的识别精度，评价指标为估算值与统计面积之间的相对误差。

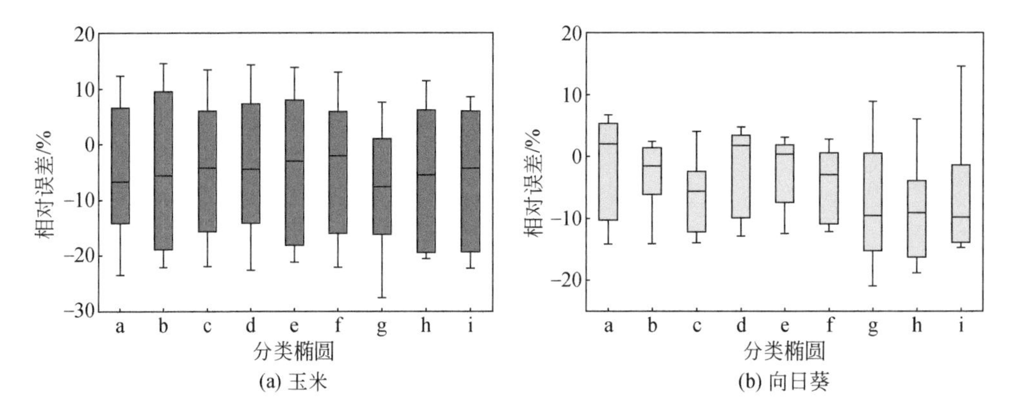

图 5.10 不同作物分类模型下玉米和向日葵的识别精度

对于模型率定年份（2010 年、2011 年和 2013 年），采用农田、草地以及林地像元特征值均值进行标准化的作物分类模型对玉米种植面积识别的相对误差多年平均值分别为 6.18%、6.70% 和 4.62%，而向日葵的相对误差多年平均值分别为 5.32%、3.35% 和 5.25。对于模型验证年份（2009 年、2012 年、2014 年和 2015 年），对于玉米来说，上述 3 种标准化方法识别的相对误差多年平均值分别为 14.55%、14.08% 和 13.79%；对于向日葵来说，相对误差多年平均值分别为 9.19%、8.72% 和 8.87%。由此可见，所有作物分类模型对向日葵的识别精度均高于玉米，与 Jiang 等（2016）对河套灌区玉米种植面积识别的相对误差（15.91%）相比，本章研究的识别精度要略高一些。本章研究识别结果更精确的一个可能原因是采用的是空间分辨率为 30 m 的遥感影像，而 Jiang 等（2016）采用的是空间分辨率为 250 m 的遥感影像，空间分辨率的提高不仅减少了混合像元的存在，同时也提升了对小面积玉米和向日葵种植田块的识别精度。

综合考虑模型率定年份和验证年份玉米和向日葵的识别结果，上述 3 种标准化方法对玉米种植面积识别的相对误差多年平均值分别为 5.75%、4.85% 及 4.94%，对向日葵种植面积识别的相对误差多年平均值分别为 11.87%、11.40% 及 11.33%。由上述可见，采用草地和林地像元特征值均值进行标准化的作物分类模型识别精度相近，且均高于采用农田像元特征值均值进行标准化的作物分类模型识别精度。造成上述结果的主要原因是，农田生长情况不仅受气象因素的影响，同时还受作物种植结构、灌溉条件以及施肥等人为因素的影响，导致农田像元特征值均值年际间的不稳定。草地和林地属于天然植被，其生长情况主要受气象因素的影响，采用草地和林地像元特征值均值进行标准化刚好可以消除气象条件年际差异的影响。此外，研究区内林地的面积相对较小，而草地（包括灌溉草地和非灌溉草地）是研究区内除农田外第二大植被类型（图 5.2）。综上所述，相比于农田和林地，采用草地像元特征值均值做标准化的作物识别模型（b、e 和 h）更佳。

对于 b、e 和 h 作物分类模型，综合考虑模型率定年份和模型验证年份的识别结果，以 NDVI_max（b）、NDVI_inf_1（e）和 ΔNDVI（h）作为 NDVI 特征值的作物分类模型识别玉米种植面积的相对误差多年平均值分别为 11.46%、10.82% 和 10.48%，识别向日葵种植面积的相对误差多年平均值分别为 4.37%、4.38% 和 10.50%。综合考虑玉米和向日葵的识别结果，上述三种识别模型的相对误差平均值分别为 7.92%、7.60% 和 10.49%，h 的识别精度最低，e 的识别精度略高于 b。综上所述，基于 NDVI_inf_1–FGP（e）特征空间的作物分类模型是最优的，对应的玉米 [式（5-13）] 和向日葵 [式（5-14）] 识别椭圆方程如下：

$$895x^2 + 673y^2 + 484xy - 2821x - 1832y + 2608=0 \tag{5-13}$$

$$940x^2 + 426y^2 - 292xy - 1939x - 1000y + 1298=0 \tag{5-14}$$

5.4.2　最优作物分类模型识别结果分析

图 5.11 对比了最优作物分类模型（e）识别的 2009 ~ 2015 年玉米和向日葵总种植面积与统计数据的对比，玉米和向日葵种植面积识别结果的多年变化呈上升趋势，这与统计数据的多年变化趋势一致，间接证明了 e 作物分类模型可以适用于研究区内玉米和向日葵的多年识别。然而，有一些年份识别结果的相对误差较大，对于 2012 年和 2014 年，玉米和向日葵种植面积的识别结果均低于统计面积，尤其是对于玉米来说，上述两年的识别相对误差分别为 –18.09% 和 –21.17%。造成上述结果的主要原因是，相比于其他年份，2012 年和 2014 年内可用的遥感影像数量较少，尤其是在作物生育期（第 100 ~ 第 300 天）的遥感影像数量较少。

当缺少作物关键生长阶段的遥感影像时，NDVI 时间序列曲线的拟合质量以及物候特征值的提取精度均会受到影响，进而导致作物种植面积识别精度较低。

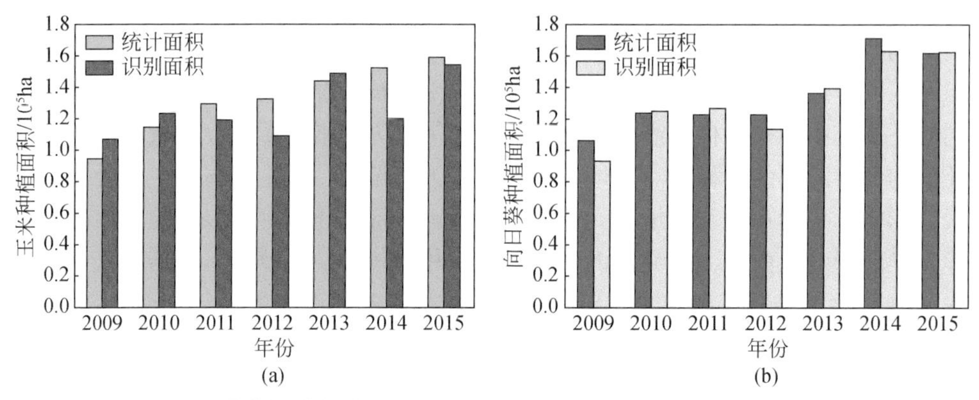

图 5.11 最优作物分类模型（e）识别的玉米和向日葵面积和统计面积对比

为了进一步验证作物分布识别结果与实际作物分布的一致性，采用 2014 年和 2015 年的 110 个采样点对作物分布识别结果进行 Kappa 检验，具体结果见表 5.6。结果表明，对于玉米和向日葵识别的准确度均大于 70%，且计算得到的 Kappa 系数为 0.62，表明作物分布识别结果与实际作物分布具有高度的一致性。

表 5.6 作物识别精度的 Kappa 检验

识别作物类别	实际作物类别					
	玉米	向日葵	其他	总计	正确 /%	错误 /%
玉米	23.7	3.6	3.6	30.9	76	24
向日葵	9.1	36.4	3.6	49.1	74	26
其他	2.7	1.8	15.5	20.0	77	23
总计	35.5	41.8	22.7	100.0	κ=0.62	N=110

为了验证作物识别结果在小面积区域内的适用性，选取研究区内典型小区（羊场渠机缘小区）（图 5.2）对作物识别结果进行验证（Ren et al.，2016），机缘小区和整个河套灌区的种植结构相似，玉米和向日葵的种植面积也占总种植面积的 50% 以上。根据机缘小区 2012 年和 2013 年作物种植面积统计数据，计算得到上述两年机缘小区内玉米和向日葵识别种植面积的相对误差多年平均值分别为 14.00% 和 −24.49%，由此说明本研究建立的作物分类模型在小面积区域也有较好的适用性。

5.4.3　灌区玉米和向日葵的时空分布

上述模型验证结果表明模型识别精度较高，利用作物识别模型可得到研究区内 2009 ~ 2015 年玉米和向日葵的种植分布，如图 5.12 所示。

从空间分布上来看，绝大部分的玉米和向日葵都集中分布在研究区中东部的三个县区，磴口县的作物分布呈现斑块状，是因为磴口县的主要土地利用类型为沙地和戈壁（图 5.2）。玉米主要分布在杭锦后旗和临河区，而向日葵则集中分布在五原县。玉米和向日葵的多年分布情况是一致的，同时也与实地调查和统计数据一致，定性地说明了作物分布识别模型在研究区玉米和向日葵多年识别上的较好适用性。

从时间变化上来看，玉米和向日葵的种植面积在不断增加。尤其是对于向日葵来说，种植区域逐渐从五原县扩展到杭锦后旗和临河区的北部，向日葵种植分布的变化与当地的经济政策相吻合。向日葵籽是葵花籽油油的主要原材料，而且向日葵是研究区内的主要经济作物，相比于其他作物（小麦等），种植向日葵可以给当地农民带来更多的收入，导致向日葵的种植面积不断增加，而小麦的种植

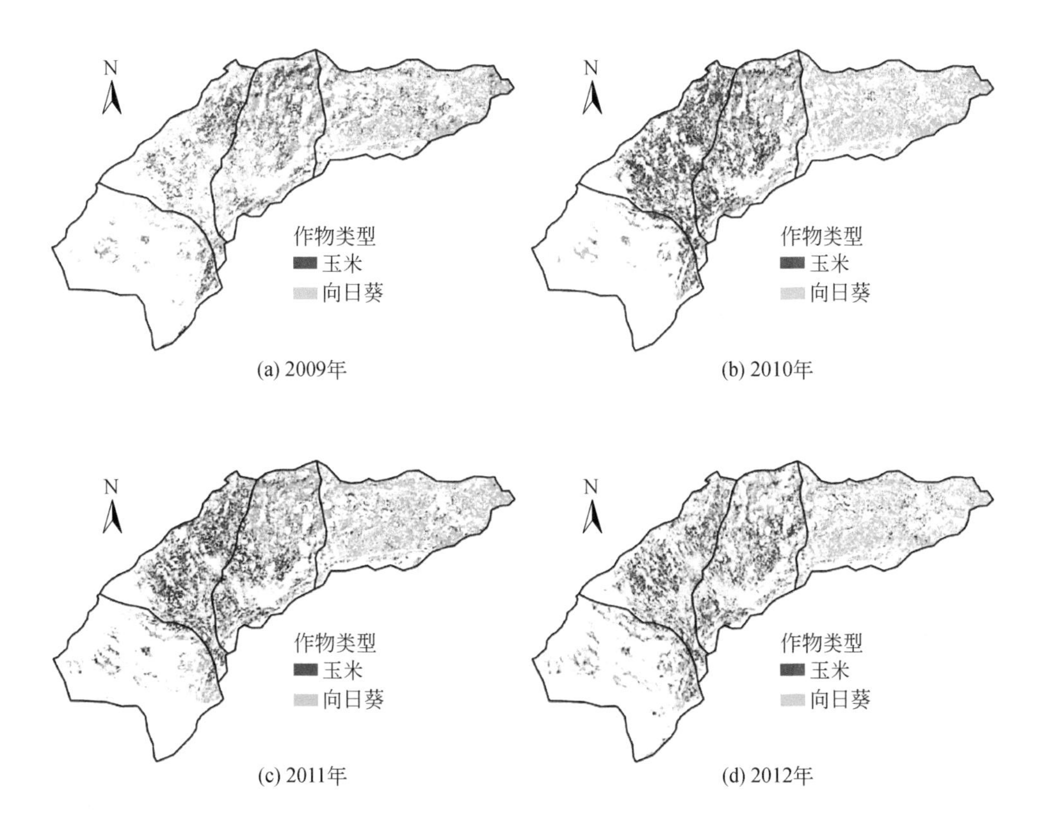

(a) 2009年　(b) 2010年

(c) 2011年　(d) 2012年

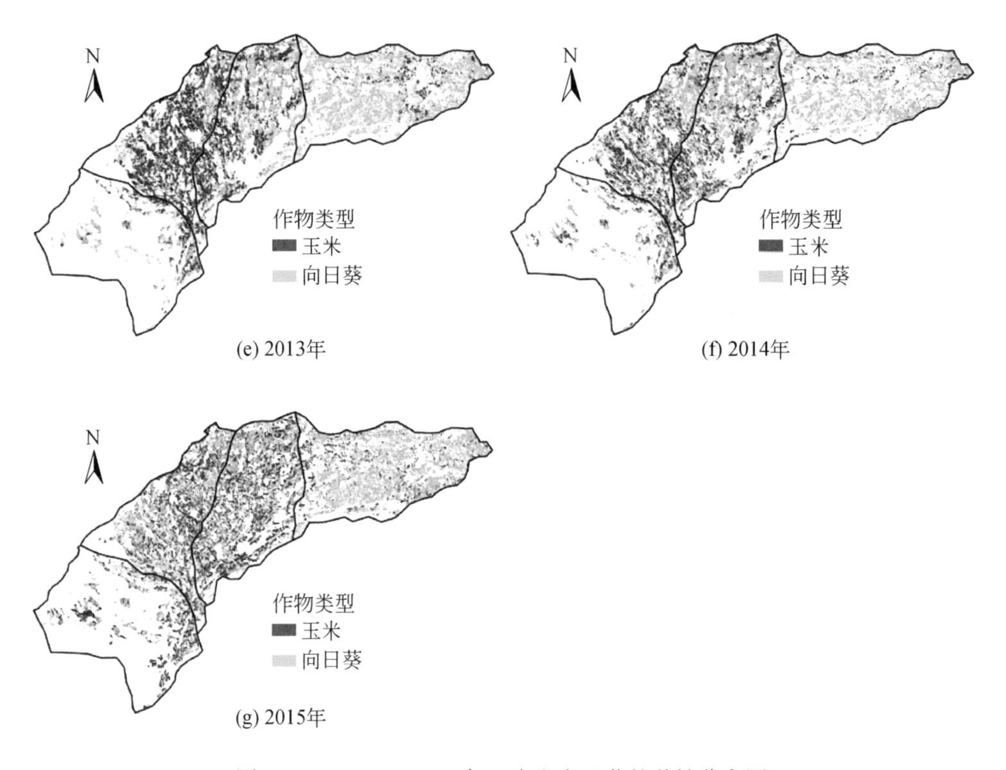

图 5.12　2009 ~ 2015 年玉米和向日葵的种植分布图

面积则不断减少，因此对研究区内向日葵种植分布的识别变得更加重要。由此可见，类似于农业政策、经济效益这种外界影响因素，是导致灌区内作物种植结构发生变化的主要原因，Lunetta 等（2010）的研究结果也可证明这一点，其研究表明生物燃料的需求增加导致北美五大湖流域玉米种植面积显著增加。

5.5　小　　结

本章利用 HJ-1A/1B 卫星 CCD 影像数据反演得到的空间分辨率为 30 m 的 NDVI 时间序列，建立了基于植被指数与物候指数特征空间的作物识别模型，对 2009 ~ 2015 年河套灌区四个县区的玉米和向日葵种植分布进行识别。本研究的主要特点在于采用空间分辨率为 30 m 的 NDVI 作为作物分类模型的输入数据，不仅减少了混合像元的影响，而且提升了对小面积作物种植田块的识别精度，主要结论如下。

（1）利用非对称逻辑曲线对 HJ-1A/1B 卫星 CCD 影像数据反演得到的采样点 NDVI 时间序列进行拟合，拟合后的 NDVI 曲线能够较好地反映研究区内玉米和向日葵的物候过程，并且通过对比发现两种作物 NDVI 拟合曲线的差异主要存在于 NDVI 上升阶段。

（2）对比分析 9 组作物识别模型的识别结果，以 NDVI 曲线左拐点 NDVI 值（NDVI_inf_1）作为植被指数特征值，以曲线左拐点与 NDVI 最大值点对应的物候期长度（FGP）为物候指数特征值，以草地像元特征值均值进行标准化的特征椭圆识别效果最优。

（3）研究表明最优作物识别模型对研究区内多年玉米和向日葵种植分布的识别结果较好，对验证点来说，识别模型的 Kappa 系数达到 0.62，总体精度达到 70% 以上；相对于统计面积而言，整个灌区的相对误差小于 15%；对于典型小区域的验证结果，玉米和向日葵识别的相对误差也小于 25%。

（4）根据识别结果分析了灌区玉米和向日葵的时空变化规律。结果表明，玉米主要分布在杭锦后旗和临河区，而向日葵集中分布在五原县。近年来玉米和向日葵种植面积都呈现增加的趋势，尤其是向日葵，其种植区域逐渐从五原县扩大到杭锦后旗和临河区的北部，作物种植分布变化与当地的经济政策相吻合。

第 6 章　基于随机森林算法的主要作物估产模型及应用

6.1　概　　述

大面积作物产量估算是制定区域和国家粮食政策的重要依据。传统的调查统计方法不仅耗时耗力，而且难以准确并及时获得作物产量的空间分布。近年来遥感影像因具有覆盖面广且重访周期短的特点，被广泛应用于农业监测中，使区域作物产量估算成为可能。将遥感数据同化于作物生长模型是目前较为常用的一种区域产量估算方法（de Wit et al.，2012；Ma et al.，2013），但是作物生长模型需要大量的输入参数对模型进行驱动，其中包括气象数据、土壤数据、作物数据及灌溉施肥等农田管理资料（Cheng et al.，2018），上述输入数据需要进行大量的田间实验才能获取（Huang et al.，2016；Xie et al.，2017），而且某一区域的实验数据由于作物生长环境的差异很难应用于其他区域，从而导致了作物生长模型应用的局限性。因此，输入数据简单且泛化性强的作物产量估算模型是目前迫切需要发展的。

在第 5 章河套灌区作物分布识别的基础上，本章进一步利用随机森林（RF）回归算法，建立了基于植被指数与物候指数的作物估产模型，并以 HJ-1A/1B 卫星数据反演的 NDVI 时间序列作为模型输入，设置不同的 RF 模型输入因子组合，选取不同作物的最优估产模型，实现了 30 m 像元尺度下河套灌区玉米和向日葵多年产量分布的准确估算。RF 估产模型输入简单，只需像元尺度作物产量实测数据以及遥感数据进行模型率定，泛化性较强，可用于多年作物产量估算。本章的作物估产技术路线图如图 6.1 所示。

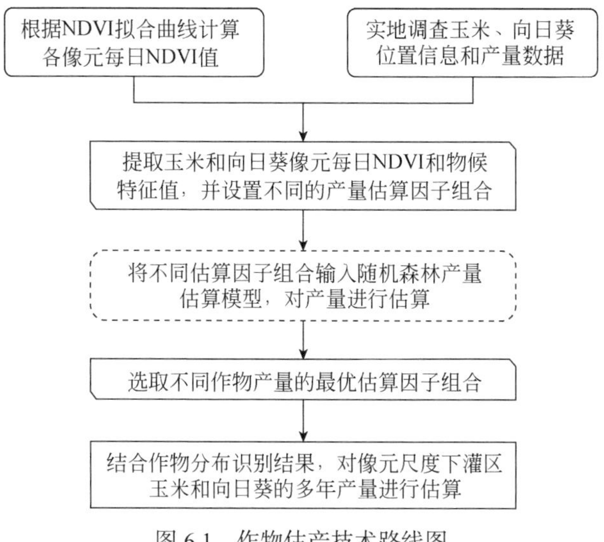

图 6.1　作物估产技术路线图

6.2　数据与方法

6.2.1　数据来源

本章在所用到的数据主要包括第 5 章已经提到的 HJ-1A/1B 卫星数据、第 5 章的河套灌区主要作物分布识别结果（图 5.12）、实地抽样测产数据以及县级尺度农作物产量统计数据。

2014 年和 2015 年对研究区主要作物（玉米和向日葵）的种植分布进行调查，并对作物进行抽样测产，两年内共得到 34 个玉米调查地块和 54 个向日葵调查地块，所有调查地块均匀分布在研究区内（图 5.5），以保证调查地块可以代表研究区内生长状况不同的作物。在采样时保证每个田块的作物种植面积在 1 hm^2 左右，以避免在建立遥感作物估产模型时混合像元的存在。对于每一个采样田块，调查中选择 30 株长势均匀的作物对该田块的平均产量进行估测。对采集的玉米棒和向日葵盘进行风干，然后对玉米粒和向日葵籽进行称重，得到作物的千粒重，然后根据作物种植密度，得到每个调查田块单位面积上的作物产量（表 6.1）。每个地块取 8 个 30 m × 30 m 的像元，最终得到 272 个玉米像元和 432 个向日葵像元。

河套灌区内四个旗、县、区 2009 ~ 2015 年的作物产量统计数据来源于巴彦淖尔市农牧局（https://nmj.bynr.gov.cn）。

表 6.1　玉米和向日葵调查田块实测产量和种植密度统计值

统计值	玉米			向日葵		
	产量/（t/hm^2）（2014 年）	产量/（t/hm^2）（2015 年）	种植密度/（株/hm^2）（2014年和2015年）	产量/（t/hm^2）（2014 年）	产量/（t/hm^2）（2015 年）	种植密度/（株/hm^2）（2014 年和2015 年）
最小值	6.225	6.880	33 317	2.772	1.264	19 810
最大值	14.756	15.627	85 543	5.637	4.299	56 028
平均值	11.092	11.938	61 131	4.190	3.083	33 317
标准差	2.449	2.057	11 906	0.937	0.970	6 003

6.2.2　数据处理及模型输入的确定

根据第 5 章得到的 NDVI 时间序列曲线拟合结果，选择曲线 3 个特征点（图 5.7）对应的特征值 [包括曲线左拐点（*t*_inf_1，NDVI_inf_1）、峰值点（*t*_max，NDVI_max）以及曲线右拐点（*t*_inf_2，NDVI_inf_2）]、曲线参数（*d*、*k*）以及不同时间间隔的 NDVI 时间序列作为遥感估产模型的输入。根据不同时间间隔的 NDVI 时间序列、NDVI 拟合曲线参数及 NDVI 和作物物候特征值的组合，得到 8 组遥感估产模型的输入（表 6.2）。

表 6.2　遥感估产模型的 8 组输入数据

序号	模型 1	模型 2	模型 3	模型 4	模型 5	模型 6	模型 7	模型 8
1	N_120	N_120	N_120	N_120	N_120	N_120	N_inf_1	N_inf_1
2	N_125	N_130	N_130	N_130	N_130	N_130	N_inf_2	N_inf_2
3	N_130	N_140	N_140	N_140	N_140	N_140	N_max	N_max
4	N_135	N_150	N_150	N_150	N_150	N_150	*t*_inf_1	*t*_inf_1
5	N_140	N_160	N_160	N_160	N_160	N_160	*t*_inf_2	*t*_inf_2
6	N_145	N_170	N_170	N_170	N_170	N_170	*t*_max	*t*_max
7	N_150	N_180	N_180	N_180	N_180	N_180		*d*
8	N_155	N_190	N_190	N_190	N_190	N_190		*k*
9	N_160	N_200	N_200	N_200	N_200	N_200		
10	N_165	N_210	N_210	N_210	N_210	N_210		
11	N_170	N_220	N_220	N_220		*t*_inf_1		

续表

序号	模型 1	模型 2	模型 3	模型 4	模型 5	模型 6	模型 7	模型 8
12	N_175	N_230	N_230	N_230				
13	N_180	N_240	N_240	N_240				
14	N_185	N_250	N_250	N_250				
15	N_190	N_260	N_260	N_260				
16	N_195		*t*_inf_1	*t*_inf_1				
17	N_200		*t*_inf_2	*t*_inf_2				
18	N_205		*t*_max	*t*_max				
19	N_210			*d*				
20	N_215			*k*				
21	N_220							
…	…							
29	N_260							

注：N 代表 NDVI，对于向日葵来说，模型 1 ~ 6 的输入均从 N_160 开始。

现有研究表明，作物产量与 NDVI 密切相关（Son et al.，2014；Huang et al.，2014），Shao 等（2015）将 MODIS 16 天 NDVI 数据成功应用于美国中西部玉米产量的估算中，Bose 等（2016）也利用 MODIS NDVI 数据对中国山东省的冬小麦产量进行准确估算。但目前 30 m 空间分辨率的 HJ-1A/1B 卫星 NDVI 数据还很少被应用于作物产量估算中，而且 NDVI 时间序列时间间隔的大小对作物产量估算精度的影响也还未有研究。因此，为了比较 NDVI 序列时间间隔对产量估算精度的影响，分别选取时间间隔为 5 天和 10 天的作物生育期内（根据第 5 章作物物候期实地调查结果，玉米物候期在第 120 天到第 260 天，向日葵物候期在第 160 天到第 260 天）的 NDVI 时间序列作为模型 1 和模型 2 的输入。将上述 3 个作物物候特征值（*t*_inf_1、*t*_max 及 *t*_inf_2）加入模型 2 的输入中得到模型 3 的输入。考虑到 NDVI 拟合曲线参数 *d* 和 *k* 对作物生长也有一定影响，将这两个参数加入模型 3 的输入中得到模型 4 的输入。为了验证作物产量是否可以在作物收获前进行预测，将第 210 天之前（作物收获前 50 天）的 NDVI 时间序列替代整个作物生育期的 NDVI 时间序列作为模型 5 的输入。将作物生长前期的物候特征值（*t*_inf_1）加入模型 5 的输入中得到模型 6 的输入。为了进一步验证是否可以使用 NDVI 特征值代替 NDVI 时间序列对作物产量进行估算，将 6 个 NDVI 和作物物候特征值作为模型 7 的输入。将 NDVI 拟合曲线参数 d 和 k 加入模型 7 的输入得到模型 8 的输入。

6.2.3 随机森林（RF）算法

随机森林（RF）算法是目前广泛应用的一种机器学习算法，具有输入参数少、操作简便及稳定性强等优点，它是一种用于解决分类、回归等任务的集成学习方法。在 RF 训练阶段，随机产生多个决策树，每个决策树根据随机选择的输入数据独立做出决策，得到相应的输出。在回归问题中，最终的输出结果是所有决策树输出的平均值（Breiman，2001；Mutanga et al.，2012）。在本章研究中，采用 MATLAB R2017b 的 RF 工具箱来实现作物产量估算。

近年来将遥感数据作为输入，RF 回归算法已经成功地应用于区域作物产量估算中（Jeong et al.，2016；Hoffman et al.，2018）。本章研究是基于像元尺度的作物产量估算，作物年产量估算公式为

$$Y_{i,j,k}=F(x_{i,j,k}) \tag{6-1}$$

式中，$Y_{i,j,k}$ 为第 k 年、像元（i, j）的作物产量；x 为 RF 估产模型的输入因子向量；F 为 RF 回归算法估算公式。

在 RF 回归算法中，可以通过调整 3 个主要参数来提高模型估产精度，包括决策树个数（隐含值为 500）、每个节点的特征数（隐含值为总特征数的 1/3）、决策树结束节点的最小值（隐含值为 1）。一些研究表明，当每个节点的特征数和决策树结束节点取隐含值时，RF 模型已经可以达到较高的估算精度（Mutanga et al.，2012；Wang et al.，2016），因此本章只对决策树个数进行调整。

以上模型得到的是像元尺度的作物产量，将一个旗、县区内某一作物所有像元的产量进行平均，即可得到县域尺度的平均产量。

6.2.4 模型率定及验证

利用像元尺度的产量实测数据对模型进行率定，利用分县区的产量统计数据对模型进行验证，以提高作物估产模型对高空间分辨率下作物产量的估算精度。利用均方根误差（RMSE）、相对误差（RE）和确定性系数（R^2）来评价 RF 模型估产精度，具体计算公式如下：

$$\text{RMSE}=\sqrt{\frac{1}{N}\sum_{i=1}^{N}(S_i-P_i)^2} \tag{6-2}$$

$$\mathrm{RE}=\frac{1}{N}\sum_{i=1}^{N}\frac{|P_i-S_i|}{P_i}\times 100 \tag{6-3}$$

$$R^2=\frac{\left[\sum_{i=1}^{N}(S_i-\bar{S})(P_i-\bar{P})\right]^2}{\sum_{i=1}^{N}(S_i-\bar{S})^2\sum_{i=1}^{N}(P_i-\bar{P})^2} \tag{6-4}$$

式中，S_i 为第 i 个田块作物产量或第 i 个县作物产量的估算值；P_i 为相应的作物产量实测值或统计值；$\bar{S}$ 和 $\bar{P}$ 分别为对应作物产量的平均值；N 为用于 RF 模型率定或验证的作物产量数。

6.3　结果与讨论

6.3.1　像元尺度的 RF 估产模型率定

利用像元尺度的产量实测数据对 RF 模型进行率定，8 个模型的主要精度评价指标见图 6.2。

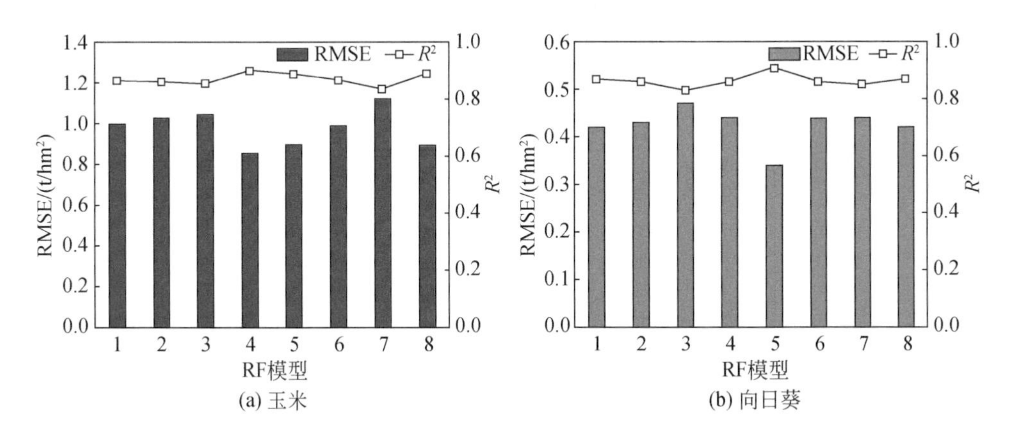

图 6.2　8 个玉米和向日葵 RF 模型的精度评价指标（率定）

根据图 6.2，玉米和向日葵 RF 模型的确定性系数均大于 0.8。玉米 RF 模型的 RMSE 在 0.85 ~ 1.12 t/hm^2，向日葵 RF 模型的 RMSE 小于玉米，在 0.34 ~ 0.47 t/hm^2。对于玉米 RF 模型来说，模型 1、2、4、5 和 8 的 RMSE 较低且确定性系数较高；而对于向日葵 RF 模型来说，模型 1、2、5、6 和 8 的确定性系数较高。

6.3.2 灌区及县级尺度的 RF 模型验证

以作物种植分布图（图 5.12）为基础，进一步利用率定后的 RF 模型对研究区玉米和向日葵像元的产量进行估算，统计得到整个研究区及各县区所有玉米和向日葵像元的作物单产平均值和总产，并利用研究区及各县区的产量统计数据对模型估算结果进行验证。

图 6.3 和图 6.4 分别表示不同 RF 模型估算得到的灌区玉米和向日葵单产与统计产量比较的结果。对于玉米来说，不同模型的估产精度均在 2009 年较低，综合多年模型估产结果，模型 1、2 和 5 的精度较高，其 RMSE 的多年变化范围分别为 0.68 ~ 2.20 t/hm^2、0.61 ~ 1.91 t/hm^2 和 0.63 ~ 2.01 t/hm^2，RE 的多年变化范围分别为 6.4% ~ 22.2%、6.4% ~ 19.3% 和 5.4% ~ 22.2%。在上述 3 个模

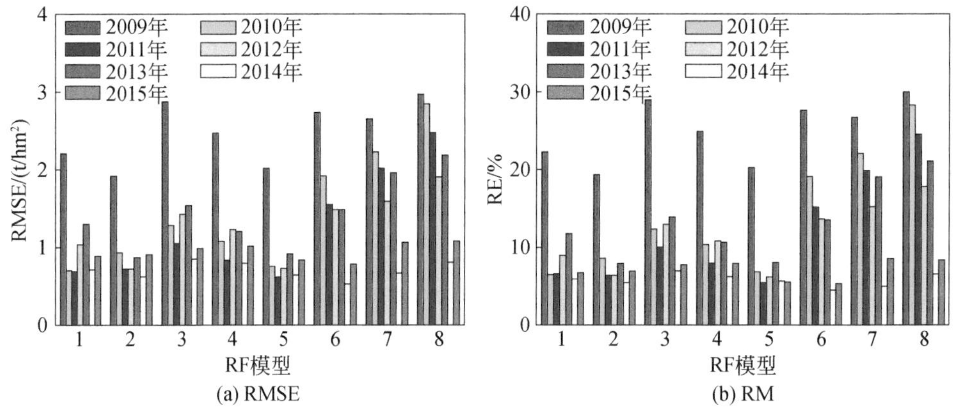

(a) RMSE　　(b) RM

图 6.3　8 个玉米估产模型的精度评价指标（验证）

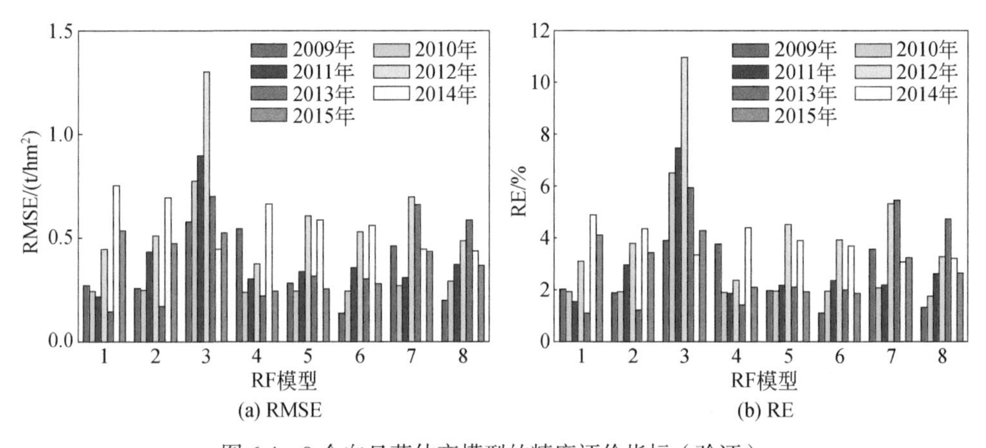

(a) RMSE　　(b) RE

图 6.4　8 个向日葵估产模型的精度评价指标（验证）

型中，模型 5 的精度最高，其 RMSE 和 RE 的多年平均值分别为 0.93 t/hm² 和 8.3%。对于向日葵来说，不同模型的估产精度均在 2012 年较低，综合多年模型估产结果，模型 5、6 和 8 的精度较高，RMSE 的多年变化范围分别为 0.24 ~ 0.60 t/hm²、0.14 ~ 0.53 t/hm² 和 0.20 ~ 0.58 t/hm²，RE 的多年变化范围分别为 1.9% ~ 4.5%、1.1% ~ 3.9% 和 1.3% ~ 4.7%。在上述 3 个模型中，模型 8 的精度最高，其 RMSE 和 RE 的多年平均值分别为 0.34 t/hm² 和 2.4%。

玉米和向日葵的较好的 RF 模型均包括模型 5，说明利用作物开始生长—收获前 50 天的 NDVI 时间序列即可对作物产量进行较为准确地估算，为提前预测作物产量提供了基础。因此，在未来的研究中，通过适合的 NDVI 时间序列插值或者曲线拟合方法，在无需作物生长后期 NDVI 时间序列时即可对每日 NDVI 进行估算，可实现作物产量的提前预测。

图 6.5 和图 6.6 分别表示不同 RF 模型估算得到的各县区玉米和向日葵总产量与统计产量比较的结果。由于磴口县的作物种植面积较小且很分散，本章只对比其他三个旗、县、区的作物总产量与统计产量，因此共有 21（3 × 7 年）个点。对于玉米来说，模型 1、2、5 的 RMSE 分别为 131.2 kt、131.0 kt、132.0 kt，RE

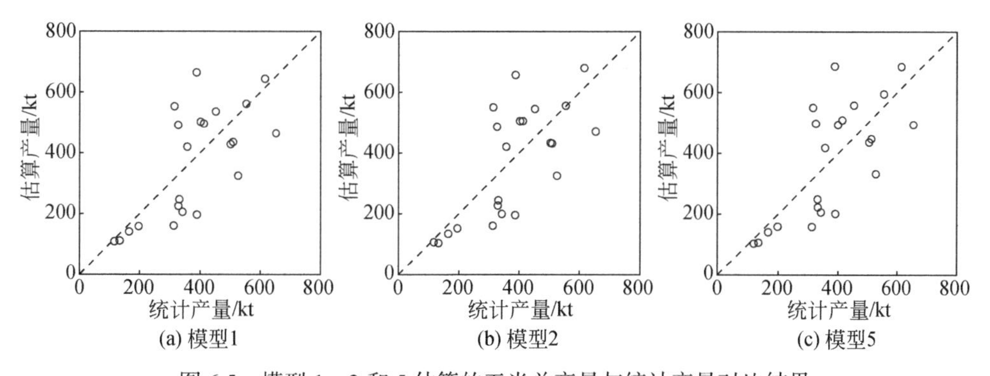

图 6.5　模型 1、2 和 5 估算的玉米总产量与统计产量对比结果

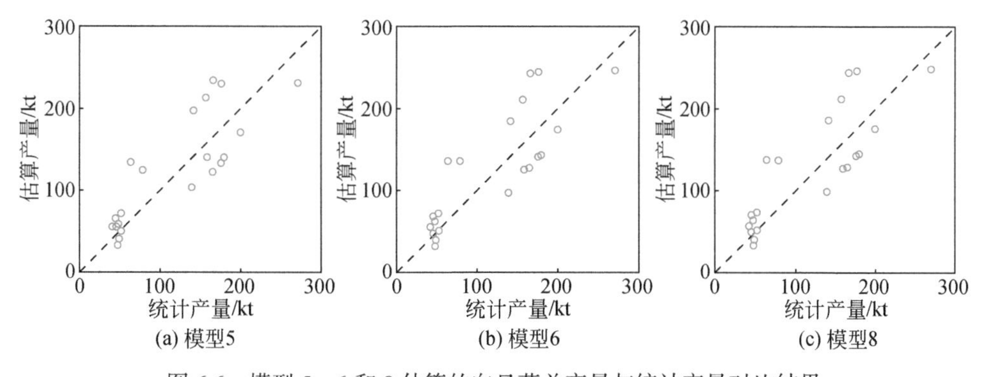

图 6.6　模型 5、6 和 8 估算的向日葵总产量与统计产量对比结果

分别为 29.2%、29.5%、29.7%，确定性系数分别为 0.48、0.49、0.50。对于向日葵来说，模型 5、6、8 的 RMSE 分别为 48.9 kt、47.9 kt、47.8 kt，RE 分别为 32.2%、31.7%、33.5%，确定性系数分别为 0.66、0.67、0.68。上述作物总产量对比结果同样表明模型 5 和模型 8 分别是玉米和向日葵的最优估产模型。

以上研究结果表明玉米和向日葵的最优估产模型并不相同。目前关于玉米（粮食作物）产量估算的研究较多（Ban et al.，2017；Fernandez-Ordoñez and Soria-Ruiz，2017），而关于向日葵（经济作物）产量估算的研究很少。向日葵是河套灌区的主要经济作物，不仅经济效益高而且耐旱性强。本章建立的区域向日葵产量估算模型，对于河套灌区向日葵种植分布管理具有重要意义。目前关于玉米产量估算模型的研究大多集中在降水和气温作为产量关键影响因子的非灌溉地区（Peng et al.，2018； Shao et al.，2015），本章根据干旱区玉米的生长情况，将物候特征值加入玉米估产模型中，得到了适宜干旱区玉米产量估算的模型。

6.3.3 作物产量的时空分布

根据上述估算结果，绘制 2009 ~ 2015 年玉米和向日葵产量的时空分布图，如图 6.7 和图 6.8 所示。

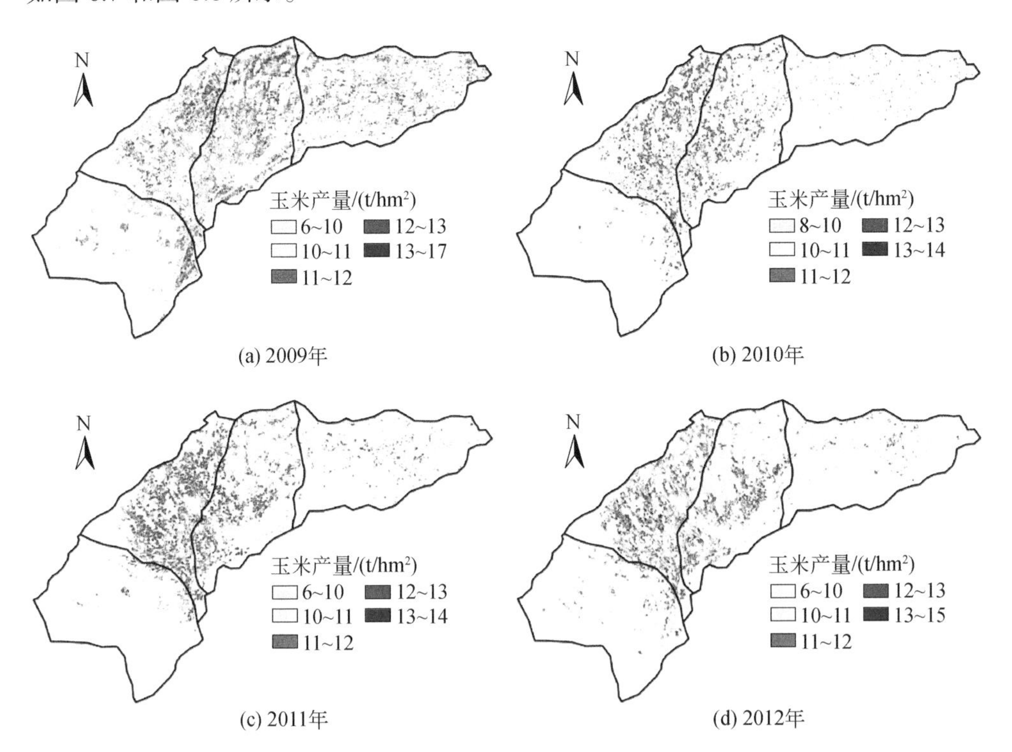

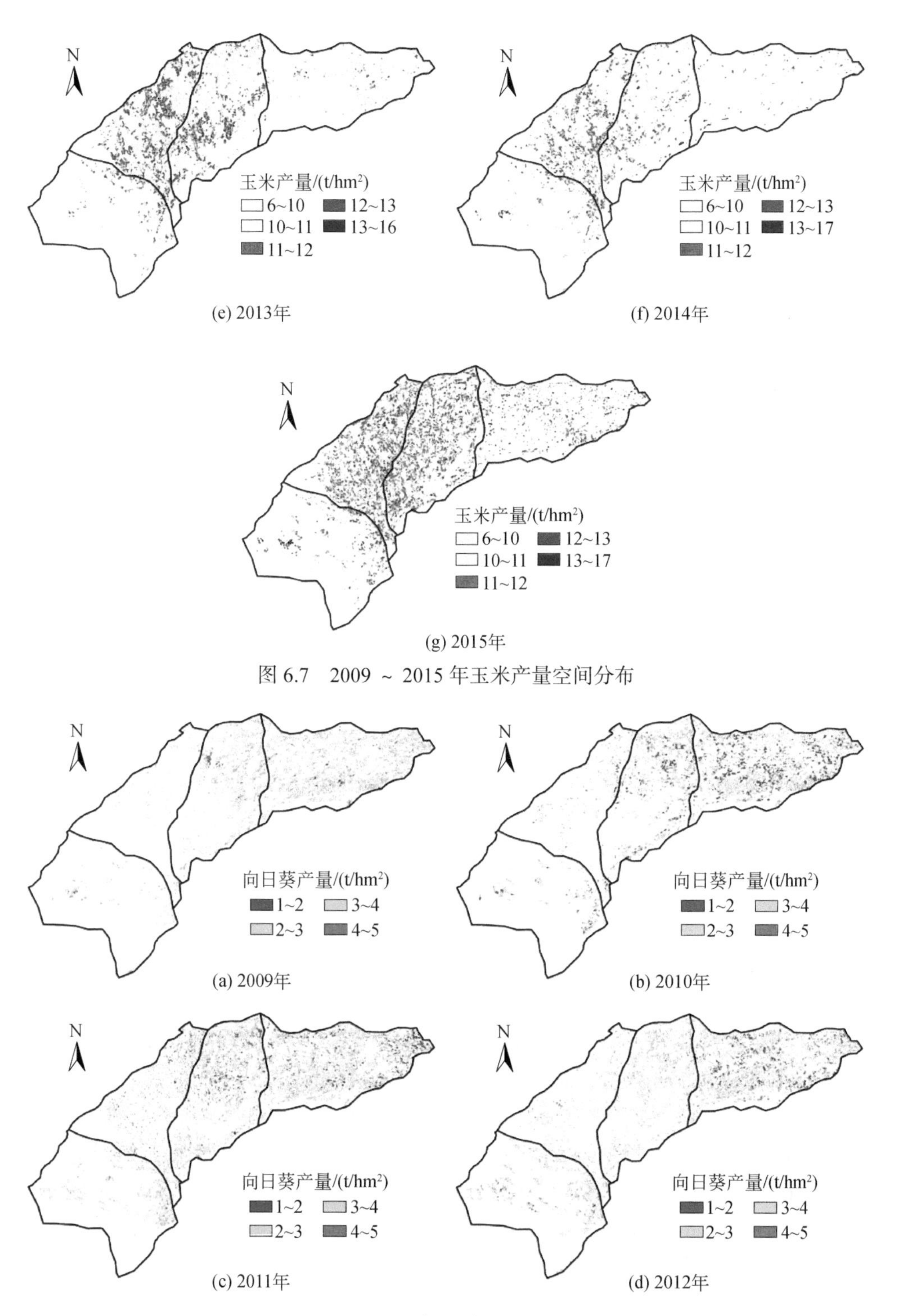

图 6.7　2009 ~ 2015 年玉米产量空间分布

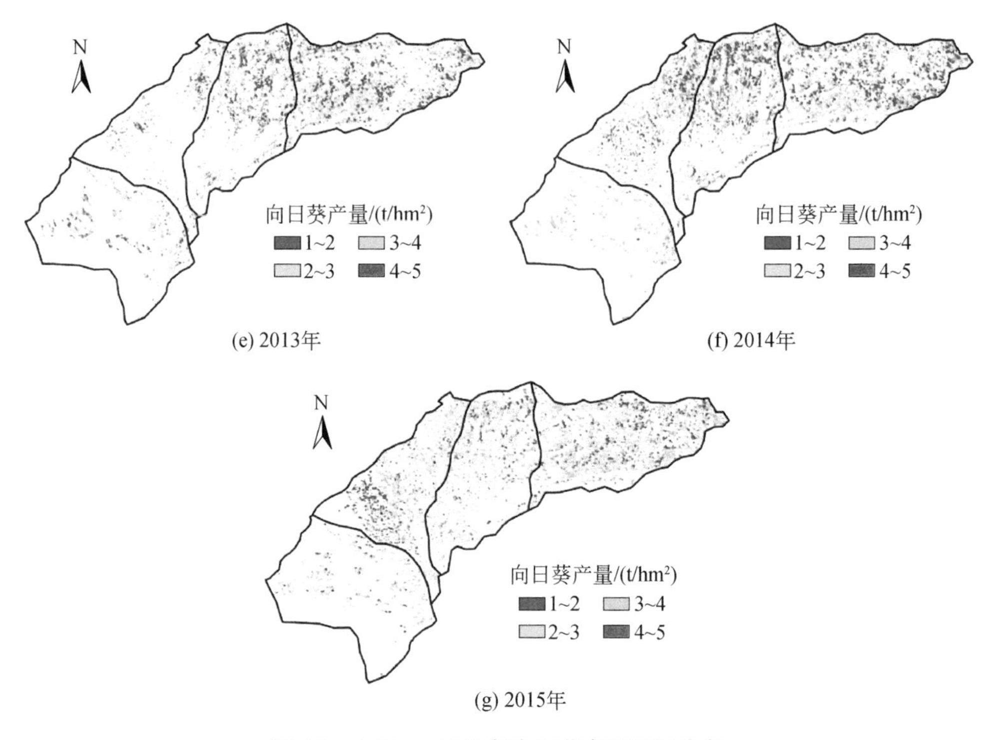

图 6.8　2009 ~ 2015 年向日葵产量空间分布

对于玉米来说，研究区玉米产量多年平均值主要分布在 9.23 t/hm^2（10% 分位数）到 13.43 t/hm^2（90% 分位数）。在玉米种植分布最为集中的杭锦后旗，玉米产量相对较高，平均达到 11.08 t/hm^2；在玉米种植分布较为分散的磴口县和五原县，玉米产量相对较低，平均为 10.83 t/hm^2。从年际变化来看，玉米平均产量在 2009 年最高（12.41 t/hm^2），在 2011 年最低（10.62 t/hm^2）。

对于向日葵来说，研究区向日葵产量多年平均值主要分布在 2.43 t/hm^2（10% 分位数）到 5.35 t/hm^2（90% 分位数）。在向日葵种植分布最为集中的五原县，向日葵产量相对较高，平均达到 3.76 t/hm^2；在向日葵种植分布最为分散的磴口县，向日葵产量相对较低，平均为 3.64 t/hm^2。从年际变化来看，向日葵平均产量在 2014 年最高（3.87 t/hm^2），在 2012 年最低（3.54 t/hm^2）。

相对于其他三个县区，磴口县的玉米和向日葵产量均最低，一个可能的原因是磴口县农田土质偏沙性，保水能力较差，在降水稀少且灌溉周期较长的地区不利于作物高产。玉米和向日葵产量均在其分布最为集中的县区达到最大，由此可见，作物产量空间分布规律与作物种植分布比较一致，说明当前的作物种植空间分布是比较合理的。

6.4 小　　结

本章在作物分布识别的基础上，利用随机森林（RF）算法，建立了基于植被指数与物候指数的作物估产模型，并设置 8 组模型输入，对 2009 ~ 2015 年河套灌区内四个县区的玉米和向日葵产量进行估算。利用像元尺度的产量实测数据对模型进行率定，利用分县区的产量统计数据对模型进行验证。本章研究的主要特点在于首次实现了像元尺度下河套灌区主要作物产量的多年估算，主要结论如下。

（1）在每种作物的 8 个估产模型中，玉米的最优估产模型为第 120 天到第 210 天（作物开始生长—收获前 50 天）、时间间隔为 10 天的 NDVI 时间序列（模型 5），而向日葵的最优估产模型为 NDVI 特征值和物候特征值的组合（模型 8）；

（2）RF 模型可以较为准确地估算区域作物产量的多年空间分布，玉米最优估产模型的均方根误差和相对误差分别为 0.93 t/hm^2 和 8.3%，而向日葵则分别为 0.34 t/hm^2 和 2.4%；

（3）玉米和向日葵产量均可用作物开始生长到收获前 50 天的 NDVI 时间序列进行较好的估算，为作物收获前进行产量预测提供了可能。

（4）从区域分布来看，杭锦后旗玉米产量较高，而五原县向日葵产量较高，作物产量空间分布规律与当前作物种植分布比较一致。

第 7 章　像元尺度下灌区作物水分生产率及种植适宜度评价

7.1　概　　述

水资源是干旱半干旱区粮食安全的主要制约因素，如何在灌溉水量不足的条件下保证粮食生产是亟须解决的关键问题，即需要提升区域作物水分生产率。作物水分生产率是作物产量与作物生育期内耗水量的比值（李远华等，2001；Liu et al.，2007），是评估灌溉管理措施对作物生长影响的重要指标。不同作物在相同生长环境下的水分生产率不同，同一作物在不同生长环境下的水分生产率也不同（Ali and Talukder，2008）。根据区域作物水分生产率的空间分布，可确定不同作物的种植适宜度（Xue and Ren，2016），进而根据作物种植适宜度的空间分布得到节水高产的作物种植结构。因此，定量评价区域作物水分生产率是缓解干旱半干旱区水资源和粮食危机的重要前提。

获取作物水分生产率的方法主要包括田间实验观测（Zwart and Bastiaanssen，2004；Gajić et al.，2018）和作物生长模型模拟（Jiang et al.，2015；Gao et al.，2018）。田间实验观测不仅耗时耗力，而且无法准确获取区域作物水分生产率的空间分布；作物生长模型与遥感数据的结合使得区域作物水分生产率的估算成为可能（Niu et al.，2018；Campos et al.，2018），但同样也需要大量实测数据对模型进行驱动（Ren et al.，2019）。随着遥感技术在农田要素监测中的广泛应用，逐步发展了区域作物水分生产率的遥感估算方法，但目前完全依赖遥感数据作为输入的区域作物水分生产率估算研究还很少。因此，本章在河套灌区作物分布识别、作物产量估算与作物耗水估算研究的基础上，以空间分辨率为 30 m × 30 m 的 HJ-1A/1B 卫星数据为基础，进一步对 30 m × 30 m 像元尺度下河套灌区 4 个旗、县、区多年作物水分生产率的时空分布进行估算，并基于作物水分生产率的频率分布构建作物种植适宜度指数，进而对灌区玉米和向日葵的种植适宜度进行评价。根据作物种植适宜度指数的时空分布，对不同总种植面积下的灌区主要作物种植分布进行优化，得到不同总种植面积下既节水又高产的灌区主要作物种植分布。

7.2 研究方法

如图 7.1 所示，灌区作物水分生产率及种植适宜度评价需要作物种植结构、作物产量分布及作物耗水分布。其中，灌区作物种植结构采用第 5 章的作物分布结果（图 5.12）；主要作物产量分布采用第 6 章的估算结果（图 6.7 和图 6.8）；而作物耗水分布根据 HTEM 模型和 HJ-1A/1B 卫星数据计算得到，基于 HJ-1A/1B 卫星数据的遥感蒸散发模型参数反演方法详见李泽鸣（2014）。在确定作物生育期后，即可对作物生育期内耗水量进行提取。根据不同作物产量分布及生育期内耗水分布，即可对研究区内不同作物水分生产率进行估算，并基于作物水分生产率的频率分布构建作物种植适宜度指数，进一步实现主要作物种植分布优化。

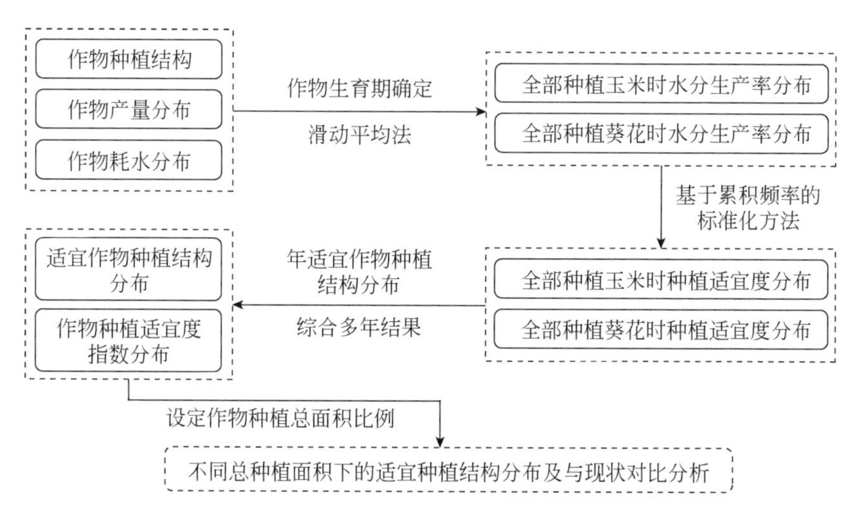

图 7.1 作物水分生产率及种植适宜度评价技术路线图

7.2.1 基于 NDVI时间序列的作物生育期确定

根据第 5 章所述，利用非对称逻辑曲线（Royo et al.，2004）（图 7.2）对研究区内的玉米和向日葵两种作物的 NDVI 曲线进行拟合，拟合曲线能够准确地反映作物 NDVI 的动态变化过程（图 5.8）。

结合研究区内主要作物分布识别结果（图 5.12），提取 2009 ~ 2015 年玉米和向日葵像元 NDVI 曲线左拐点（t_inf_1，NDVI_inf_1）和右拐点（t_inf_2，NDVI_ inf_2）的物候特征值（t_inf_1 和 t_inf_2），并对其取值分布情况进行分析（图 7.3）。

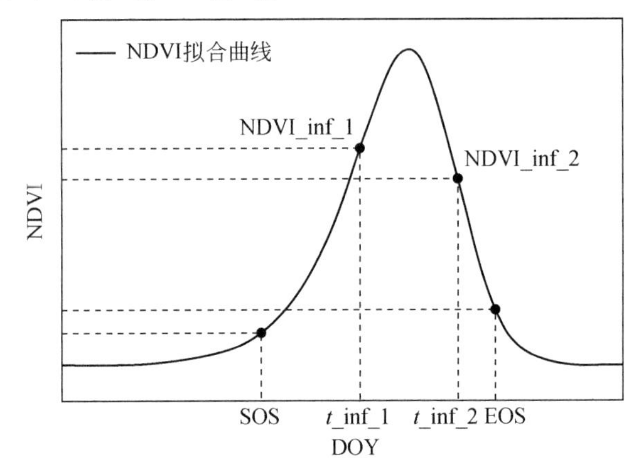

图 7.2　作物 NDVI 非对称逻辑拟合曲线

SOS、EOS 分别为作物播种日期和成熟日期

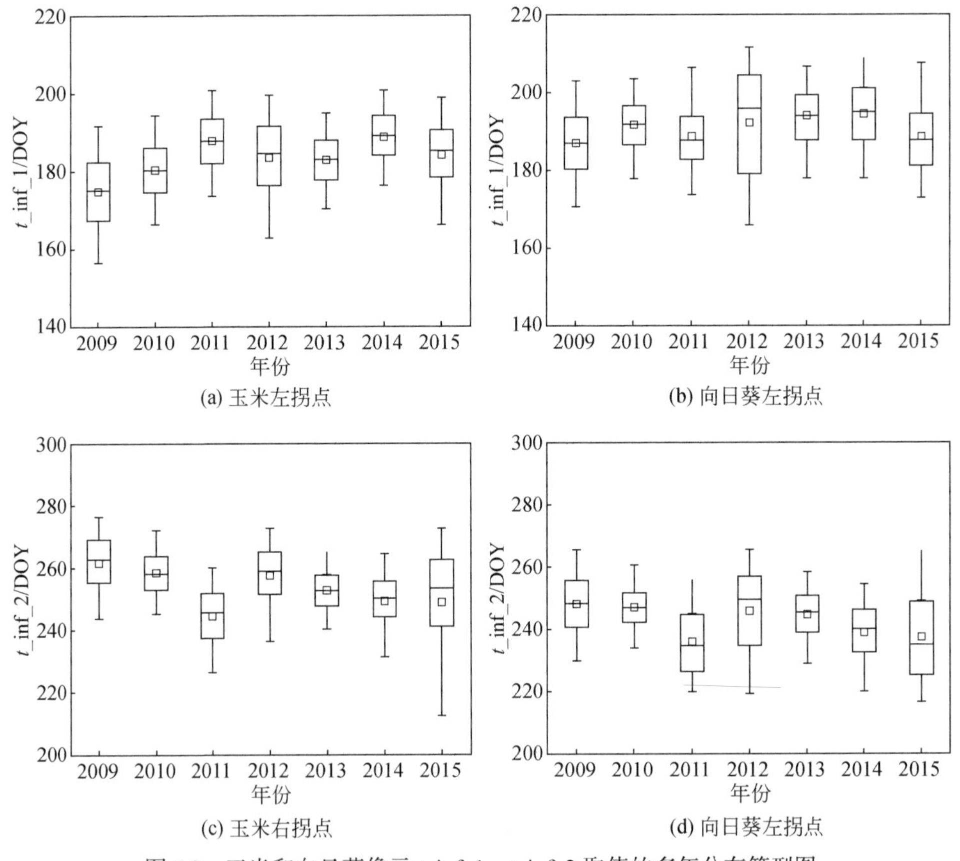

图 7.3　玉米和向日葵像元 t_inf_1、t_inf_2 取值的多年分布箱型图

通过分析发现作物 NDVI 快速增长点（t_inf_1）与快速下降点（t_inf_2）分别与作物播种和收获时间密切相关。如图 7.3 所示，玉米像元 NDVI 曲线 t_inf_1 和 t_inf_2 发生日期的多年平均值分别为第 183 天和第 253 天；向日葵像元 t_inf_1 和 t_inf_2 发生日期的多年平均值分别为第 191 天和第 243 天。根据 2012 年实地调查玉米和向日葵的物候期（表 5.1），玉米和向日葵的实际播种日期分别为 5 月初和 6 月初，而这两种作物的实际收获日期均为 9 月底。综合考虑玉米和向日葵实际物候期与 NDVI 曲线左、右拐点发生日期之间的关系，分别估算玉米和向日葵的播种、成熟日期。对于玉米来说，NDVI 曲线左拐点发生日期前 60 天为其播种日期（即 $SOS_{玉米}=t\_inf\_1-60$），NDVI 曲线右拐点发生日期后 15 天为其收获日期（即 $EOS_{玉米}=t\_inf\_2+15$）；对于向日葵来说，NDVI 曲线左拐点发生日期前 35 天为其播种日期（即 $SOS_{向日葵}=t\_inf\_1-35$），NDVI 曲线右拐点发生日期后 25 天为其收获日期（即 $EOS_{向日葵}=t\_inf\_2+25$）。

将按照上述方法确定的玉米和向日葵物候期分别与中国农业大学 2013 年在羊场渠机缘小区（图 5.2）的实际观测作物物候期及中国气象数据网统计的临河区多年作物播种日期比较，即分别与提取估算的机缘小区和临河区对应像元作物物候期平均值与实测值进行比较，验证作物物候期估算精度。

7.2.2　作物水分生产率估算

作物水分生产率为作物产量与作物生育期内耗水量的比值，即

$$\mathrm{WP}=\frac{Y\times 100}{\mathrm{ET}} \tag{7-1}$$

式中，WP 为作物水分生产率，kg/m^3；Y 为单位面积作物产量，t/hm^2；ET 为作物生育期内耗水量，mm；100 为单位转换系数。

将根据 7.2.1 中方法所估算得到的玉米和向日葵播种日期和收获日期，与基于 HTEM 模型和 HJ-1A/1B 卫星数据估算得到的 30 m 像元尺度下灌区 ET 分布相结合，以作物分布识别结果（图 5.12）为基础，提取研究区玉米和向日葵像元在作物生育期内的耗水量，根据式（7-1）计算 2009 ~ 2015 年灌区玉米和向日葵水分生产率的空间分布。然后，假设农田区域（图 5.2）内单一种植玉米或者向日葵，在已得到的玉米和向日葵水分生产率分布的基础上，利用滑动平均法，滑动窗口的大小从 7 × 7 个像元到 25 × 25 个像元依次增大，对农田内未种植玉米或者向日葵像元的水分生产率进行估算，直到农田区域内 95% 以上像元均有作物水分生产率数值，即可得到研究区内单一种植玉米或者向日葵时的作物水分生产率分布。

7.2.3 作物种植适宜度指数构建及种植结构优化

不同作物水分生产率的变化范围不同，无法直接进行比较，需要对其进行标准化后才能进行相互比较。Z-Scores 方法（Xue and Ren，2016）是一种常用的线性标准化方法，然而采用 Z-Scores 标准化方法得到的数据会有负值的存在，不利于作物种植适宜度指数的构建。在 WP 计算的基础上，本书提出一种基于 WP 频率分布的非线性标准化方法，即以某一像元 WP 对应的累积频率作为其标准化后的值，并将其定义为作物种植适宜度指数（CPSI）（图 7.4）。

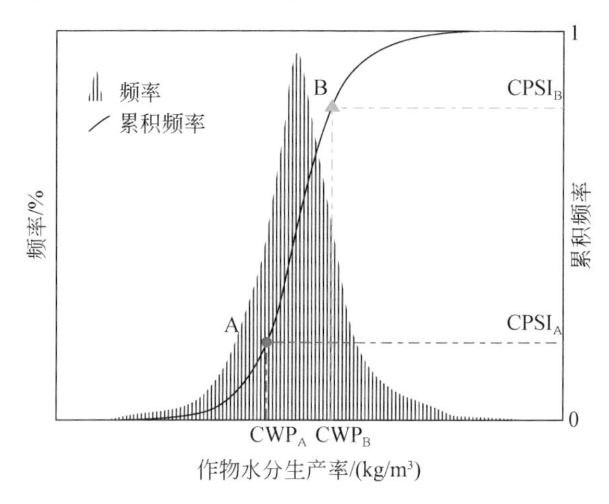

图 7.4 作物种植适宜度指数构建原理图

按照上述方法构建的作物种植适宜度指数范围为 0 ~ 1，某一像元的某种作物种植适宜度指数越大，说明该像元越适宜种植该种作物。将同一年份对应像元的玉米和向日葵种植适宜度指数进行比较，如果像元内玉米的种植适宜度指数大于向日葵，则认为该像元适宜种植玉米，反之适宜种植向日葵，即可得到每一年的适宜种植作物分布图。综合 2009 ~ 2015 年的适宜作物种植分布图，若某一像元在 2009 ~ 2015 年里适宜种植玉米的次数大于向日葵，则认为该像元适宜种植玉米，反之适宜种植向日葵，即可得到多年适宜种植作物分布图。根据多年适宜种植作物分布图，提取 2009 ~ 2015 年种植玉米或者向日葵像元对应的种植适宜度指数多年平均值，即可得到多年作物种植适宜度指数分布图。

根据多年作物种植适宜度指数分布图，利用作物种植适宜度指数阈值法，对研究区内作物种植结构进行优化。具体来说，设定农田区域种植作物面积所占比例，提取对应的作物种植适宜度指数分位数，即若农田区域种植作物面积所占比例为 60%，则作物种植适宜度指数在其 40% 分位数以上的像元才适宜种植作物。

分别设定农田区域种植作物面积所占比例为 40% ~ 95%（以 5% 为步长），得到不同比例下研究区内玉米和向日葵种植分布的优化结果。

7.3　结果与讨论

7.3.1　玉米和向日葵生育期估算值的验证

将估算得到的玉米和向日葵物候期对应像元平均值分别与中国农业大学 2013 年在羊场渠机缘小区（图 5.2）的作物播种日期和收获日期实测值及中国气象数据网统计的临河区 2010 ~ 2013 年玉米播种日期和 2011 年、2013 年向日葵播种日期进行比较（表 7.1）。玉米播种日期估算值与实测值的绝对误差最大值为 11d（临河区 2011 年），最小值为 2d（机缘小区 2013 年）；向日葵播种日期估算值与实测值的绝对误差最大值为 3d（机缘小区 2013 年），最小值为 0d（临河区 2011 年）；玉米和向日葵收获日期估算值与机缘小区在 2013 年实测值的绝对误差均为 3d，只是玉米高估了 3d，而向日葵低估了 3d。向日葵的物候期估算精度要高于玉米，主要原因是向日葵播种日期的年际变化不大，而玉米的则较大，其中 2010 年和 2012 年的播种日期就相差 10d。总体来说，玉米和向日葵物候期的估算精度可以接受，最大绝对误差为 11d，而且作物蒸散发在播种初期并不大，因此对作物生育期内耗水总量的影响比较小。

表 7.1　玉米和向日葵播种日期和收获日期（DOY）估算值验证（单位：d）

作物	估算值 / 实测值	播种日期					收获日期
		机缘小区（2013 年）	临河（2010 年）	临河（2011 年）	临河（2012 年）	临河（2013年）	机缘小区（2013 年）
玉米	估算值	120	122	129	125	124	268
	实测值	122	127	118	117	118	265
向日葵	估算值	151	157	155	161	158	262
	实测值	154	—	155	—	157	265

根据 2009 ~ 2015 年研究区内玉米和向日葵播种日期和收获日期的空间分布，提取研究区内四个县区玉米和向日葵像元的播种日期和收获日期，并取平均值进行比较分析（图 7.5）。研究区内四个县区的作物播种日期从西向东逐渐延后，对于玉米来说，五原县播种日期的多年平均值为第 127 天，比磴口县延后

5d；对于向日葵来说，五原县播种日期的多年平均值为第 159 天，比磴口县延后 5d，上述估算结果与河套灌区东部作物播种日期稍晚于西部的实际情况一致（蒋磊，2016）。研究区内四个县区的玉米收获日期差异不大，在第 267 天至第 269 天；向日葵收获日期也基本上从西向东逐渐延后，五原县收获日期的多年平均值为第 269 天，比磴口县延后 3d。通过计算得到灌区内玉米播种和收获日期的多年平均值分别为第 124 天和第 268 天；向日葵播种和收获日期的多年平均值分别为第 157 天和第 268 天，上述估算结果与在 2012 年实地调查的灌区作物物候期一致。

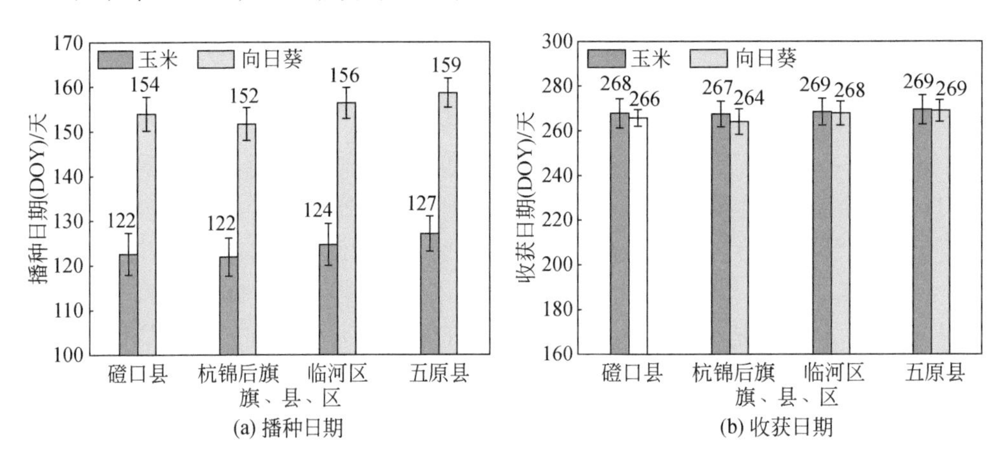

图 7.5　不同县区玉米和向日葵播种和收获日期的比较

7.3.2　模型估算蒸散发的验证及主要作物生育期内耗水量分析

分别在田间尺度和区域尺度（参考第 3 章）对基于 HTEM 模型和 HJ-1A/1B 卫星数据估算得到的灌区 ET 进行验证（图 7.6）。图 7.6（a）对比了磴口县农田实验站蒸散发实测值（戴佳信等，2011）与模型估算结果的比较，在田间尺度上，农田 ET 估算值与实测值的均方根误差（RMSE）和相对误差（RE）分别为 0.52 mm/d、11.9%。图 7.6（b）则比较了根据水量平衡计算得到的灌区蒸散发与模型估算结果，RMSE 和 RE 分别为 59.7 mm 和 10.9%。上述验证结果表明，以 HJ-1A/1B 卫星数据作为输入时，在田间和区域尺度上，HTEM 模型均实现了研究区内 ET 的准确估算。

以研究区内玉米和向日葵的多年分布识别结果（图 5.12）为基础，提取 2009 ~ 2015 年作物生育期内研究区玉米和向日葵像元的蒸散发量和蒸腾量，并取平均值，对灌区玉米和向日葵 ET 及 T/ET 的年际变化进行分析（图 7.7）。

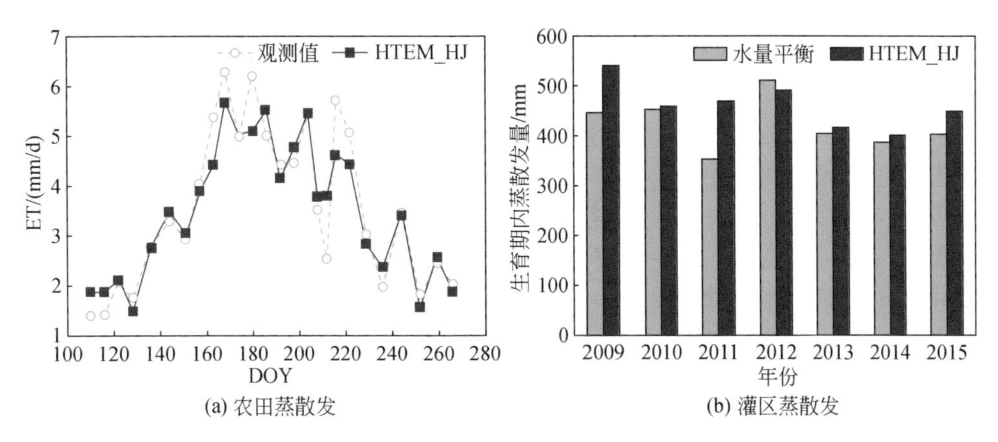

(a) 农田蒸散发　　(b) 灌区蒸散发

图 7.6　田间和区域尺度蒸散发实测值与模型估算值的比较

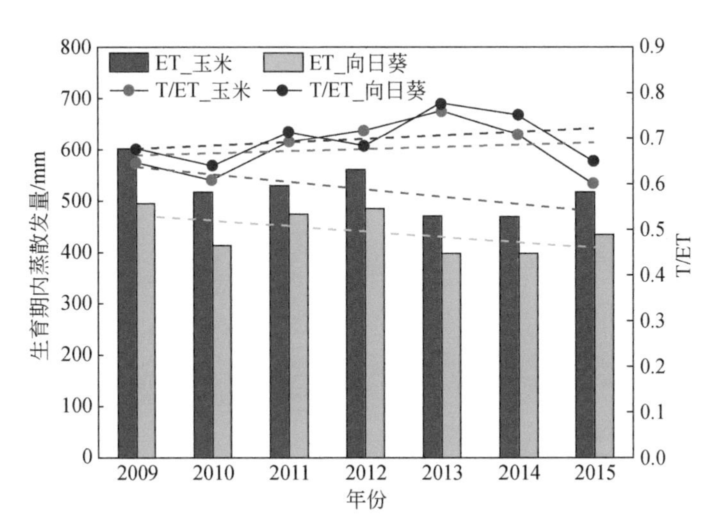

图 7.7　灌区玉米和向日葵 ET 及 T/ET 的年际变化

如图 7.7 所示，2009 ~ 2015 年，作物生育期内灌区玉米和向日葵的 ET 均呈下降趋势，而玉米和向日葵的 T/ET 却都呈先上升后下降趋势。其中，玉米和向日葵的 ET 均在 2009 年达到最大值，分别为 602 mm 和 494 mm；而玉米和向日葵的 T/ET 均在 2013 年达到最大值，分别为 0.76 和 0.78。上述结果表明，作物生育期内玉米和向日葵 ET 的减少主要是由于土壤蒸发（E）的减少导致的，同时也说明虽然作物 ET 由于灌区引水量的减少而呈现一定下降趋势，但作物蒸腾耗水（T）并没有显著降低，即没有对作物生长造成不利的影响。

7.3.3 灌区玉米和向日葵水分生产率的空间分布

图 7.8 为灌区农田单一种植玉米时的水分生产率的空间分布图。从年内分布上来看，磴口县的玉米水分生产率要明显大于其他三个旗、县、区，其多年平均值为2.46 kg/m^3,主要原因是灌区内四个旗、县、区的玉米产量差异较小(10.9 ~ 11.3 t/hm^2)，而磴口县玉米生育期耗水量要明显小于其他三个县区，多年平均值比杭锦后旗小 60 mm；其他三个旗、县、区中，杭锦后旗的玉米水分生产率（2.15 kg/m^3）要略高于其他两个县、区（2.13 kg/m^3 和 2.10 kg/m^3），主要原因是这三个旗、县、区玉米的发育期内耗水量相差不大，多年平均值相差不超过 15 mm，而杭锦后旗玉米产量的多年平均值要比其他两个县、区至少高 0.2 t/hm^2。从年际变化上来看，灌区玉米水分生产率平均值在 2013 年达到最大（2.41 kg/m^3），在 2009 年和 2012 年达到最小（2.01 kg/m^3），多年平均值为 2.17 kg/m^3。Xue 和 Ren（2016）的研究结果表明，2000 ~ 2010 年河套灌区玉米水分生产率的多年平均值为 1.93 kg/m^3，略小于本研究的估算结果。

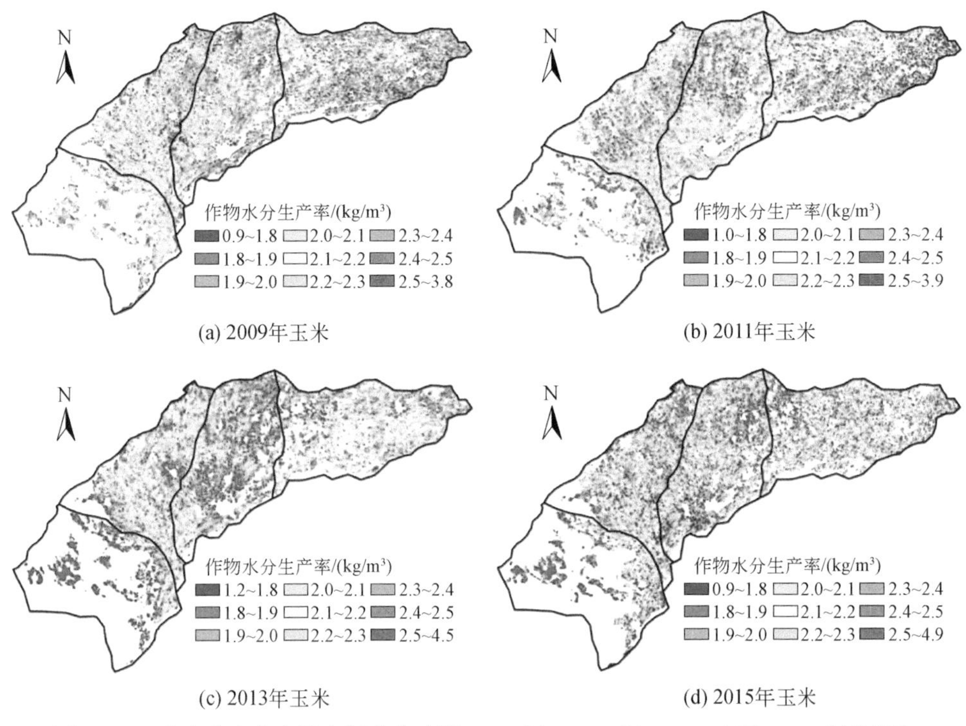

图 7.8 玉米水分生产率的空间分布（以 2009 年、2011 年、2013 年和 2015 年为例）

图 7.9 为灌区农田区域单一种植玉米时水分生产率的频率分布图。可以发现，

玉米水分生产率的频率分布均接近正态分布。对于多年平均值来说，大部分像元的玉米水分生产率分布在 1.90 kg/m³（10% 分位数）至 2.50 kg/m³（90% 分位数）。从年际变化上来看，玉米水分生产率的频率分布曲线趋于扁平化，即其空间分布差异在逐渐减小。2009 年玉米水分生产率主要集中分布在 1.80 kg/m³（10% 分位数）至 2.25 kg/m³（90% 分位数），两者差值为 0.45 kg/m³；而在 2015 年玉米水分生产率则分散分布在 1.84 kg/m³（10% 分位数）至 2.71 kg/m³（90% 分位数），两者差值为 0.87 kg/m³，显著高于 2009 年的 0.45 kg/m³。频率分布图中有少量的异常点，可能是作物分布识别的问题造成的。

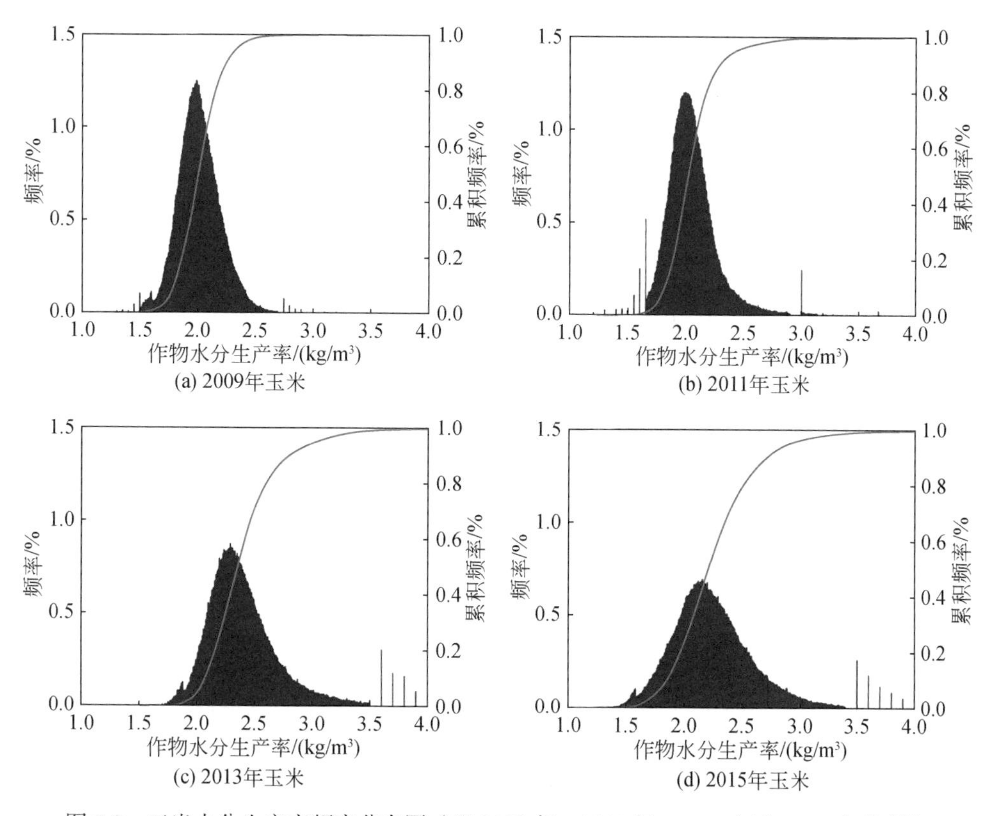

图 7.9　玉米水分生产率频率分布图（以 2009 年、2011 年、2013 年和 2015 年为例）

图 7.10 为灌区农田区域单一种植向日葵时的水分生产率分布图。从年内分布上来看，磴口县向日葵的水分生产率要明显大于其他三个旗、县、区（与玉米一致），其多年平均值为 0.95 kg/m³，主要原因是灌区内四个县区的向日葵产量差异较小（3.59 ~ 3.72 t/hm²），而磴口县向日葵的生育期内耗水量要明显小于其他三个旗、县、区，多年平均值比杭锦后旗小 60 mm；其他三个县、区中，五

原县的向日葵水分生产率（0.86 kg/m^3）要略高于其他两个县、区（0.82 kg/m^3 和 0.84 kg/m^3），主要原因是这三个旗、县、区玉米的生育期内耗水量相差不大，多年平均值相差不超过 15 mm，而五原县向日葵产量的多年平均值要比其他两个县区至少高 0.02 t/hm^2。从年际变化上来看，灌区向日葵水分生产率平均值在 2013 年达到最大（0.97 kg/m^3），在 2009 年和 2012 年达到最小（0.72 kg/m^3）（与玉米一致），多年平均值为 0.86 kg/m^3。Xue 和 Ren（2016）的研究结果表明，2000 ~ 2010 年河套灌区向日葵水分生产率的多年平均值为 0.90 kg/m^3，与研究的估算结果很接近。

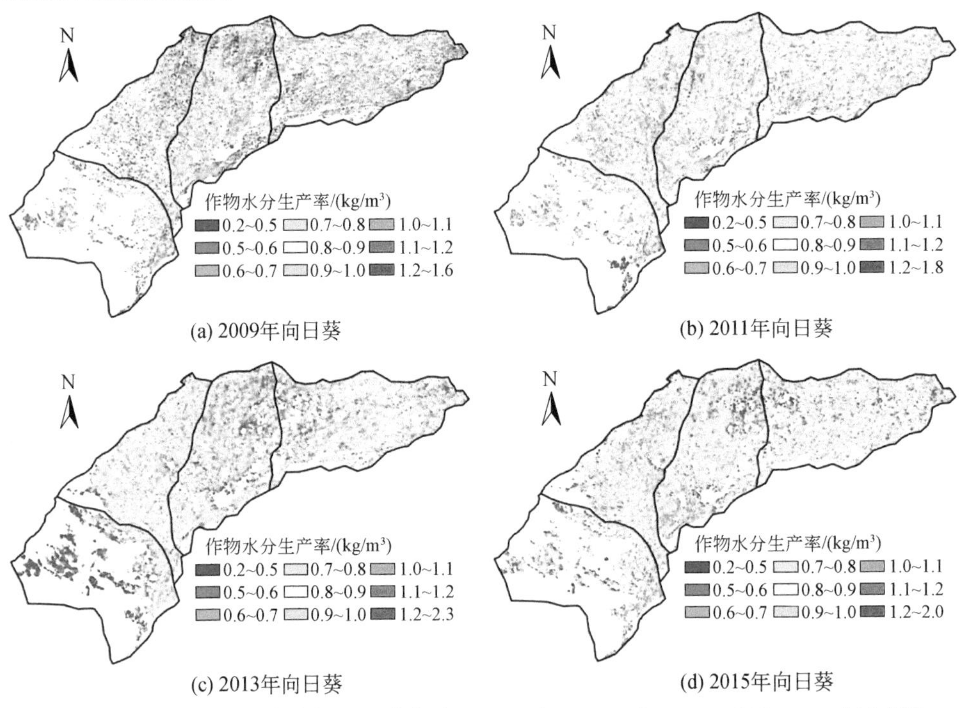

图 7.10　向日葵水分生产率的空间分布（以 2009 年、2011 年、2013 年和 2015 年为例）

图 7.11为灌区农田区域单一种植向日葵时水分生产率的频率分布图。可以发现，其频率分布均接近正态分布（与玉米一致）。对于多年平均值来说，大部分像元的向日葵水分生产率分布在 0.70 kg/m^3（10% 分位数）至 1.00 kg/m^3（90% 分位数）。从年际变化上来看，向日葵水分生产率的频率分布曲线也趋于扁平化，但没有玉米的扁平化趋势明显。2009 年向日葵水分生产率主要集中分布在 0.56 kg/m^3（10% 分位数）至 0.88 kg/m^3（90% 分位数），两者差值为 0.32 kg/m^3；而在 2015 年向日葵水分生产率也比较集中分布在 0.71 kg/m^3（10% 分位数）至 1.05 kg/m^3（90% 分位数），两者差值为 0.34 kg/m^3，略高于 2009 年的 0.32 kg/m^3。

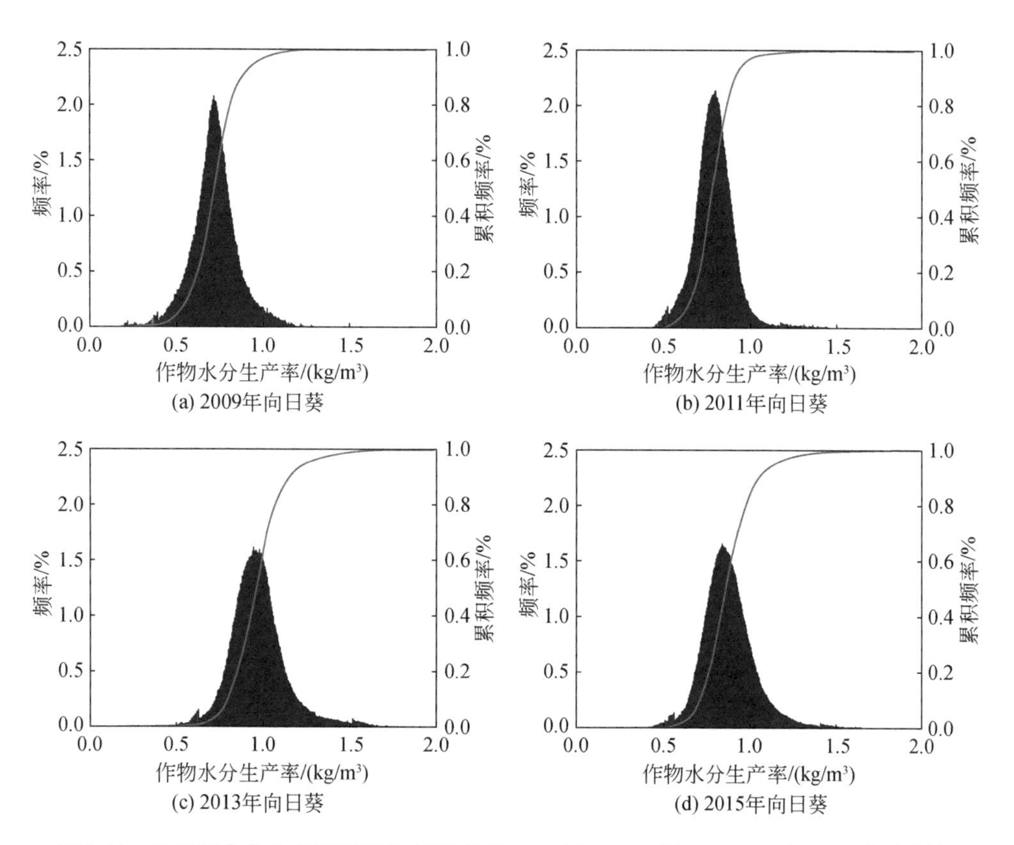

图 7.11　向日葵水分生产率频率分布图（以 2009 年、2011 年、2013 年和 2015 年为例）

综上所述，从年内分布上来看，作物生育期内耗水量最小的磴口县玉米和向日葵水分生产率均明显大于其他三个旗、县、区；而对于其他三个旗、县、区，杭锦后旗玉米的水分生产率较大，而五原县向日葵的水分生产率较大，这与玉米和向日葵的实际分布情况一致；整个研究区内玉米和向日葵水分生产率的频率分布均接近正态分布。从年际变化上来看，研究区玉米和向日葵水分生产率的平均值均在 2013 年达到最大值，2009 年和 2012 年达到最小值；2009 ~ 2015 年，这两种作物水分生产率的空间分布差异在逐渐减小，尤其是玉米。

7.3.4　灌区玉米和向日葵的种植适宜度评价

图 7.12 和图 7.13 为灌区农田区域单一种植玉米或者向日葵时种植适宜度指数的空间分布。从年内分布来看，由于作物种植适宜度指数是基于作物水分生产率的累积频率分布进行构建的，80% 玉米和 80% 向日葵像元的种植适宜度指数

均在 0.10（10% 分位数）至 0.90（90% 分位数），多年平均值均为 0.50。

如图 7.12 所示，玉米在磴口县的种植适宜度指数明显高于其他三个旗、县、区，多年平均值为 0.72，而在向日葵集中分布的五原县，玉米种植适宜度指数最小，多年平均值为 0.42。如图 7.13 所示，研究区内磴口县向日葵的种植适宜度指数也是最大的，多年平均值为 0.64，略小于玉米；其次则为向日葵集中分布的五原县，多年平均值为 0.54；而在玉米主要分布的杭锦后旗和临河区，向日葵的种植适宜度指数都较小，多年平均值分别为 0.42 和 0.48。从年际变化上来看，对于玉米和向日葵种植适宜度均较大的磴口县，玉米和向日葵的种植适宜度指数均在 2014 年达到最大值，分别为 0.72 和 0.81；对于玉米种植适宜度较大的临河区，玉米的种植适宜度指数在 2013 年达到最大值（0.54）；对于向日葵种植适宜度较大的五原县，向日葵的种植适宜度指数在 2014 年达到最大值（0.63）。

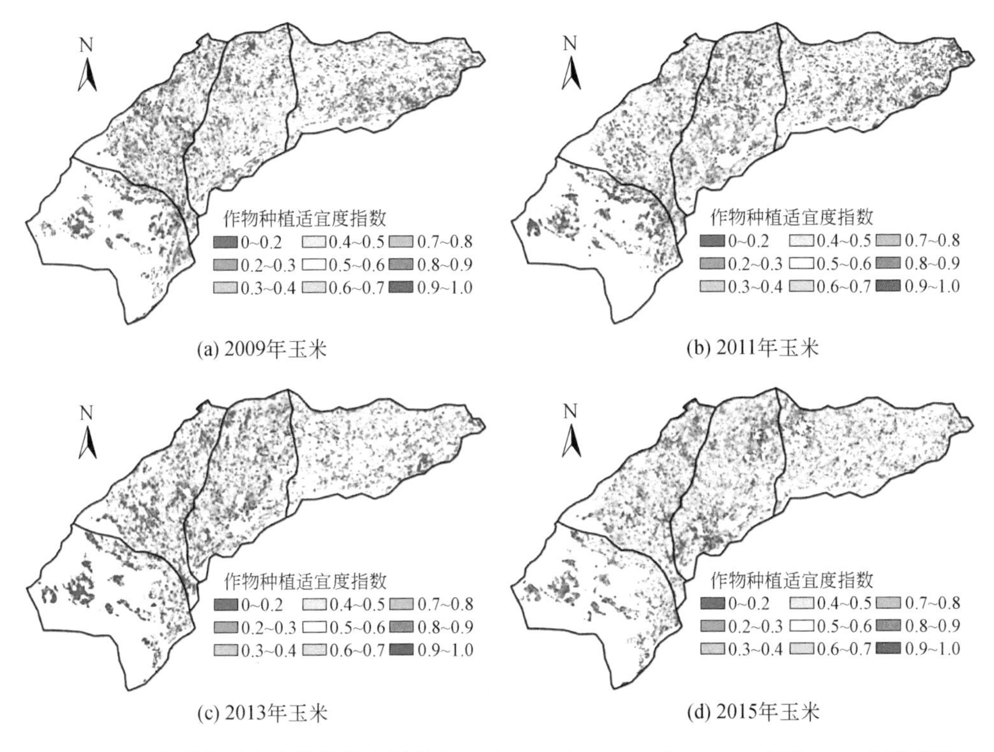

(a) 2009年玉米　(b) 2011年玉米

(c) 2013年玉米　(d) 2015年玉米

图 7.12　玉米种植适宜度指数的空间分布（以 2009 年、2011 年、2013 年和 2015 年为例）

图 7.14 为基于玉米和向日葵种植适宜度指数空间分布得到的这两种作物的适宜种植分布图。从年内分布来看，玉米主要适宜种植在磴口县和杭锦后旗，而向日葵主要适宜种植在临河区和五原县，这与当前的灌区内主要作物种植

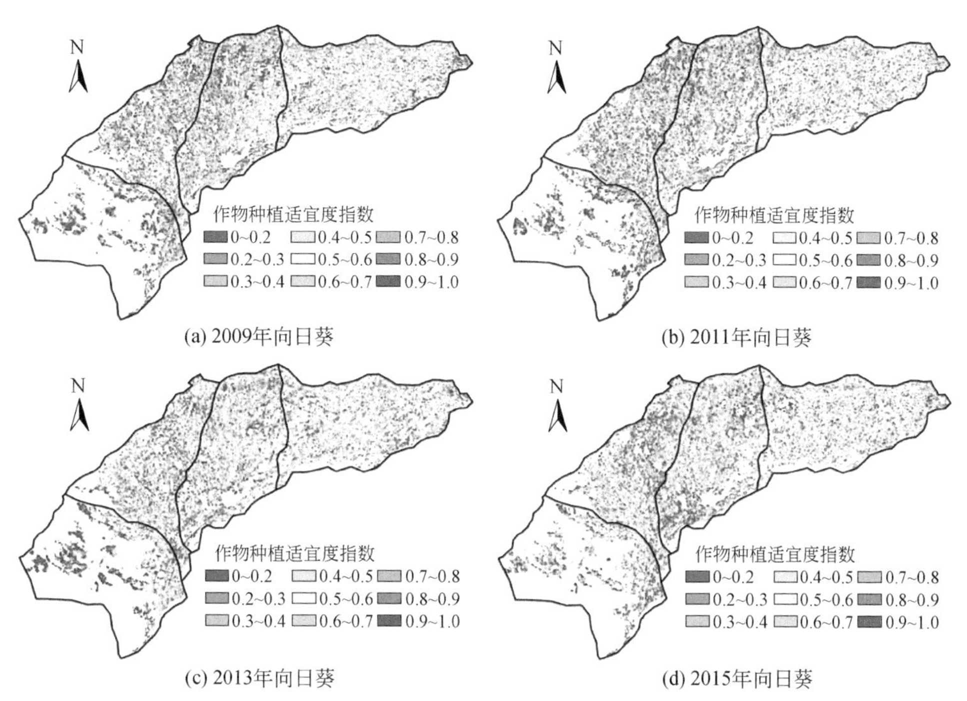

图 7.13　向日葵种植适宜度指数的空间分布（以 2009 年、2011 年、2013 年和 2015 年为例）

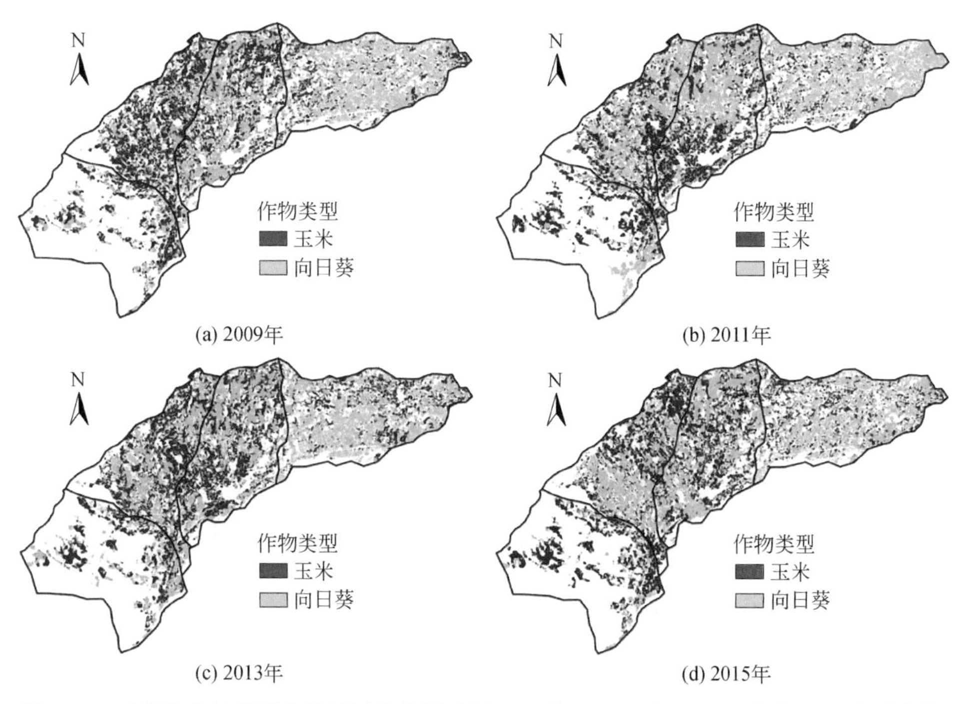

图 7.14　玉米和向日葵适宜种植区分布图（以 2009 年、2011 年、2013 年和 2015 年为例）

分布（图 5.12）比较一致。计算得到玉米和向日葵适宜种植面积占玉米和向日葵适宜种植总面积的比例分别为 48.6% 和 51.4%，而玉米和向日葵的实际种植比例分别为 49.1% 和 50.9%，结果表明，玉米和向日葵适宜种植和实际种植比例差异不大，只是种植分布进行了一定的调整。从年际变化上来看，2011 年和 2014 年向日葵适宜种植比例（分别为 54.5% 和 53.8%）显著大于玉米（分别为 45.5% 和 46.2%），而在其他年份两种作物种植比例差异较小（均在 50% 左右）。

如图 7.14 所示，2009 ~ 2015 年，每一年均有一张玉米和向日葵的适宜种植分布图。综合考虑这 7 年作物适宜种植分布图，对于某一像元来说，如果适宜种植玉米的次数大于等于 4（超过半数年份），则认为该像元适宜种植玉米，反之则适宜种植向日葵。综上所述，即可得到研究区内多年玉米和向日葵适宜种植分布图 [图 7.15（a）]。以多年作物适宜种植分布图为基础，提取玉米和向日葵像元对应的种植适宜度指数多年平均值，即可得到多年作物种植适宜度指数分布图 [图 7.15（b）]。

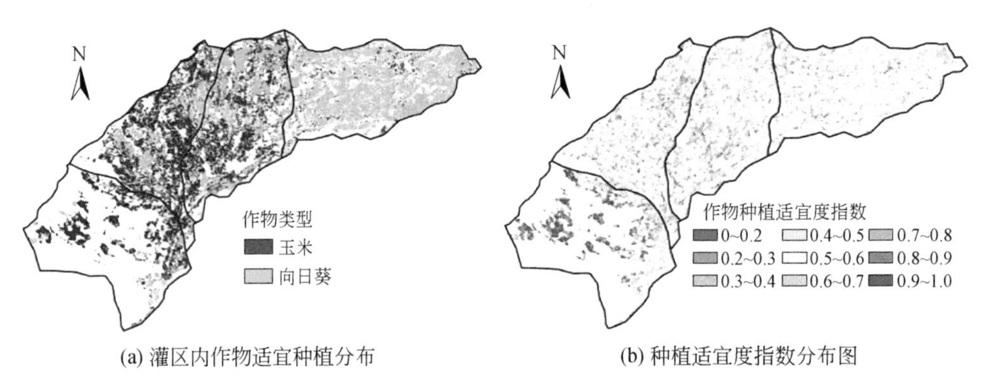

(a) 灌区内作物适宜种植分布　　(b) 种植适宜度指数分布图

图 7.15　作物适宜种植分布及种植适宜度指数分布图

如图 7.15（a）所示，在农田区域全部种植玉米和向日葵时，玉米主要适宜种植在磴口县、杭锦后旗及临河区的南部，而向日葵主要适宜种植在五原县、杭锦后旗及临河区的北部，与作物实际种植分布（图 5.12）相比，磴口县的玉米种植面积显著提升，对于其他三个旗、县、区，玉米和向日葵适宜种植分布基本与实际情况相一致。如图 7.15（b）所示，大部分像元作物种植适宜度指数在 0.37（10% 分位数）至 0.57（90% 分位数），研究区内作物种植适宜度指数平均值为 0.55；磴口县的作物种植适宜度指数要明显大于其他三个旗、县、区，其次为五原县和临河区中南部，杭锦后旗的作物种植适宜度指数最小。

7.3.5 基于作物种植适宜度的灌区玉米和向日葵种植分布优化

上述研究结果均以农田区域全部（100%）种植玉米和向日葵为前提，然而在实际作物种植中，由于其他作物的存在，研究区内农田区域不可能全部种植玉米和向日葵这两种作物(图 5.4)。因此，以多年作物种植适宜度指数分布图[图 7.15（b）]为基础，设置不同玉米和向日葵总种植面积占农田总面积的比例，对不同总种植面积下的玉米和向日葵种植分布进行优化，为确定适宜作物种植分布提供依据。

设置玉米和向日葵总种植面积占农田总面积的比例分别为 95%、90%、85%、80%、75%、70%、65%、60%、55%、50%、45、40%，基于阈值法，分别提取研究区内作物种植适宜度指数大于其 5% 分位数（0.32）、10% 分位数（0.37）、15% 分位数（0.40）、20% 分位数（0.43）、25% 分位数（0.45）、30% 分位数（0.47）、35% 分位数（0.49）、40% 分位数（0.51）、45% 分位数（0.53）、50% 分位数（0.55）、55% 分位数（0.57）和 60% 分位数（0.59）的像元，并结合多年作物适宜种植分布图[图 7.15（a）]，确定对应像元的适宜种植作物，即可得到不同总种植面积下的玉米和向日葵适宜种植分布（图 7.16）。如图 7.16 所示，在作物总种植面积较小时，玉米主要适宜种植在磴口县、杭锦后旗的外围及临河区的中南部，向日葵主要适宜种植在五原县和临河区的北部；随着作物总种植面积的不断增加，玉米逐渐扩种到杭锦后旗的内部，向日葵逐渐扩种到临河区的北部。

对不同作物总种植面积下玉米和向日葵种植面积所占比例进行计算，并对上述 2 种作物种植面积所占比例的变化趋势进行分析（图 7.17）。

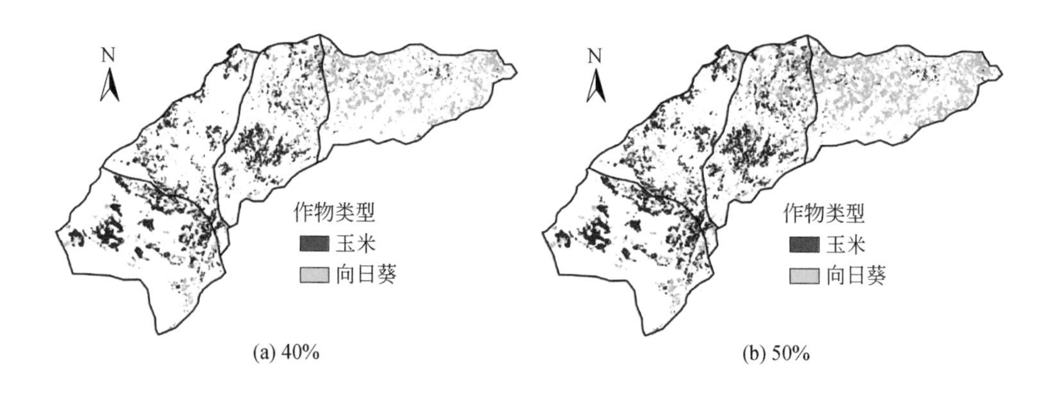

(a) 40%　　(b) 50%

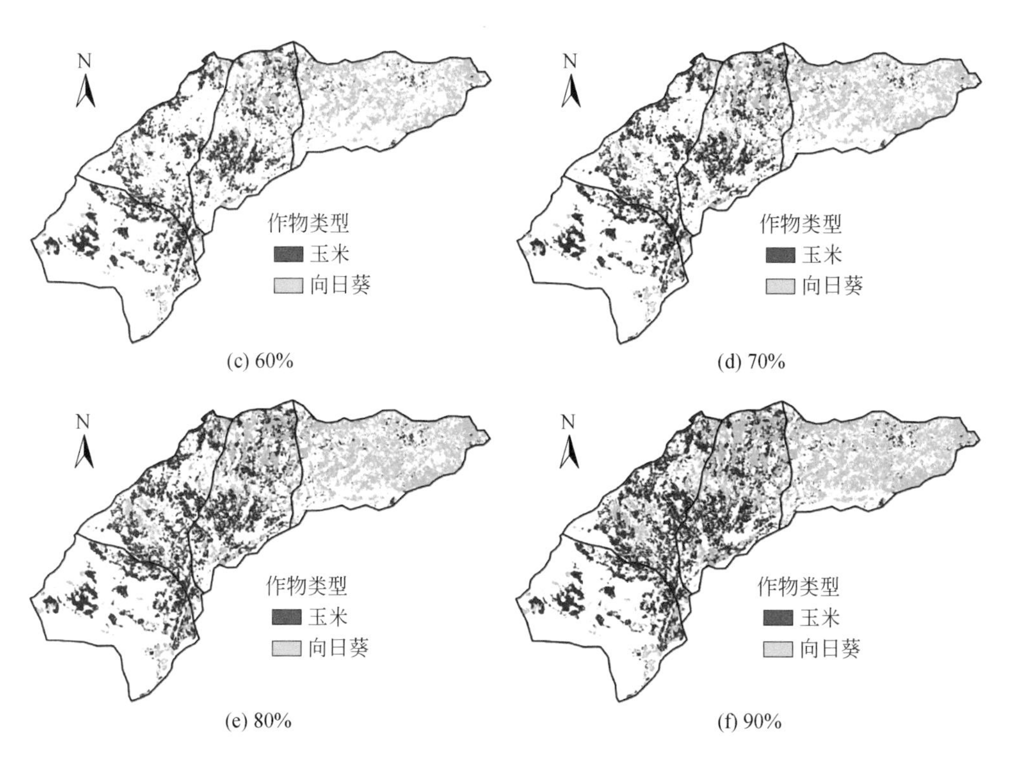

(c) 60%　(d) 70%

(e) 80%　(f) 90%

图 7.16　不同作物总种植面积下玉米和向日葵的适宜种植分布

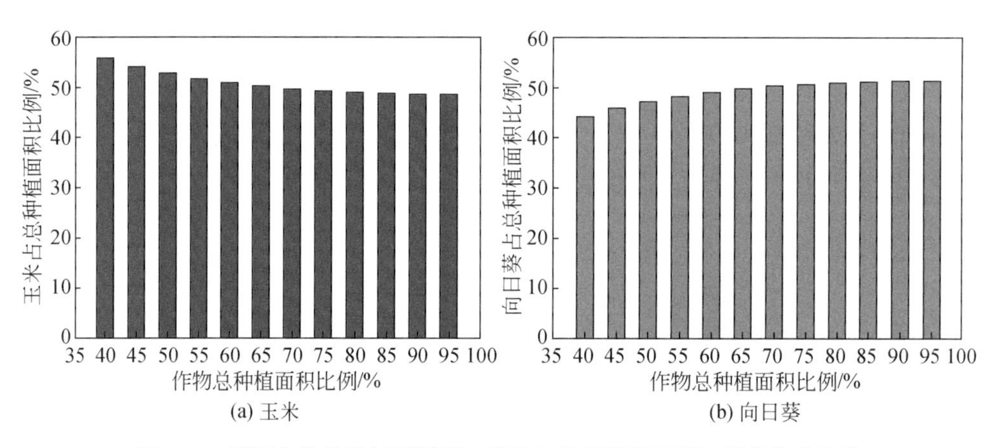

(a) 玉米　(b) 向日葵

图 7.17　不同作物总种植面积下玉米和向日葵种植面积比例变化的比较

如图 7.17 所示，随着作物总种植面积的不断增加，玉米种植面积比例呈下降趋势（52.6% ~ 48.3%），而向日葵种植面积比例呈上升趋势（47.4% ~ 51.7%）并且玉米和向日葵种植面积的下降和上升趋势在逐渐减缓。

上述玉米和向日葵的适宜种植分布是基于研究区内作物种植适宜度指数的空间分布进行优化得到的，作物种植分布优化之后可对灌区整体的作物水分生产率起到一定提升作用，相比于作物水分生产率的提升，作物生育期内耗水量及作物产量的具体变化才是灌区管理者以及农民更为关注的问题。

分别计算 2009 ~ 2015 年玉米和向日葵种植面积占农田总面积的比例，并对应上述不同总种植面积下的作物分布优化结果（图 7.16），分别提取现状和优化后的灌区玉米和向日葵像元生育期内耗水量及产量的多年平均值，并进行对比分析（图 7.18 和图 7.19）。

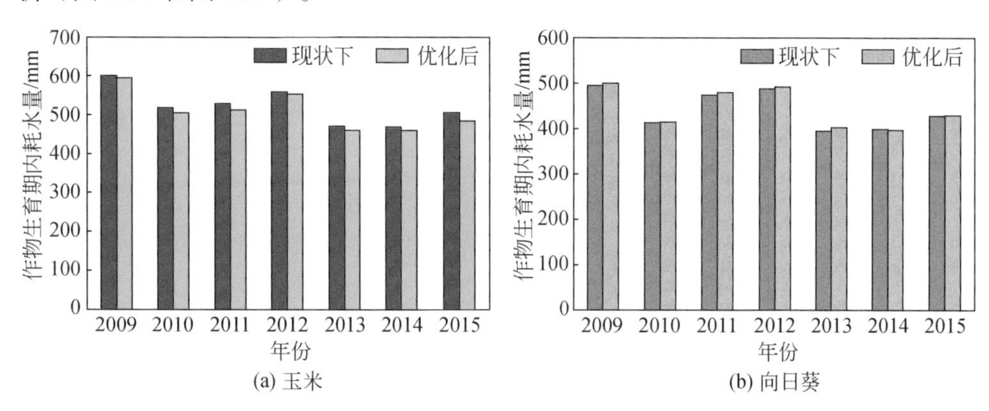

图 7.18　作物种植结构优化前后作物生育期内耗水的多年对比

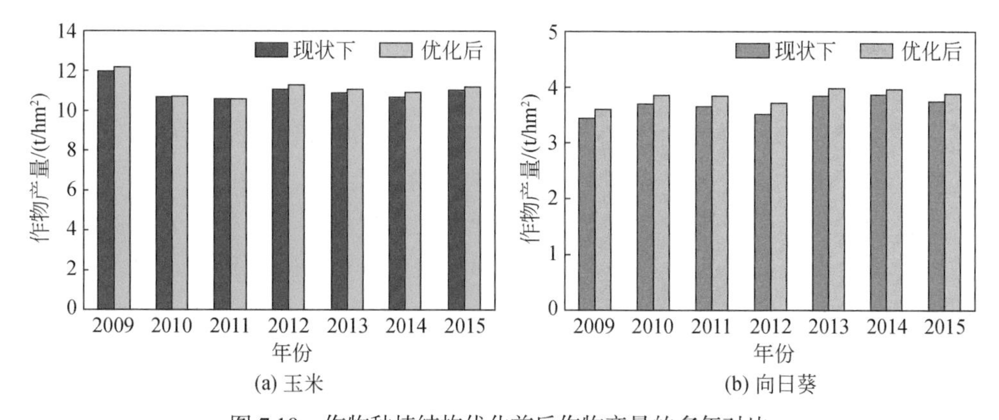

图 7.19　作物种植结构优化前后作物产量的多年对比

如图 7.18 所示，作物种植分布优化前后，对于玉米来说，其生育期内耗水量呈下降趋势，多年平均值从现状下的 521 mm 减少到优化后的 510 mm；从年际变化上来看，其中 2015 年、2011 年和 2010 年的下降趋势最为明显，玉米生育期内耗水量分别减少了 21 mm、16 mm 和 12 mm。对于向日葵来说，其生育期内耗水量呈轻微上升趋势，多年平均值从现状下的 442 mm 增加到优化后的 445 mm；从年际变化上来看，其中 2009 年、2011 年和 2013 年的上升趋势最为明显，向日葵生育期内耗水量均增加了 6 mm，而 2014 年向日葵生育期内耗水量则减少了 3 mm。

如图 7.19 所示，玉米和向日葵产量在作物种植分布优化前后均呈上升趋势。其中玉米产量多年平均值从优化前的 11.1 t/hm^2 提升到优化后的 11.2 t/hm^2，向日葵产量多年平均值从优化前的 3.7 t/hm^2 提升到 3.9 t/hm^2，由此可见，向日葵产量提升幅度（5.4%）要大于玉米（0.9%），这也解释了向日葵生育期内耗水量增加的同时其水分生产率仍有提升的现象。从作物产量的年际变化上来看，玉米产量在 2014 年、2012 年和 2009 年的提高幅度最为明显，分别增加了 0.22 t/hm^2、0.21 t/hm^2、和 0.20 t/hm^2，而向日葵产量则在 2012 年、2011 年和 2009 年的提高幅度最为明显，分别增加了 0.18 t/hm^2、0.17 t/hm^2 和 0.17 t/hm^2。

综上所述，基于作物种植适宜度对灌区玉米和向日葵的种植分布进行优化，可以起到一定的节水及增产效果。但上述优化结果中，虽然向日葵的产量在优化后得到了提升，但却增加了其生育期内耗水量，因此，进一步对灌区玉米和向日葵的种植分布进行优化，实现作物生育期内耗水量不变情况下作物产量的有效提升，以及作物产量不变情况下作物生育期内耗水量的有效下降，可为河套灌区取得更好的节水增产效果。

7.4 小　结

本章在第 5 ~ 6 章河套灌区作物分布识别、作物产量估算的基础上，进一步估算了 30 m 像元尺度下河套灌区主要作物生育期及耗水量的时空变化，定量评价了作物水分生产率的时空分布，并基于作物水分生产率的频率分布构建了作物种植适宜度指数，进而对灌区玉米和向日葵的种植适宜度进行评价，主要结论如下。

（1）以 HJ-1A/1B 卫星数据作为输入，在田间和区域尺度上，HTEM 模型均可对研究区内 ET 进行较为准确的估算。结果表明，灌区玉米和向日葵生育期内 ET 在 2009 ~ 2015 年之间呈下降趋势，而 T/ET 却呈先上升后下降的趋势。

（2）磴口县玉米和向日葵的水分生产率要明显大于其他三个县区；在其他三个县区中，杭锦后旗玉米的水分生产率较大，而五原县向日葵的水分生产率较大；灌区玉米和向日葵水分生产率的平均值均在 2013 年达到最大值，在 2009 年和 2012 年达到最小值。

（3）玉米和向日葵水分生产率的频率分布均接近正态分布，80% 玉米像元的水分生产率分布在 1.90 ~ 2.50 kg/m^3，而 80% 向日葵像元的水分生产率分布在 0.70 ~ 1.00 kg/m^3；2009 ~ 2015 年，玉米和向日葵水分生产率的空间分布差异在逐渐减小，尤其是玉米。

（4）根据作物种植适宜度评价结果，玉米主要适宜种植在磴口县和杭锦后旗，而向日葵主要适宜种植在临河区和五原县，这与当前灌区内主要作物种植分布比较一致。

（5）基于作物种植适宜度对不同作物总种植面积下的灌区玉米和向日葵种植分布进行优化，随着作物总种植面积的不断增加，玉米种植比例呈下降趋势（52.6% ~ 48.3%），而向日葵呈上升趋势（47.4% ~ 51.7%）。

（6）对不同年份作物种植分布现状和优化后的玉米和向日葵像元生育期内耗水量及产量平均值进行对比分析，结果表明作物种植分布优化后可以起到一定的节水和增产效果。具体来说，玉米和向日葵产量在作物种植分布优化后均呈上升趋势，玉米生育期内耗水量呈下降趋势，而向日葵生育期内耗水量则呈轻微上升趋势。

第8章　不同尺度下河套灌区主要作物种植分布优化

8.1　概　　述

作物种植结构优化是在水资源短缺条件下保证粮食生产的有效措施。作物种植结构优化按照优化目标的不同可分为单目标优化（张帆等，2016）和多目标优化（王雷明，2017）；按照优化方法的不同可分为线性优化（徐万林和栗晓玲，2010；张洪嘉，2013）和非线性优化（张智韬等，2011）。对于优化目标来说，节水效益是众多作物种植结构优化研究中的共同优化目标；对于优化方法来说，比较常用的是非线性优化方法。虽然节水是作物种植结构优化的关键目标，但现实中农民对种植作物类型的选择主要取决于种植作物的经济效益。在灌区作物耗水总量不变的情况下，以经济效益最大化为目标的作物种植结构研究才更有实用价值。目前，作物种植结构优化研究的尺度比较单一，主要是在流域（陈兆波，2008）和区域（高明杰，2005；张帆等，2016；Chen et al.，2020）尺度。不同尺度下作物种植结构优化前后对当地节水和经济效益等影响的研究还较少。

本章以本书第5章~第7章的研究结果为基础，分别以经济效益最大化和节水效益最大化为目标，建立了两种作物种植结构优化模型，并分别在县级、3000 m×3000 m和300 m×300 m网格尺度下对河套灌区玉米和向日葵的种植结构进行优化。其中，以经济效益最大化为目标的优化模型以灌区主要作物耗水总量不增加为前提，而以节水效益最大化为目标的优化模型以灌区整体经济效益不减少为前提。对比上述三种尺度下同一优化模型作物种植结构的优化结果，同时分析不同尺度下作物种植结构优化前后灌区作物种植净收入和作物总耗水量的变化，为河套灌区制定高效益和少耗水的作物种植结构提供理论依据。

8.2　数据与方法

8.2.1　作物种植结构优化模型的建立与求解

分别以经济效益和节水效益最大化为目标，建立了两种作物种植结构优化模型，并分别在县级、3000 m × 3000 m 和 300 m × 300 m 网格尺度下对 2009 ~ 2015 年河套灌区中西部四个县区玉米和向日葵的种植结构进行优化。

对于以经济效益最大化为目标的作物种植结构优化模型，其目标函数为灌区内种植玉米和向日葵的总收入最大，即

$$\max F=\sum_{(i,j)\in\text{农田}}[(J_{\mathrm{m},i,j}\times Y_{\mathrm{m},i,j}-C_{\mathrm{m},i,j})\times \mathrm{PO}_{\mathrm{m},i,j} \\ +(Y_{\mathrm{sf,i},j}\times Y_{\mathrm{sf},i,j}-C_{\mathrm{sf},i,j})\times \mathrm{PO}_{\mathrm{sf},i,j}]\times A_{i,j} \tag{8-1}$$

式中，（i, j）为网格单元坐标；下标 m 和 sf 分别代表玉米和向日葵；F 为灌区总收入，元；J 为作物价格，元 /t；C 为作物种植成本，元 /hm^2；Y 为作物产量，t/hm^2；PO 为种植结构优化后网格内作物种植比例；A 为网格面积，hm^2。以灌区总收入为目标函数时，种植结构优化模型的约束条件为

（1）灌区内玉米和向日葵生育期内总耗水量不增加，即

$$\sum_{(i,j)\in\text{农田}}(\mathrm{ET}_{\mathrm{m},i,j}\times \mathrm{PO}_{\mathrm{m},i,j}+\mathrm{ET}_{\mathrm{sf,i},j}\times \mathrm{PO}_{\mathrm{sf},i,j})\times A_{i,j} \\ \leqslant \sum_{(i,j)\in\text{农田}}(\mathrm{ET}_{\mathrm{m},i,j}\times \mathrm{PP}_{\mathrm{m},i,j}+\mathrm{ET}_{\mathrm{sf,i},j}\times \mathrm{PP}_{\mathrm{sf},i,j})\times A_{i,j} \tag{8-2}$$

（2）灌区内玉米和向日葵的总种植比例不增加，计算公式如下：

$$\sum_{(i,j)\in\text{农田}}(\mathrm{PO}_{\mathrm{m},i,j}+\mathrm{PO}_{\mathrm{sf},i,j})\leqslant\sum_{(i,j)\in\text{农田}}(\mathrm{PP}_{\mathrm{m},i,j}+\mathrm{PP}_{\mathrm{sf},i,j}) \tag{8-3}$$

（3）每个网格内玉米和向日葵种植比例之和小于 100%，计算公式如下：

$$\mathrm{PO}_{\mathrm{m},i,j}+\mathrm{PO}_{\mathrm{sf},i,j}\leqslant 100\%,\ \forall(i,j)\in\text{农田} \tag{8-4}$$

（4）每个网格内玉米或者向日葵种植比例在现状条件下所有网格中对应作物种植比例的最小值和最大值之间，计算公式如下

$$\mathrm{PP}_{\mathrm{m,\,min}}\leqslant \mathrm{PO}_{\mathrm{m},i,j}\leqslant \mathrm{PP}_{\mathrm{m,\,max}},\ \forall(i,j)\in\text{农田} \tag{8-5}$$

$$\mathrm{PP}_{\mathrm{sf,\,min}}\leqslant \mathrm{PO}_{\mathrm{sf},i,j}\leqslant \mathrm{PP}_{\mathrm{sf,\,max}},\ \forall(i,j)\in\text{农田} \tag{8-6}$$

式中，ET 为种植现状下每个网格内的作物蒸散发量，mm；PP 为种植现状下每个网格内作物种植比例。

对于以节水效益最大化为目标的作物种植结构优化模型，其目标函数为灌区内玉米和向日葵生育期内总耗水量最小，即

$$\min W=\sum_{(i,j)\in\text{农田}}(\mathrm{ET}_{\mathrm{m},i,j}\times \mathrm{PO}_{\mathrm{m},i,j}+\mathrm{ET}_{\mathrm{sf},i,j}\times \mathrm{PO}_{\mathrm{sf},i,j})\times A_{i,j}\div 10 \tag{8-7}$$

式中，W 为灌区作物生育期内总耗水量，m^3。以灌区作物生育期内总耗水量为目标函数时，种植结构优化模型的约束条件除式（8-3）~式（8-6）外，还要求灌区内种植玉米和向日葵的总收入不减少，即

$$\begin{aligned}&\sum_{(i,j)\in\text{农田}}[(J_{\mathrm{m},i,j}\times Y_{\mathrm{m},i,j}-C_{\mathrm{m},i,j})\times \mathrm{PO}_{\mathrm{m},i,j}+(J_{\mathrm{sf},i,j}\times Y_{\mathrm{sf},i,j}-C_{\mathrm{sf},i,j})\times \mathrm{PO}_{\mathrm{sf},i,j}]\times A_{i,j}\\ \geqslant&\sum_{(i,j)\in\text{农田}}[(J_{\mathrm{m},i,j}\times Y_{\mathrm{m},i,j}-C_{\mathrm{m},i,j})\times \mathrm{PP}_{\mathrm{m},i,j}+(J_{\mathrm{sf},i,j}\times Y_{\mathrm{sf},i,j}-C_{\mathrm{sf},i,j})\times \mathrm{PP}_{\mathrm{sf},i,j}]\times A_{i,j}\end{aligned} \tag{8-8}$$

以上作物种植结构优化模型为线性规划模型，应用 MATLAB 中的 linprog 优化函数求解。

8.2.2 数据来源及处理

上述作物种植结构优化模型中涉及的作物价格和作物成本数据来源于巴彦淖尔市农牧局（https://nmj.bynr.gov.cn）；作物种植结构分布现状图采用第 5 章的识别结果（图 5.12）；作物产量分布图采用第 6 章的估算结果（图 6.7 和图 6.8）；作物生育期内耗水量分布采用第 7 章的估算结果。

在对作物种植结构进行优化时，需要县级、3000 m×3000 m 和 300 m×300 m 网格尺度下的作物种植结构、作物产量和生育期内耗水量数据。其中，在县级尺度下，根据上述作物种植结构、作物产量及作物生育期内耗水量的分布图提取河套灌区内四个县区的玉米和向日葵种植面积、产量和生育期内耗水量数据；在 3000 m×3000 m 和 300 m×300 m 网格尺度下，则将上述作物产量和生育期内耗水量的 30 m 分布图重采样为 3000 m×3000 m 和 300 m×300 m，在计算 3000 m×3000 m 和 300 m×300 m 网格尺度下玉米和向日葵现状种植比例时，通过提取对应位置下 3000 m×3000 m 和 300 m×300 m 网格包含的玉米和向日葵 30 m×30 m 小像元数目进行计算。

8.3　结果与讨论

8.3.1　县级尺度下玉米和向日葵种植结构优化结果

图 8.1 表示县级尺度下河套灌区内四个县区玉米和向日葵种植面积现状和不同目标下优化结果的比较。

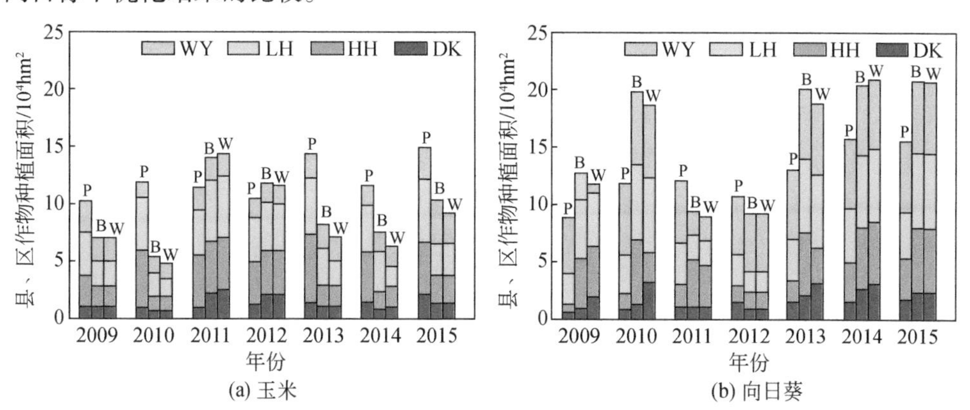

图 8.1　县级尺度下玉米和向日葵种植面积优化前后的比较

P 代表现状，B 和 W 分别代表以经济效益最大化和节水效益最大化为目标的优化结果；WY、LH、HH、DK 分别表示五原县、临河区、杭锦后旗、磴口县

从年际变化上来看，除 2011 年和 2012 年以外，种植结构优化后的灌区玉米种植面积要小于现状种植面积，而向日葵种植面积则大于现状下种植面积，主要原因是 2011 年和 2012 年的玉米价格相对于其他年份较高，而向日葵价格较相对于其他年份低，并且这两年玉米和向日葵生育期内耗水量的差异也小于其他年份。

从年内变化来看，对于玉米来说，在玉米种植面积增加的年份，玉米面积增加集中在磴口县和临河区；而在玉米种植面积减少的年份，玉米面积减少集中在杭锦后旗和临河区。对于向日葵来说，在向日葵种植面积增加的年份，向日葵面积增加集中在杭锦后旗和临河区；而在向日葵种植面积减少的年份，向日葵面积减少集中在五原县和临河区。

对比上述两种优化模型优化后的玉米和向日葵种植面积优化结果，以经济效益最大化为目标优化的玉米和向日葵总种植面积与现状持平，而以节水效益最大化为目标优化的玉米和向日葵总种植面积则略小于现状，多年平均减少的作物总种植面积约为 0.5 万 hm^2，主要原因为后者优化后的玉米种植面积减少较多，而上述两个优化模型优化后的向日葵种植面积差异较小。

8.3.2 3000 m×3000 m 网格尺度下玉米和向日葵种植结构优化结果

图 8.2 表示 3000 m×3000 m 网格尺度下河套灌区玉米种植比例分布现状和不同目标优化结果的比较。从年内分布上来看，在现状条件下 [图 8.2（a）、（d）、（g）和（j）]，80% 像元的玉米种植比例在 12%（10% 分位数）至 55%（90% 分位数）；其中杭锦后旗的玉米种植比例最大，多年平均值在 29%（10% 分位数）至 59%（90% 分位数）；其次为临河区，多年平均值在 21%（10% 分位数）至 55%（90% 分位数）；而五原县的玉米种植比例最小，多年平均值在 7%（10% 分位数）至 35%（90% 分位数）。在以经济效益最大化为目标的玉米种植比例优化结果下 [图 8.2（b）、（e）、（h）和（k）]，依然是杭锦后旗和临河区的玉米种植比例较高，多年平均值分别为 41% 和 31%，五原县的玉米种植比例最低，多年平均值为 22%，与种植现状下的分布比较接近。在以节水效益最大化为目标的玉米种植比例优化结果下 [图 8.2（c）、（f）、（i）和（l）]，优化后的磴口县玉米种植比例显著提高，多年平均值为 29%，高于杭锦后旗（19%）和临河区（16%），而五原县的玉米种植比例依然最低，多年平均值为 11%。磴口县玉米生育期内耗水量较低，在以节水量为目标对作物种植结构进行优化时，作物生育期内耗水量较低的区域作物种植比例会得到提高。

从年际变化上来看，在现状条件下 [图 8.2（a）、（d）、（g）和（j）]，整个河套灌区 2013 年和 2015 年的玉米种植比例最高，均为 39%；对于玉米种植比例较大的杭锦后旗来说，2010 年和 2013 年的玉米种植比例较高，分别为 61% 和 52%。在以经济效益最大化为目标的玉米种植比例优化结果中 [图 8.2（b）、（e）、（h）和（k）]，整个河套灌区 2011 年和 2012 年的玉米种植比例较高，分别为 36% 和 35%；对于优化后玉米种植比例较大的杭锦后旗来说，2011 年和 2012 年的玉米种植比例较高，分别为 49% 和 45%。在以节水效益最大化为目标的玉米种植比例优化结果中 [图 8.2（c）、（f）、（i）和（l）]，对于整个河套灌区来说，2011 年和 2012 年的玉米种植比例较高，分别为 27% 和 29%；对于优化后玉米种植比例较大的磴口县来说，2011 年和 2014 年的玉米种植比例较高，分别为 44% 和 41%。

3000 m×3000 m 网格尺度下整个河套灌区和四个旗、县、区多年玉米种植比例优化前后的比较见表 8.1。以经济效益最大化为目标时，优化后的整个灌区玉米种植比例要低于现状，多年平均减少 3%；其中杭锦后旗、临河区优化后的玉米种植比例有所下降，而磴口县和五原县则有所上升。从年际变化上来看，除 2011 年和 2012 年以外，整个灌区优化后的玉米种植比例要小于现状，多年平均

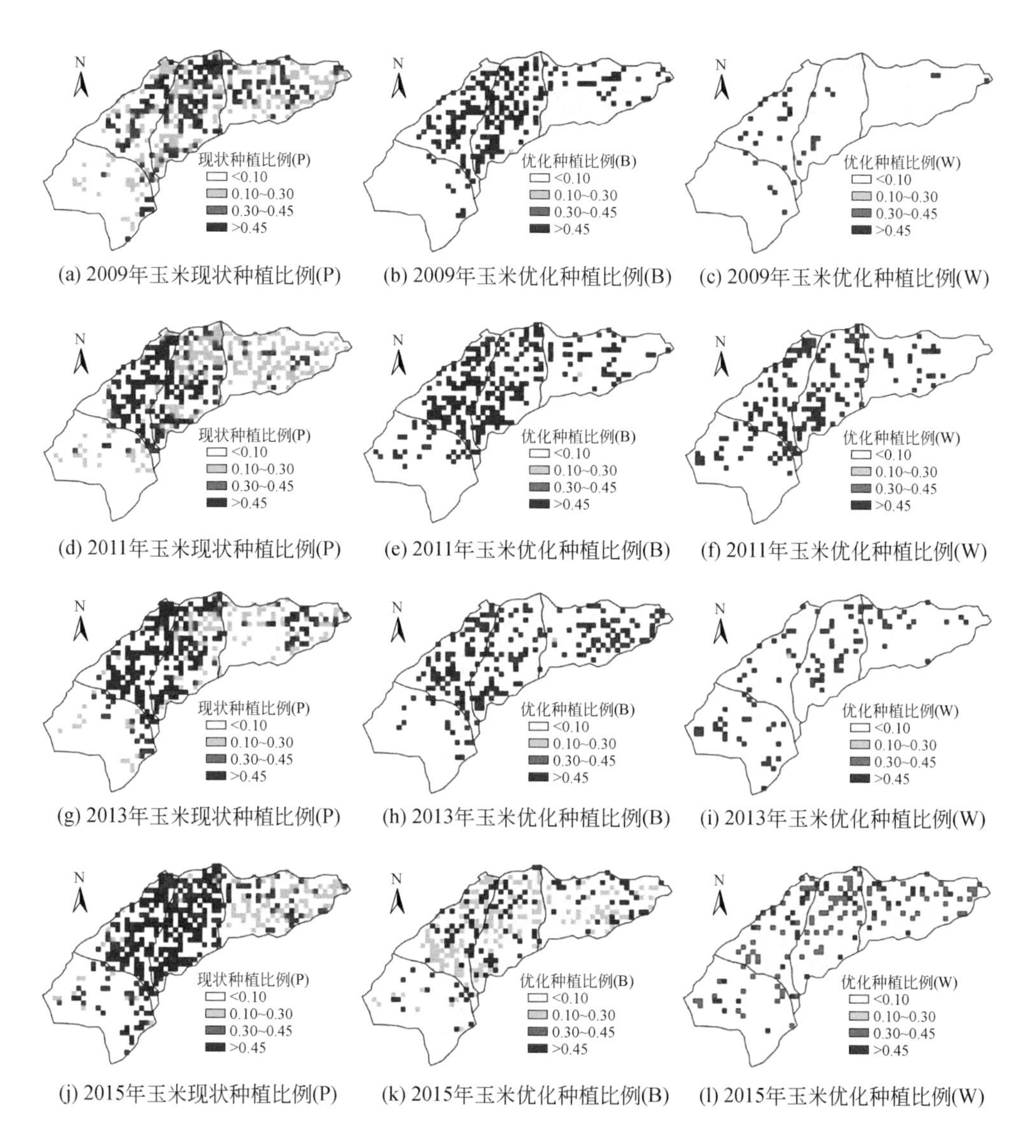

(a) 2009年玉米现状种植比例(P)　(b) 2009年玉米优化种植比例(B)　(c) 2009年玉米优化种植比例(W)

(d) 2011年玉米现状种植比例(P)　(e) 2011年玉米优化种植比例(B)　(f) 2011年玉米优化种植比例(W)

(g) 2013年玉米现状种植比例(P)　(h) 2013年玉米优化种植比例(B)　(i) 2013年玉米优化种植比例(W)

(j) 2015年玉米现状种植比例(P)　(k) 2015年玉米优化种植比例(B)　(l) 2015年玉米优化种植比例(W)

图 8.2　3000 m × 3000 m 网格尺度下玉米种植比例优化前后的比较

P 代表现状，B 和 W 代表以经济效益最大化和节水效益最大化为目标的优化结果

减少 7%；而在 2011 年和 2012 年，整个灌区优化后的玉米种植比例要比现状分别增加 5% 和 6%。在玉米种植比例增加的年份，增加的玉米种植面积主要分布在磴口县，多年平均增加 21%；而在玉米种植比例下降的年份，减少的玉米种植面积主要分布在临河区，多年平均减少 13%。

以节水效益最大化为目标时，整个灌区优化后的玉米种植比例要显著低于现状，多年平均减少 17%；其中杭锦后旗、临河区和五原县玉米种植比例比现状有所下降，而磴口县则有所上升。从年际变化上来看，每一年整个灌区优化后的玉米种植比例均要小于现状。在玉米种植比例整体下降的情况下，减少的玉米种植面积主要分布在杭锦后旗和临河区，多年平均分别减少 26% 和 21%。

表 8.1　3000 m × 3000 m 网格尺度下玉米种植比例优化前后的比较　（单位：%）

区域	情景	2009 年	2010 年	2011 年	2012 年	2013 年	2014 年	2015 年	平均值
磴口县	现状	22	24	20	20	26	26	39	25
	效益最大	13	12	39	42	21	27	25	26
	节水最多	8	20	44	40	27	41	20	29
杭锦后旗	现状	30	52	46	39	61	44	45	45
	效益最大	37	43	49	45	38	37	36	41
	节水最多	12	5	32	36	9	17	19	19
临河区	现状	32	38	33	33	42	35	47	37
	效益最大	34	28	39	32	25	27	30	31
	节水最多	7	6	29	27	13	10	16	16
五原县	现状	27	14	19	17	22	17	24	20
	效益最大	16	16	22	26	26	23	28	22
	节水最多	5	8	15	19	8	5	18	11
河套灌区	现状	29	34	31	29	39	32	39	33
	效益最大	26	27	36	35	28	28	30	30
	节水最多	7	7	27	29	12	14	17	16

对比以经济效益和节水效益最大化为目标的玉米种植比例优化结果，以节水效益最大化为目标优化的整个灌区玉米种植比例要低于以经济效益最大化为目标的优化结果，尤其是在杭锦后旗和临河区，多年平均分别减少 21% 和 15%；而以节水效益最大化为目标优化的磴口县玉米种植比例要高于以经济效益最大化为目标的优化结果，多年平均增加 3%。

图 8.3 表示 3000 m × 3000 m 网格尺度下河套灌区向日葵种植比例分布现状和不同目标下优化结果的比较。从年内分布上来看，现状条件下 [图 8.3（a）、（d）、（g）和（j）]80% 像元的向日葵种植比例在 13%（10% 分位数）至 60%（90% 分位数）；其中五原县向日葵种植比例最大，多年平均值在 35%（10% 分位数）至 70%（90% 分位数）；其次为临河区，多年平均值在 13%（10% 分位数）至

49%（90% 分位数）；而杭锦后旗比例最小，多年平均值在 10%（10% 分位数）至 33%（90% 分位数）。在以经济效益最大化为目标的向日葵种植比例优化结果中 [图 8.3（b）、（c）、（h）和（k）]，依然是五原县和临河区的向日葵种植比例较高，多年平均值分别为 41% 和 36%；磴口县的向日葵种植比例最低，多年平均值为 31%；优化结果与现状分布比较一致。相比于同目标下玉米种植比例的优化结果（多年平均值在 22% ~ 41%），优化后的向日葵种植比例在不同县区之间差异较小（多年平均值在 31% ~ 41%）。在以节水效益最大化为目标

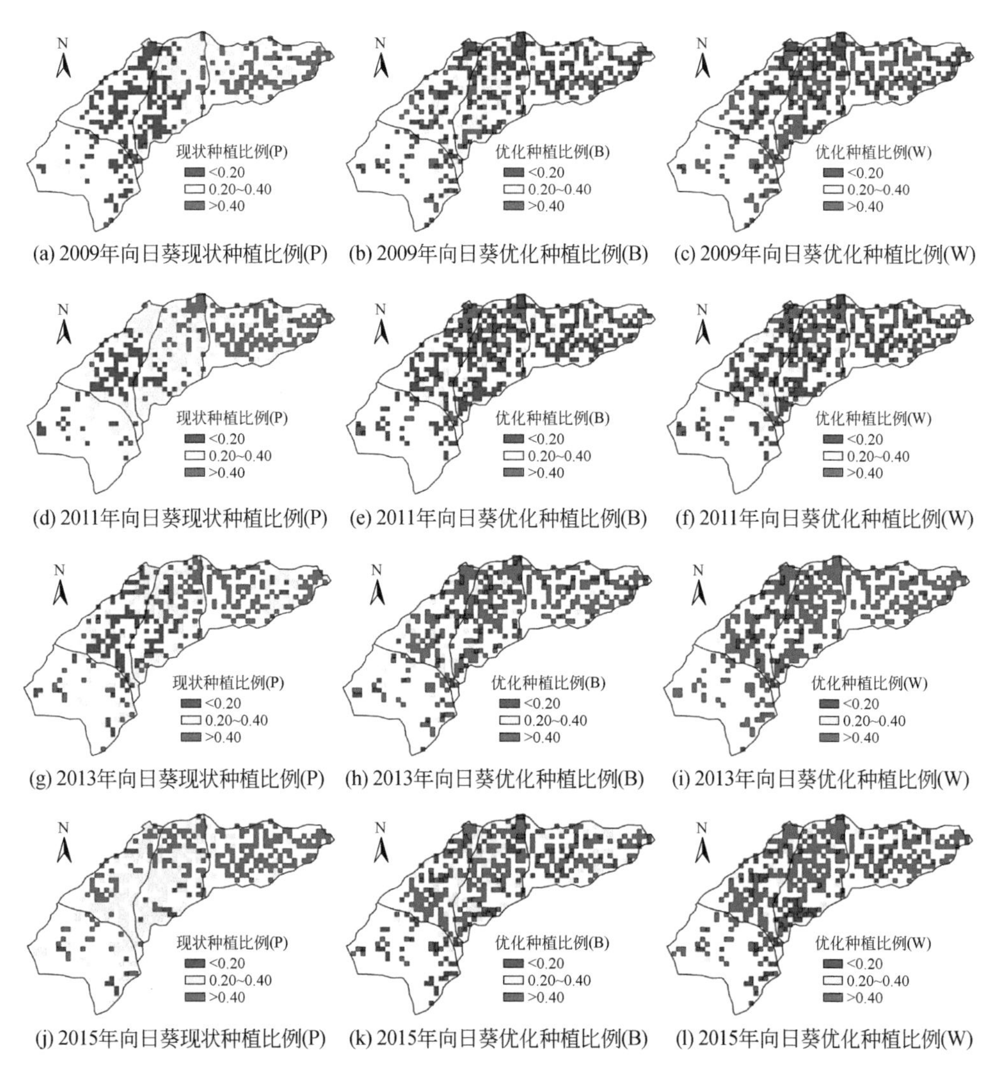

(a) 2009年向日葵现状种植比例(P)　(b) 2009年向日葵优化种植比例(B)　(c) 2009年向日葵优化种植比例(W)

(d) 2011年向日葵现状种植比例(P)　(e) 2011年向日葵优化种植比例(B)　(f) 2011年向日葵优化种植比例(W)

(g) 2013年向日葵现状种植比例(P)　(h) 2013年向日葵优化种植比例(B)　(i) 2013年向日葵优化种植比例(W)

(j) 2015年向日葵现状种植比例(P)　(k) 2015年向日葵优化种植比例(B)　(l) 2015年向日葵优化种植比例(W)

图 8.3　3000 m × 3000 m 网格尺度下向日葵种植比例优化前后的比较

P 代表现状，B 和 W 代表以经济效益最大化和节水效益最大化为目标的优化结果

的向日葵种植比例优化结果中 [图 8.3（c）、（f）、（i）和（l）]，优化后的整个灌区内四个县区向日葵种植比例均较高，多年平均值在 42%（杭锦后旗）至 50%（五原县）变化。相比于现状主要集中种植在五原县的向日葵，优化后的向日葵种植更加均匀地分布在整个灌区中。

从年际变化上来看，在现状种植条件下 [图 8.3（a）、（d）、（g）和（j）]，河套灌区 2014 年和 2015 年的向日葵种植比例最高，均为 41%；对于向日葵种植比例较高的五原县来说，2010 年和 2015 年的向日葵种植比例较高，分别为 58% 和 59%。在以经济效益最大化为目标的向日葵种植比例优化结果下 [图 8.3（b）、（e）、（h）和（l）]，河套灌区 2013 年和 2015 年的向日葵种植比例较高，分别为 46% 和 50%；对于优化后向日葵种植比例较大的五原县来说，2014 年和 2015 年的向日葵种植比例较高，分别为 50% 和 51%。在以节水效益最大化为目标的向日葵种植比例优化结果中 [图 8.3（c）、（f）、（i）和（l）]，河套灌区 2015 年的向日葵种植比例最高，为 57%；对于优化后向日葵种植比例较大的五原县来说，2014 年和 2015 年的向日葵种植比例较高，分别为 67% 和 58%。

3000 m × 3000 m 网格尺度下河套灌区和四个旗、县、区向日葵种植比例优化前后的比较见表 8.2。以经济效益最大化为目标时，河套灌区优化后的向日葵种植比例要高于现状，多年平均增加 3%；其中磴口县、杭锦后旗和临河区向日葵种植比例有所上升，而五原县则有所下降。从年际变化上来看，除 2011 年和 2012 年以外，灌区优化后的向日葵种植比例要高于现状，多年平均增加 7%；而在 2011 年和 2012 年，灌区优化后的向日葵种植比例要比现状均减少 6%。在向日葵种植比例上升的年份，增加的向日葵种植面积主要分布在杭锦后旗，多年平均增加 15%；而在向日葵种植比例下降的年份，减少的向日葵种植面积则主要分布在五原县，多年平均减少 12%。

表 8.2　3000 m × 3000 m 网格尺度下向日葵种植比例优化前后的比较（单位：%）

区域	情景	2009 年	2010 年	2011 年	2012 年	2013 年	2014 年	2015 年	平均值
磴口县	现状	13	23	21	26	30	28	32	25
	效益最大	31	35	20	24	42	33	33	31
	节水最多	42	59	24	25	57	46	49	43
杭锦后旗	现状	7	14	20	15	18	35	36	21
	效益最大	31	36	30	16	43	40	54	36
	节水最多	38	50	37	15	50	46	59	42

续表

区域	情景	2009 年	2010 年	2011 年	2012 年	2013 年	2014 年	2015 年	平均值
临河区	现状	24	30	32	24	33	40	34	31
	效益最大	28	37	27	13	46	49	53	36
	节水最多	35	56	33	15	54	56	58	44
五原县	现状	45	58	50	46	54	56	59	53
	效益最大	25	48	29	38	49	50	51	41
	节水最多	39	57	34	39	57	67	58	50
河套灌区	现状	26	33	33	28	35	41	41	34
	效益最大	28	40	28	22	46	45	50	37
	节水最多	38	55	34	23	54	55	57	45

以节水效益最大化为目标时，灌区优化后的向日葵种植比例要显著高于现状，多年平均增加 11%；其中磴口县、杭锦后旗和临河区向日葵种植比例有所上升，而五原县则有所下降。从年际变化上来看，除 2012 年以外，灌区优化后的向日葵种植比例要高于现状，多年平均增加 12%；而在 2012 年，灌区优化后的向日葵种植比例要比现状减少 5%。从年内变化来看，在向日葵种植比例上升的年份，增加的向日葵种植面积主要分布在磴口县和杭锦后旗，多年平均分别增加 18% 和 21%；而在向日葵种植比例下降的情况下，减少的向日葵种植面积主要分布在临河区和五原县，多年平均减少 9% 和 7%。

对比以经济效益和节水效益最大化为目标的向日葵种植比例优化结果，以节水效益最大化为目标优化的整个灌区向日葵种植比例要高于以经济效益最大化为目标的优化结果，多年平均高 8%；尤其是在磴口县和五原县，多年平均分别高 12% 和 9%。

8.3.3　300 m × 300 m 网格尺度下玉米和向日葵种植结构优化结果

图 8.4 表示 300 m × 300 m 网格尺度下河套灌区玉米种植比例分布现状和不同目标下优化结果的比较。从年内分布上来看，在现状条件下 [图 8.4（a）、（d）、（g）和（j）]，80% 像元的玉米种植比例在 5%（10% 分位数）至 75%（90% 分位数）；其中杭锦后旗的玉米种植比例最大，多年平均值在 12%（10% 分位数）至 79%（90% 分位数）；其次为临河区，多年平均值在 7%（10% 分位数）至

76%（90%分位数）；而五原县最小，多年平均值在3%（10%分位数）至62%（90%分位数）。在以经济效益最大化为目标的玉米种植比例优化结果中[图8.4（b）、（e）、（h）和（k）]，依然是杭锦后旗和临河区的玉米种植比例较高，多年平均值分别为44%和30%；五原县的玉米种植比例最低，多年平均值为19%，与种植现状下的分布比较一致。在以节水效益最大化为目标的玉米种植比例优化结果下[图8.4（d）、（f）、（i）和（l）]，优化后的磴口县玉米种植比例显著提高，多年平均值为24%，高于杭锦后旗（14%）和临河区（11%）；而五原县的玉米种植比例依然最低，多年平均值为6%。上述结果与3000 m × 3000 m网格尺度下玉米种植比例优化结果比较一致。

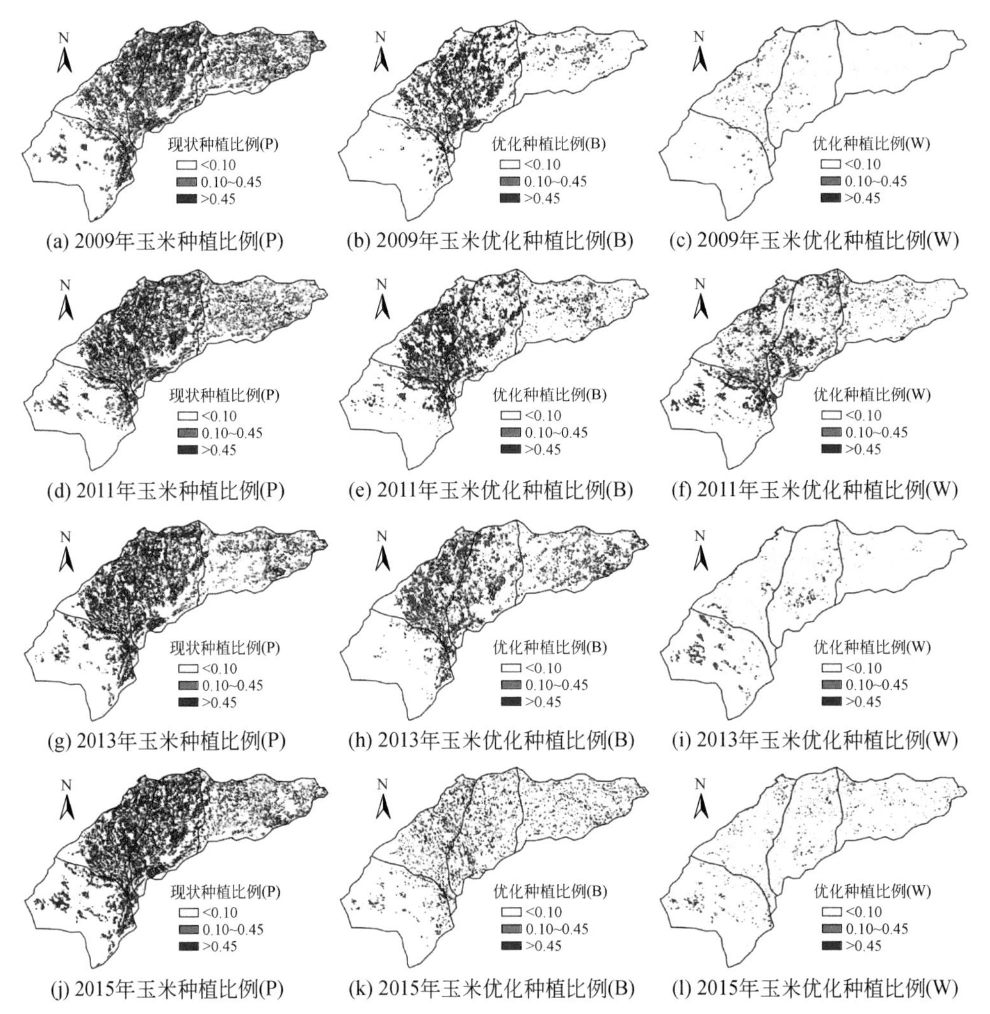

图8.4　300 m × 300 m网格尺度下玉米种植比例优化前后的比较

P代表现状，B和W代表以经济效益最大化和节水效益最大化为目标的优化结果从年际变化上来看，在现状种植条件下 [图 8.4（a）、（d）、（g）和（j）]，河套灌区 2013 年和 2015 年的玉米种植比例较高，分别为 45% 和 43%；对于玉米种植比例较大的杭锦后旗来说，2010 年和 2013 年的玉米种植比例较高，分别为 52% 和 60%。在以经济效益最大化为目标的玉米种植比例优化结果中 [图 8.4（b）、（e）、（h）和（k）]，河套灌区 2011 年和 2012 年的玉米种植比例较高，分别为 37% 和 38%；对于优化后玉米种植比例较大的杭锦后旗来说，2011 年和 2012 年的玉米种植比例较高，分别为 54% 和 55%。在以节水效益最大化为目标的玉米种植比例优化结果中 [图 8.4（d）、（f）、（i）和（l）]，河套灌区 2011 年和 2012 年的玉米种植比例较高，分别为 23% 和 30%；对于优化后玉米种植比例较大的磴口县来说，2011 年和 2014 年的玉米种植比例较高，分别为 46% 和 40%。

300 m × 300 m 网格尺度下河套灌区和四个县区多年玉米种植比例优化前后的比较见表 8.3。以经济效益最大化为目标时，优化后的灌区玉米种植比例要低于现状，多年平均减少 8%。从年际变化上来看，除 2011 年和 2012 年以外，优化后的灌区玉米种植比例要小于现状，多年平均减少 10%；而在 2011 年和 2012 年，优化后的灌区玉米种植比例要比现状分别增加 1% 和 5%。从空间分布来看，在玉米种植比例上升的年份，增加的玉米种植面积主要分布在磴口县和杭锦后旗，多年平均增加 16% 和 12%；而在玉米种植比例下降的年份，减少的玉米种植面积主要分布在临河区和五原县，多年平均减少 10% 和 8%。

表 8.3　300 m × 300 m 网格尺度下玉米种植比例优化前后的比较　（单位：%）

区域	情景	2009 年	2010 年	2011 年	2012 年	2013 年	2014 年	2015 年	平均值
磴口县	现状	25	32	27	28	34	33	43	32
	效益最大	12	9	39	47	15	34	23	26
	节水最多	3	20	46	39	8	40	16	24
杭锦后旗	现状	32	52	47	39	60	47	47	46
	效益最大	43	41	54	55	38	42	34	44
	节水最多	4	5	24	43	3	14	7	14
临河区	现状	34	42	37	36	46	40	48	40
	效益最大	36	25	37	37	22	24	28	30
	节水最多	2	6	25	30	3	6	7	11

续表

区域	情景	2009年	2010年	2011年	2012年	2013年	2014年	2015年	平均值
五原县	现状	30	21	24	24	30	26	32	27
	效益最大	9	16	20	16	22	20	27	19
	节水最多	1	8	10	12	1	4	9	6
河套灌区	现状	31	39	36	33	45	38	43	38
	效益最大	26	25	37	38	26	30	29	30
	节水最多	2	7	23	30	3	13	9	12

以节水效益最大化为目标时，优化后的灌区玉米种植比例要显著低于现状，多年平均减少 26%。从年际变化上来看，每一年优化后的整个灌区玉米种植比例均要小于现状，减少的玉米种植面积主要分布在杭锦后旗和临河区，多年平均分别减少 32% 和 29%。

对比以经济效益最大化和节水效益最大化为目标的玉米种植比例优化结果，以节水效益最大化为目标优化的灌区玉米种植比例要低于以经济效益最大化为目标的优化结果，多年平均少 18%；尤其是在杭锦后旗、临河区和五原县，多年平均分别少 30%、19% 和 13%。

图 8.5 表示 300 m × 300 m 网格尺度下河套灌区向日葵种植比例分布现状和不同目标下优化结果的比较。从年内分布上来看，在现状种植条件下 [图 8.5（a）、（d）、（g）和（j）]，80% 像元的向日葵种植比例在 4%（10% 分位数）至 78%（90% 分位数）。其中五原县的向日葵种植比例最大，多年平均值在 13%（10% 分位数）至 89%（90% 分位数）；其次为临河区，多年平均值在 4%（10% 分位数）至 72%（90% 分位数）；而杭锦后旗最小，多年平均值在 3%（10% 分位数）至 57%（90% 分位数）。在以经济效益最大化为目标的向日葵种植比例优化结果中 [图 8.5（b）、（e）、（h）和（k）]，依然是五原县和临河区的向日葵种植比例较高，多年平均值分别为 43% 和 38%；而磴口县的向日葵种植比例最低，多年平均值为 29%，与现状分布比较一致。在以节水效益最大化为目标的向日葵种植比例优化结果中 [图 8.5（c）、（f）、（i）和（l）]，优化后的灌区向日葵种植比例均较高，多年平均值在 43%（杭锦后旗）至 55%（五原县）变化。相比于现状条件下主要集中种植在五原县的向日葵，优化后的向日葵种植更加均匀地分布在整个灌区中，与 3000 m × 3000 m 网格尺度的优化结果一致。

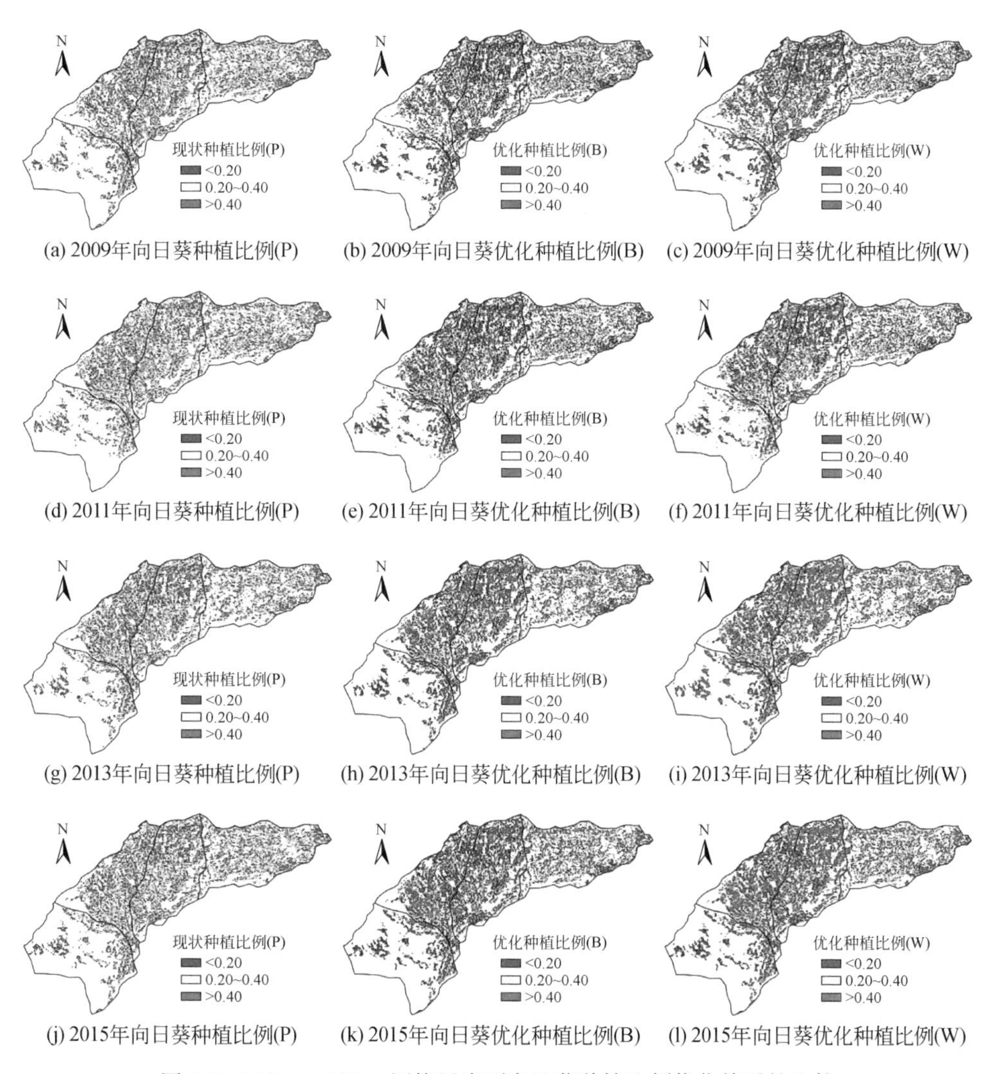

(a) 2009年向日葵种植比例(P)　(b) 2009年向日葵优化种植比例(B)　(c) 2009年向日葵优化种植比例(W)

(d) 2011年向日葵种植比例(P)　(e) 2011年向日葵优化种植比例(B)　(f) 2011年向日葵优化种植比例(W)

(g) 2013年向日葵种植比例(P)　(h) 2013年向日葵优化种植比例(B)　(i) 2013年向日葵优化种植比例(W)

(j) 2015年向日葵种植比例(P)　(k) 2015年向日葵优化种植比例(B)　(l) 2015年向日葵优化种植比例(W)

图 8.5　300 m × 300 m 网格尺度下向日葵种植比例优化前后的比较

P 代表现状，B 和 W 代表以经济效益最大化和节水效益最大化为目标的优化结果

从年际变化上来看，在现状种植条件下 [图 8.5（a）、（d）、（g）和（j）]，河套灌区 2014 年和 2015 年的向日葵种植比例较高，分别为 43% 和 42%；对于向日葵种植比例较高的五原县来说，2010 年和 2015 年的向日葵种植比例较高，分别为 58% 和 57%。以经济效益最大化为目标时 [图 8.5（b）、（e）、（h）和（k）]，河套灌区 2013 年和 2015 年的向日葵种植比例较高，分别为 48% 和 51%；对于优化后向日葵种植比例较大的五原县来说，2014 年和 2015 年的向日葵种植比例较高，分别为 55% 和 54%。以节水效益最大化为目标时 [图 8.5（c）、（f）、 （i）和（l）]，河套灌区 2013 年和 2015 年的向日葵种植比例较高，分别为 60% 和 64%；对于优化后向日葵种植比例较大的五原县来说，2014 年和 2015 年的向日葵种植比例较高，分别为 82% 和 71%。

300 m × 300 m 网格尺度下河套灌区和四个旗、县、区多年向日葵种植比例优化前后的比较见表 8.4。以经济效益最大化为目标时，优化后的灌区向日葵种植比例与现状持平；其中优化后的磴口县、杭锦后旗和临河区向日葵种植比例有所上升，而五原县则有所下降。从年际变化上来看，除 2009 年、2011 年和 2012 年以外，优化后的灌区向日葵种植比例要高于现状，多年平均增加 6%；而在 2009 年、2011 年和 2012 年，优化后的灌区向日葵种植比例要比现状多年平均减少 6%。从年内变化来看，在向日葵种植比例上升的年份，主要增加杭锦后旗的向日葵种植比例，多年平均增加 14%；而在向日葵种植比例下降的年份，则主要减少五原县的向日葵种植，多年平均减少 10%。

表 8.4　300 m × 300 m 网格尺度下向日葵种植比例优化前后的比较　（单位：%）

区域	情景	2009 年	2010 年	2011 年	2012 年	2013 年	2014 年	2015 年	平均值
磴口县	现状	16	27	24	29	34	33	35	28
	效益最大	30	35	17	24	41	23	31	29
	节水最多	48	59	28	26	66	49	49	46
杭锦后旗	现状	13	20	24	19	24	37	37	25
	效益最大	31	39	28	11	48	39	55	36
	节水最多	45	50	39	12	53	40	62	43
临河区	现状	27	34	34	25	36	42	36	34
	效益最大	27	42	28	10	52	52	55	38
	节水最多	44	56	38	10	62	58	66	48
五原县	现状	46	58	51	47	55	56	57	53
	效益最大	26	47	31	39	49	55	54	43
	节水最多	35	57	38	39	61	82	71	55
河套灌区	现状	30	38	35	30	38	43	42	37
	效益最大	28	42	28	20	48	45	51	37
	节水最多	42	55	37	21	60	57	64	48

以节水效益最大化为目标时，优化后的灌区向日葵种植比例要显著高于现状，多年平均增加 11%。从年际变化上来看，除 2012 年以外，优化后的灌区向日葵种植比例要高于现状，多年平均增加 15%；而在 2012 年，优化后的整个灌区向日葵种植比例要比现状减少 9%。从空间分布来看，在向日葵种植比例上升的年份，增加的向日葵种植面积主要分布在磴口县和杭锦后旗，多年平均增加 18%；而在向日葵种植比例下降的情况下，减少的向日葵种植面积主要分布在临河区，多年平均减少 15%。

对比以经济效益和节水效益最大化为目标的向日葵种植比例优化结果，以节水效益最大化为目标优化的灌区向日葵种植比例要高于以经济效益最大化为目标的优化结果，多年平均高 11%；尤其是在磴口县和五原县，多年平均分别高 17% 和 12%。

综上所述，在不同优化尺度下，以经济效益和节水效益最大化为目标优化得到的灌区玉米种植比例多年平均有所下降，而向日葵种植比例多年平均则有所提升，只有个别年份（2011 年和 2012 年）优化后的玉米种植比例大于现状，而优化后的向日葵种植比例小于现状，主要受灌区玉米和向日葵价格及生育期内耗水量差异影响。对于玉米来说，在种植比例增加的年份，增加的玉米种植面积主要分布在磴口县，在种植比例减少的年份，减少的玉米种植面积主要分布在杭锦后旗和临河区；对于向日葵来说，在种植比例增加的年份，增加的向日葵种植面积主要分布在磴口县和杭锦后旗，在种植比例减少的年份，减少的向日葵种植面积主要分布在五原县。优化网格尺度越小，上述玉米和向日葵种植比例的变化量越大。以经济效益最大化为目标优化的灌区玉米和向日葵总种植比例与现状持平，而以节水效益最大化为目标优化的灌区玉米和向日葵总种植比例要略小于现状，主要原因是杭锦后旗和临河区的玉米种植大量减少。

8.3.4　作物种植结构优化前后灌区经济效益及作物耗水量的比较

图 8.6 表示县级、3000 m×3000 m 和 300 m×300 m 网格尺度下灌区经济效益（元 /hm^2）在种植结构优化（以经济效益为目标）前后的比较。对于不同优化尺度来说，作物种植结构优化后县级、3000 m×3000 m 和 300 m×300 m 网格尺度下灌区种植作物净收入分别提升 549 元 /hm^2、1242 元 /hm^2 和 1677 元 /hm^2，其中，3000 m×3000 m 像元优化尺度下的灌区净收入的提升比县级尺度下高 126%，而 300 m×300 m 像元优化尺度下的灌区净收入的提升比县级尺度下高 205%，但比 3000 m×3000 m 网格尺度下只高 35%。由此说明，优化尺度越小，其对灌区净

收入的提升效果越显著，网格尺度下的灌区净收入的提升效果要明显优于县级尺度，而不同大小网格尺度的提升效果差异相对较小。从年际变化上来看，县级尺度下灌区作物净收入提升最大的年份是 2013 年，提升绝对值为 1215 元 /hm^2，相对值为 9%；3000 m × 3000 m 和 300 m × 300 m 网格尺度下灌区作物净收入提升最大的年份均是 2009 年，提升绝对值分别为 1942 元 /hm^2 和 2333 元 /hm^2，提升相对值分别为 19% 和 22%。

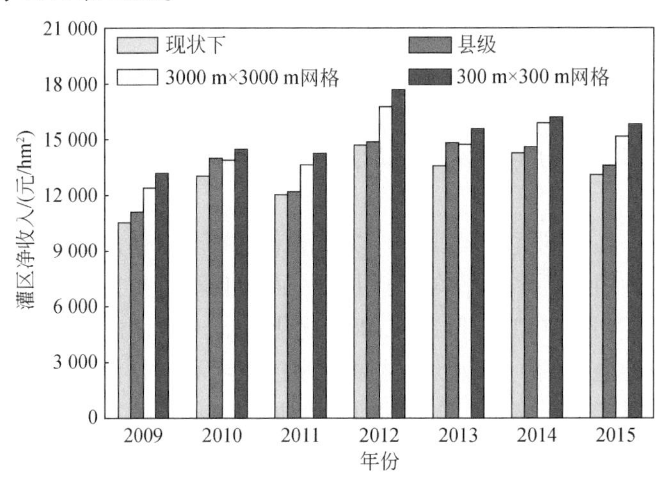

图 8.6　不同尺度下作物种植结构优化前后灌区净收入与现状的比较

以经济效益为目标

图 8.7 表示县级、3000 m × 3000 m 和 300 m × 300 m 网格尺度下以节水效益最大化为目标的种植结构优化前后灌区玉米和向日葵生育期内耗水量与现状的比较。对于不同优化尺度来说，作物种植结构优化后县级、3000 m × 3000 m 和 300 m × 300 m 网格尺度下灌区玉米和向日葵生育期内总耗水量分别降低 0.55 亿 m^3、1.64 亿 m^3 和 2.11 亿 m^3，其中，3000 m × 3000 m 像元优化尺度下降低的灌区作物生育期内耗水量是县级尺度下的 297%，而 300 m × 300 m 像元优化尺度下降低的灌区作物生育期内耗水量是县级尺度下的 383%，但只是 3000 m × 3000 m 网格尺度下的 129%。由此说明，优化尺度越小，其对灌区作物生育期内耗水量的降低效果越显著，网格尺度下的灌区作物生育期内耗水量的降低效果要明显优于县级尺度，而不同大小网格尺度的降低效果差异不是很大。从年际变化上来看，县级尺度下灌区作物生育期内耗水量降低最大的年份是 2013 年，降低绝对值为 1.14 亿 m^3，相对值为 10%；3000 m × 3000 m 和 300 m × 300 m 网格尺度下的灌区作物生育期内耗水量降低最大的年份均是 2009 年，降低绝对值分别为 2.47 亿 m^3 和 2.92 亿 m^3，降低相对值分别为 23% 和 27%。

综上所述，空间优化尺度越小，对灌区净收入的提升效果和灌区作物生育期

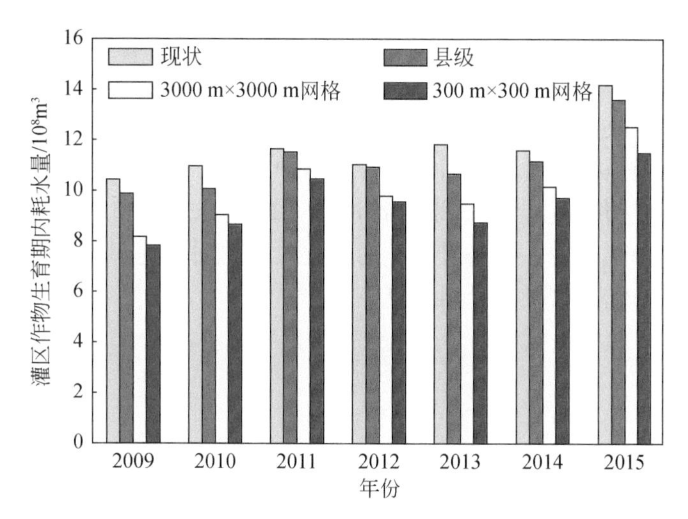

图 8.7　不同尺度下作物种植结构优化前后灌区作物生育期内耗水量与现状的比较

以节水为目标

内耗水量的降低效果越显著，网格尺度下的优化效果要明显优于县级尺度，而不同大小网格尺度下的优化效果差异不是很大。

8.4　小　　结

基于第 5 章 ~ 第 7 章的研究结果，分别以经济效益和节水效益最大化为目标，建立了两种作物种植结构优化模型，并设置了三种空间优化尺度（县级、3000 m × 3000 m 和 300 m × 300 m 网格尺度），对 2009 ~ 2015 年河套灌区内四个县区的玉米和向日葵种植结构进行优化，主要结论如下。

（1）在不同优化尺度下，以经济效益和节水效益最大化为目标优化的灌区玉米种植比例多年平均有所下降，而向日葵种植比例多年平均则有所提升，只有个别年份（2011 年和 2012 年）优化后的玉米种植比例大于现状，而优化后的向日葵种植比例小于现状，主要受灌区玉米和向日葵价格及生育期内耗水量差异影响。

（2）对于玉米来说，在种植比例增加的年份，增加的玉米种植面积主要分布在磴口县，在种植比例减少的年份，减少的玉米种植面积主要分布在杭锦后旗和临河区；对于向日葵来说，在种植比例增加的年份，增加的向日葵种植面积主要分布在磴口县和杭锦后旗，在种植比例减少的年份，减少的向日葵种植面积主要分布在五原县。优化网格尺度越小，上述玉米和向日葵种植比例的变化量越大。

（3）以经济效益最大化为目标优化的灌区玉米和向日葵总种植比例与现状持平，而以节水效益最大化为目标优化的灌区玉米和向日葵总种植比例要略小于现状，主要原因是杭锦后旗和临河区的玉米种植大量减少。

（4）空间优化尺度越小，对灌区净收入的提升效果和灌区作物生育期内耗水量的降低效果越显著，网格尺度下的优化效果要明显优于县级尺度，而不同大小网格尺度下的优化效果差异相对较小。

第 9 章　总结与展望

9.1　主要研究成果

在全球农田灌溉水量不断减少并且粮食需求不断扩大的大背景下，以中国干旱区最大的灌区——内蒙古河套灌区作为典型区，将遥感数据和田间调查、实测数据相结合，建立了区域蒸散发模型、作物分布识别与估产模型，揭示了典型干旱区灌区主要作物空间分布、作物产量与作物生育期内耗水量的时空变化规律，在此基础上对灌区灌溉水利用效率及主要作物水分生产率、种植适宜度进行评价，并进一步分别以经济效益最大化和节水量最大化为目标在不同空间尺度（县级、3000 m 和 300 m 网格尺度）下对灌区主要作物种植分布进行优化，为干旱区灌区水土资源合理利用提供技术支撑。

9.1.1　混合双源遥感蒸散发模型 HTEM

建立了基于混合双源蒸散发模式和植被指数 – 温度梯形特征空间的陆面遥感蒸散发模型 HTEM。该模型拥有两个主要的优点：一是其混合双源模式使得模型能够模拟各种下垫面植被覆盖状况，并更好地区分土壤蒸发与植被蒸腾过程；二是其植被指数 – 地表温度梯形特征空间的确定并没有使用传统的基于遥感信息的经验确定方法，而是采用了从理论上推导出的极限干湿状态，从而避免了前人研究中确定特征空间时的主观性与不确定性。

利用中国和美国三个研究区的通量观测资料对 HTEM 的模拟效果进行了验证，包括两个农田生态系统和一个灌木林生态系统。结果表明在不同的生态系统中，模型估算蒸散发的精度都是令人满意的；同时，该模型还能够较好地区分土壤蒸发与植被蒸腾过程。

9.1.2 河套灌区蒸散发时空变化规律

利用两种双源蒸散发模型（TSEB 模型和 HTEM 模型），结合 MODIS 遥感数据对河套灌区 2003 ~ 2012 年作物主要生育期（4 ~ 10 月）的蒸散发过程进行了计算，从点尺度和区域尺度对两个模型的模拟结果进行对比分析。结果表明：

（1）HTEM 模型较 TSEB 模型在河套灌区具有更高的精度。在试验站点尺度上，HTEM 模型的均方根误差为 0.52 mm/d；区域尺度上，作物生育期内 HTEM 模型的均方根误差为 26.2 mm。

（2）TSEB 模型和 HTEM 模型模拟得到的研究区农田生育期内蒸散发多年平均值分别为 647 mm 和 617 mm；而蒸腾量分别为 376 mm 和 298 mm，分别占蒸散发量的 58% 和 48%。2003 ~ 2012 年河套灌区内灌溉地蒸散发量基本保持在一个较稳定的水平，说明灌区节水改造并未对灌溉地作物的生长产生明显影响。

（3）研究区内除农田外的其他土地利用类型中，水体的蒸散发量最大，戈壁的蒸散发量最小。灌溉草地蒸散发量仅次于水体，沼泽、林地和非灌溉草地蒸散发量相近。非灌溉草地耗水受节水改造工程影响最大。

9.1.3 河套灌区灌溉用水效率评价

提出了基于遥感蒸散发的干旱区灌区灌溉水有效利用系数评价方法。这一指标具有明确的物理意义，直接采用灌溉地消耗的灌溉水量作为灌溉水有效利用量，可以通过遥感蒸散发模型进行较为准确的估算，具有较强的可操作性。与传统的灌溉水利用系数相比，灌溉水有效利用系数可以有效地规避其中难以准确估算的部分，可以方便地应用于灌区不同的尺度。

将以上方法应用于河套灌区，利用 HTEM 模型计算得到河套灌区 2003 ~ 2012 年生育期（4 ~ 10 月）蒸散发量，结合降水数据和引水量数据，计算了基于净引水量和总引水量的两种灌溉水有效利用系数 η_N 和 η_I 的动态变化。建立了基于净引水量的灌溉水有效利用系数 η_N 的估算模型。结果表明，η_N 在 10 年间有增大的趋势；并且 η_N 随降水量的增加有减小的趋势，而随净引水量的减小有增加的趋势。从 η_N 经验估算模型中可以看出，减少供水对 η_N 的影响要大于灌区节水改造工程对 η_N 的影响。这也从另一方面表明，正是得益于灌区的节水改造，才使得在引水量减少的情况下可以保证灌溉地的蒸散发量能够维持在一个较稳定的水平，为灌溉作物的正常生长提供水量保证。

9.1.4 河套灌区主要作物分布遥感识别

利用 HJ-1A/1B 卫星 CCD 影像数据反演得到的空间分辨率为 30 m × 30 m 的 NDVI 时间序列，建立了基于植被指数与物候指数特征空间的作物识别模型，对 2009~2015 年河套灌区内四个旗、县、区的玉米和向日葵种植分布进行识别，得到以下主要结论。

（1）利用非对称逻辑曲线拟合得到的 NDVI 曲线能够较好地反映研究区内玉米和向日葵的物候过程，并且通过对比发现，两种作物 NDVI 拟合曲线的差异主要存在于 NDVI 上升阶段。

（2）以 NDVI 曲线左拐点 NDVI 值（NDVI_inf_1）作为植被指数特征值、以曲线左拐点与 NDVI 最大值点对应的物候期长度（FGP）为物候指数特征值、以草地像元特征值均值进行标准化的特征椭圆识别效果最优。对验证点来说，识别模型的 Kappa 系数达到 0.62，总体精度达到 70% 以上；相对于统计面积而言，整个灌区的相对误差小于 15%；对于机缘小区玉米和向日葵识别的相对误差也小于 25%。

（3）玉米主要分布在杭锦后旗和临河区，而向日葵集中分布在五原县。近年来玉米和向日葵种植面积都呈现增加的趋势，尤其是向日葵种植区域逐渐从五原县扩大到杭锦后旗和临河区的北部，作物种植分布变化与当地的经济政策相吻合。

9.1.5 河套灌区主要作物遥感估产

利用随机森林（RF）算法，建立了基于植被指数与物候指数的作物估产模型，并设置 8 组模型输入，对 2009 ~ 2015 年河套灌区内四个县区的玉米和向日葵产量进行估算，利用像元尺度的产量实测数据对模型进行率定，利用分县区的产量统计数据对模型进行验证，得到以下主要结论。

（1）在每种作物的 8 个估产模型中，玉米的最优估产模型为第 120 天 ~ 第 210 天（作物开始生长—收获前 50 天）、时间间隔为 10d 的 NDVI 时间序列（模型 5），而向日葵的最优估产模型为 NDVI 特征值和作物物候特征值的组合（模型 8）。

（2）RF 估产模型可以较为准确地估算区域作物产量的多年空间分布，在本研究区内，玉米最优估产模型的均方根误差和相对误差分别为 0.93 t/hm^2 和 8.3%，而向日葵的则分别为 0.34 t/hm^2 和 2.4%。

（3）玉米和向日葵产量均可用作物开始生长到收获前 50 天的 NDVI 时间序

列进行较好地估算，为作物收获前进行产量预测提供了可能。

（4）从区域分布来看，杭锦后旗玉米产量较高，而五原县向日葵产量较高，作物产量空间分布规律与当前作物种植分布比较一致。

9.1.6 河套灌区主要作物水分生产率和种植适宜度评价

在河套灌区作物分布识别、作物产量估算与作物耗水估算的基础上，进一步对 30 m 像元尺度下河套灌区作物水分生产率的时空变化进行估算，并基于作物水分生产率的频率分布构建作物种植适宜度指数，进而对灌区玉米和向日葵的种植适宜度进行评价，得到以下主要结论。

（1）以 HJ-1A/1B 卫星数据作为输入，在田间和区域尺度上，HTEM 模型均可对研究区内 ET 进行较为准确估算。估算结果表明，灌区玉米和向日葵生育期内 ET 在 2009 ～ 2015 年略呈下降趋势，而 T/ET 却呈上升趋势。

（2）磴口县玉米和向日葵的水分生产率要明显大于其他三个县区；在其他三个县区中，杭锦后旗玉米的水分生产率较大，而五原县向日葵的水分生产率较大；灌区玉米和向日葵水分生产率的平均值均在 2013 年达到最大值，分别为 2.41 kg/m^3 和 0.97 kg/m^3，在 2009 年和 2012 年均达到最小值，分别为 2.01 kg/m^3 和 0.721 g/m^3。

（3）玉米和向日葵水分生产率的频率分布均接近正态分布，80% 玉米像元的水分生产率分布在 1.90 ～ 2.50 kg/m^3，而 80% 向日葵像元的水分生产率分布在 0.70 ～ 1.00 kg/m^3；2009 ～ 2015 年，玉米和向日葵水分生产率的空间分布差异在逐渐减小，尤其是玉米。

（4）根据作物种植适宜度评价结果，玉米主要适宜种植在磴口县和杭锦后旗，而向日葵主要适宜种植在临河区和五原县，这与当前的灌区内主要作物种植分布比较一致。

（5）基于作物种植适宜度对不同作物总种植面积下的灌区玉米和向日葵种植分布进行优化，随着作物总种植面积的不断增加，玉米种植比例呈下降趋势（52.6% ～ 48.3%），而向日葵呈上升趋势（47.4% ～ 51.7%）。

（6）对不同年份作物种植分布现状和优化后的玉米和向日葵像元生育期内耗水量及产量平均值进行对比分析，作物种植分布优化后可以起到一定的节水和增产效果。具体来说，玉米和向日葵产量在作物种植分布优化后均呈上升趋势，玉米生育期内耗水量呈下降趋势，而向日葵生育期内耗水量则呈轻微上升趋势。

9.1.7 河套灌区主要作物种植结构空间优化

分别以经济效益和节水效益最大化为目标，建立了两种作物种植结构优化模型，并设置三种空间优化尺度（县级、3000 m×3000 m 和 300 m×300 m 网格尺度），对 2009 ~ 2015 年河套灌区内四个旗、县、区的玉米和向日葵种植结构进行优化，得到以下结论。

（1）在不同优化尺度下，以经济效益和节水效益最大化为目标优化得到的灌区玉米种植比例多年平均有所下降，而向日葵种植比例多年平均则有所提升；只有个别年份（2011 年和 2012 年）优化后的玉米种植比例大于现状，而优化后的向日葵种植比例小于现状，主要受灌区玉米和向日葵价格及生育期内耗水量差异影响。

（2）对于玉米来说，在种植比例增加的年份，主要增加磴口县的玉米种植，在种植比例减少的年份，则主要减少杭锦后旗和临河区的玉米种植；对于向日葵来说，在种植比例增加的年份，主要增加磴口县和杭锦后旗的向日葵种植，在种植比例减少的年份，则主要减少五原县的向日葵种植。优化网格尺度越小，上述玉米和向日葵种植比例的变化量越大。

（3）以经济效益最大化为目标优化的灌区玉米和向日葵总种植比例与现状持平，而以节水效益最大化为目标优化的灌区玉米和向日葵总种植比例要略小于现状，主要原因是杭锦后旗和临河区的玉米种植大量减少。

（4）空间优化尺度越小，对灌区净收入的提升效果和灌区作物生育期内总耗水量的降低效果越显著，网格尺度下的优化效果要明显优于县级尺度，而不同大小网格尺度下的优化效果差异相对较小。

9.2 研究中的不足与展望

随着遥感技术的发展，遥感数据的时空分辨率不断提高，遥感信息在区域尺度蒸散发计算、作物分布识别及估产等领域的应用越来越广泛，计算精度也不断提高。近年来，人们在农业用水效率的遥感评价方面已经开展了较为系统的研究工作，取得了一定的研究进展。但由于各方面的条件所限，有关研究工作还需要进一步深入。

（1） 遥感蒸散发模型是区域蒸散发研究的一种重要方法，目前已建立了各种各样的遥感蒸散发模型，未来遥感蒸散发研究中应进一步考虑地形及能量平流的影响，同时考虑地面气象观测较少情况下蒸散发的准确估算问题。

对于地形起伏的地区，由于坡向、坡度等因子的影响，其表面所接收到的光照和水分条件会出现较大的差异。这种环境因子的差异极有可能导致不同的植被覆盖状况，造成在较小的地理范围内出现较大的植被覆盖差异。因此，在蒸散发模型中考虑地形对气象及水分因子的影响是蒸散发模型发展的一个重要方面。

下垫面地形及植被的非均质性会导致能量在水平方向上的平流交换，但目前多数蒸散发模型缺乏对于能量平流的描述。需要考虑干旱区农田、稀疏植被、裸地等土地利用类型相间分布的特点，考虑水平方向上的能量交换，建立更适合非均匀下垫面并具有较强物理基础的遥感蒸散发模型。

一般情况下地面气象观测是在标准的气象观测场（草地）上进行的，其观测结果难以代表其他类型的下垫面。特别是一些地区地面气象观测站网稀疏，无法准确反映气象要素的时空变化。在这种情况下，充分利用遥感信息、减少对地面观测的依赖是遥感蒸散发模型发展中需要考虑的一个重要问题。

（2）利用遥感信息及相关的地面信息计算得到的蒸散发速率是卫星过境时刻的瞬时蒸散发速率。为得到日内或更长时段内蒸散发的动态变化，需要选择合适的升尺度方法。在瞬时蒸散发到日蒸散发的升尺度方法中，参考蒸散发比法对于植被生长期有比较好的适用性；而在日蒸散发量的插值方法中，日参考蒸散发比、日蒸发比插值法比较简单实用，但如何选择合适的插值方法还需要进一步探讨，插值中特别要注意时段内灌溉或降雨引起土壤含水量突变情况的处理。

（3）根据灌区遥感蒸散发计算结果，进一步估算灌溉农田蒸散发中消耗的灌溉水量，可以对灌区灌溉水利用效率进行定量评价。如何准确估算农田蒸散发中灌溉水的有效消耗量，是基于遥感蒸散发的灌区灌溉水利用效率评价中需要进一步深入研究的问题。

（4）在作物识别方法中，针对复杂种植结构的亚像元方法还有待进一步发展，能适应复杂种植结构并且适用于多年的作物分布遥感识别模型是未来研究中亟须解决的关键问题。

（5）作物产量受诸多自然、人为因素的影响，从相关的遥感信息及地面气象等信息中筛选出影响作物产量的主要因素，建立精度较高、可操作性强的遥感估产模型是遥感估产领域需要进一步研究的内容，特别是能够根据作物生长前期信息对作物产量进行预测的模型。

（6）作物播种前期的土壤水分和盐分含量对作物种植适宜度具有重要影响，但主要作物种植适宜度对不同影响因素的响应特征研究还不够深入。未来应结合土壤水分和盐分含量时空分布的实地调查与遥感反演，进一步分析作物种植适宜度与其影响因素之间的相互关系，为作物种植分布优化提供基础。

参考文献

操信春，吴普特，王玉宝，等．2012. 中国灌区水分生产率及其时空差异分析．农业工程学报，28（13）：1-7.

陈鹤，杨大文，吕华芳．2013. 不同作物类型下蒸散发时间尺度扩展方法对比．农业工程学报，29（6）：73-81.

陈兆波．2008. 基于水资源高效利用的塔里木河流域农业种植结构优化研究．北京：中国农业科学院．

戴佳信，史海滨，田德龙，等．2011. 内蒙古河套灌区主要粮油作物系数的确定．灌溉排水学报，30（3）：23-27.

高明杰．2005. 区域节水型种植结构优化研究．北京：中国农业科学院．

郭元裕．1997. 农田水利学．北京：中国水利水电出版社．

韩松俊，刘群昌，王少丽，等．2010. 作物水分敏感指数累积函数的改进及其验证．农业工程学报，26（6）：83-88.

郝远远．2015. 内蒙古河套灌区水文过程模拟与作物水分生产率评估．北京：中国农业大学．

何奇瑾，周广胜．2011. 我国夏玉米潜在种植分布区的气候适宜性研究．地理学报，66（11）：1443-1450.

蒋磊．2016. 干旱区灌区尺度灌溉及作物水分利用效率遥感评价方法．北京：清华大学．

蒋磊，尚松浩，杨雨亭，等．2019. 基于遥感蒸散发的区域作物估产方法．农业工程学报，35（14）：90-97.

蒋磊，杨雨亭，尚松浩．2013. 基于遥感蒸发模型的干旱区灌区灌溉效率评价．农业工程学报，29（20）：95-101.

金林雪，李云鹏，李丹，等．2018. 气候变化背景下内蒙古马铃薯关键生长期气候适宜性分析．中国生态农业学报，26（1）：38-48.

雷慧闽．2011. 华北平原大型灌区生态水文机理与模型研究．北京：清华大学．

雷慧闽，蔡建峰，杨大文，等．2012. 黄河下游大型引黄灌区蒸散发长期变化特征．水利水电科技进展，32（1）：13-17.

雷志栋，胡和平，杨诗秀，等．1999. 以土壤水为中心的农区—非农区水均衡模型．灌溉排水，1999，18（2）：47-51.

李秀彬．1999. 中国近 20 年来耕地面积的变化及其政策启示．自然资源学报，4（4）：329-333.

李远华，赵金河，张思菊，等．2001. 水分生产率计算方法及其应用．中国水利，（8）：65-66.

李泽鸣．2014. 基于 HJ-1A/1B 数据的内蒙古河套灌区真实节水潜力分析．呼和浩特：内蒙古农业大学．

刘纪远，张增祥，庄大方，等．2003. 20 世纪 90 年代中国土地利用变化时空特征及其成因分析．

地理研究，22（1）：1-12.
马润佳．2017. 我国作物主要种植区气候生产潜力及种植适宜性分析．南京：南京信息工程大学．
彭聪聪．2016. 黑河中游绿洲作物耗水时空格局优化．北京：中国农业大学．
彭致功，刘钰，许迪，等．2014. 基于 RS 数据和 GIS 方法的冬小麦水分生产函数估算．农业机械学报，45（8）：167-171.
齐泓玮，尚松浩，李江．2020. 中国水资源空间不均匀性定量评价．水力发电学报，39（6）：28-38.
尚松浩．2018. 基于水旱灾害的中国农业水安全情势评价．华北水利水电大学学报（自然科学版），39（1）：10-14.
尚松浩，蒋磊，杨雨亭．2015. 基于遥感的农业用水效率评价方法研究进展．农业机械学报，46（10）：81-92.
王国华，赵文智．2011. 遥感技术估算干旱区蒸散发研究进展．地球科学进展，26（8）：848-858.
王俊淑，江南，张国明，等．2015. 高光谱遥感图像 DE-self-training 半监督分类算法．农业机械学报，46（5）：239-244.
王雷明．2017. 水资源约束条件下的农业种植结构优化研究——以河套灌区为例．杨陵：西北农林科技大学．
王丽，李阳煦，王培法，等．2016. 基于生态位和模糊数学的冬小麦适宜性评价．生态学报，36（14）：4465-4474.
王仰仁，雷志栋，杨诗秀．1997. 冬小麦水分敏感指数累积函数研究．水利学报，（5）：29-36.
谢国雪，曾志康，李宇翔，等．2017. 基于地块单元的甘蔗种植适宜性评价．南方农业学报，48（2）：361-367.
熊彪，江万寿，李乐林．2011. 基于高斯混合模型的遥感影像有指导非监督分类方法．武汉大学学报：信息科学版，36（1）：108-112.
徐万林，粟晓玲．2010. 基于作物种植结构优化的农业节水潜力分析——以武威市凉州区为例．干旱地区农业研究，28（5）：161-165.
薛景元．2018. 干旱地下水浅埋区基于水盐过程的多尺度农业水分生产力模型与模拟．北京：中国农业大学．
于兵．2019. 作物水分生产率及种植适宜度的遥感评价方法．北京：清华大学．
张帆，郭萍，李茉．2016. 基于双区间两阶段随机规划的黑河中游主要农作物种植结构优化．中国农业大学学报，21（11）：109-116.
张恒嘉．2009. 几种大田作物水分 - 产量模型及其应用．中国生态农业学报，17（5）：997-1001.
张洪嘉．2013. 农业水资源高效利用角度下新疆干旱区种植业结构优化研究．乌鲁木齐：新疆农业大学．
张智韬，刘俊民，陈俊英，等．2011. 基于遥感和蚁群算法的多目标种植结构优化．排灌机械工程学报，29（2）：149-154.
赵永亮，邢建国，王东胜，等．2004. 内蒙古河套灌区义长灌域渠系组成现状调查分析及对节水工程建设的建议．内蒙古水利，（1）：110-111.
中华人民共和国水利部．2020. 2019 年中国水资源公报．http://www.mwr.gov.cn/sj/tjgb/szygb/

202008/t20200803_1430726.html.[2020-9-1]

周智伟，尚松浩，雷志栋. 2003. 冬小麦水肥生产函数的 Jensen 模型和人工神经网络模型及其应用. 水科学进展, 14（3）: 280-284.

Agam N, Kustas W P, Anderson M C, et al. 2010. Application of the Priestley-Taylor approach in a two-source surface energy balance model. Journal of Hydrometeorology, 11（1）: 185-198.

Ahmad M, Turral H, Nazeer A. 2009. Diagnosing irrigation performance and water productivity through satellite remote sensing and secondary data in a large irrigation system of Pakistan. Agricultural Water Management, 96（4）: 551-564.

Alfieri J, Kustas W P, Prueger J H et al. 2011. Intercomparison of nine micrometeorological stations during the BEAREX08 field campaign. Journal of Atmosphereic and Oceanic Technology, 28: 1390-1406.

Ali M H, Talukder M S U. 2008. Increasing water productivity in crop production—A synthesis. Agricultural Water Management, 95: 1201-1213.

Allen R G, Pereira L S, Raes D, et al. 1998. Crop evapotranspiration: Guidelines for computing crop water requirements. Rome: FAO.

Allen R G, Tasumi M, Trezza R. 2007. Satellite-based energy balance for mapping evapotranspiration with internalized calibration （METRIC）—model. Journal of Irrigation and Drainage Engineering, 133: 380-394.

Anderson M C, Kustas W P, Norman J M, et al. 2011. Mapping daily evapotranspiration at field to continental scales using geostationary and polar orbiting satellite imagery. Hydrology and Earth System Sciences, 15: 223-239.

Anderson M C, Neale C M U, Li F, et al. 2004. Upscaling ground observations of vegetation water content, canopy height, and leaf area index during SMEX02 using aircraft and Landsat imagery. Remote Sensing of Environment, 92（4）: 447-464.

Anderson M C, Norman J M, Diak G R, et al. 1997. A two-source time-integrated model for estimating surface fluxes using thermal infrared remote sensing. Remote Sensing of Environment, 60（2）: 195-216.

Anderson M C, Norman J M, Kustas W P, et al. 2005. Effects of vegetation clumping on two-source model estimates of surface energy fluxes from an agricultural landscape during SMACEX. Journal of Hydrometeorology, 6（6）: 892-909.

Anderson M C, Norman J M, Mecikalski J R, et al. 2007. A climatological study of evapotranspiration and moisture stress across the continental United States based on thermal remote sensing: 1. Model formulation. Journal of Geophysical Research: Atmospheres, 112: D10117.

Balaghi R, Tychon B, Eerens H, et al. 2008. Empirical regression models using NDVI, rainfall and temperature data for the early prediction of wheat grain yields in Morocco. International Journal of Applied Earth Observation and Geoinformation, 10: 438-452.

Baldocchi D D. 2003. Assessing the eddy covariance technique for evaluating carbon dioxide exchange rates of ecosystems: past, present and future. Global Change Biology, 9: 479-492.

Ban H, Kim K, Park N, et al. 2017. Using MODIS data to predict regional corn yields. Remote Sensing, 9: 16-34.

Bandaru V, West T O, Ricciuto D M, et al. 2013. Estimating crop net primary production using national inventory data and MODIS-derived parameters. ISPRS Journal of Photogrammetry and Remote Sensing, 80: 61-71.

Barrett B, Nitze I, Green S, et al. 2014. Assessment of multi-temporal, multi-sensor radar and ancillary spatial data for grasslands monitoring in Ireland using machine learning approaches. Remote Sensing of Environment, 152: 109-124.

Bastiaanssen W G M. 2000. SEBAL-based sensible and latent heat fluxes in the irrigated Gediz Basin, Turkey. Journal of Hydrology, 229（1-2）: 87-100.

Bastiaanssen W G M, Ahmad M D, Chemin Y. 2002. Satellite surveillance of evaporative depletion across the Indus. Water Resources Research, 38（12）: 1273.

Bastiaanssen W G M, Menenti M, Feddes R A, et al. 1998. A remote sensing surface energy balance algorithm for land （SEBAL）. 1. Formulation. Journal of Hydrology, 212: 198-212.

Bastiaanssen W G M, Steduto P. 2017. The water productivity score （WPS） at global and regional level: Methodology and first results from remote sensing measurements of wheat, rice and maize. Science of The Total Environment, 575: 595-611.

Bastiaanssen W G M, Thiruvengadachari S, Sakthivadivel R et al. 1999. Satellite remote sensing for estimating productivities of land and water. International Journal of Water Resources Development, 15（2）: 181-196.

Bateni S M, Entekhabi D, Castelli F. 2013. Mapping evaporation and estimation of surface control of evaporation using remotely sensed land surface temperature from a constellation of satellites. Water Resources Research, 49: 950-968.

Batra N, Islam S, Venturini V, et al. 2006. Estimation and comparison of evapotranspiration from MODIS and AVHRR sensors for clear sky days over the Southern Great Plains. Remote Sensing of Environment, 103（1）: 1-15.

Beaubien J, Cihlar J, Simard G, et al. 1999. Land cover from multiple Thematic Mapper scenes using a new enhancement-classification methodology. Journal of Geophysical Research: Atmosphere, 104（D22）: 27909-27920.

Belgiu M, Drăguţ L. 2016. Random forest in remote sensing: A review of applications and future directions. ISPRS Journal of Photogrammetry and Remote Sensing, 114: 24-31.

Belward A S, De Hoyos A. 1987. A comparison of supervised maximum likelihood and decision tree classification for crop cover estimation from multitemporal Landsat MSS data. International Journal of Remote Sensing, 8（2）: 229-235.

Bluemling B, Yang H, Pahl-Wostl C. 2007. Making water productivity operational—A concept of agricultural water productivity exemplified at a wheat-maize cropping pattern in the North China plain. Agricultural Water Management, 91: 11-23.

Bolton D K, Friedl M A. 2013. Forecasting crop yield using remotely sensed vegetation indices and crop phenology metrics. Agricultural and Forest Meteorology, 173: 74-84.

Bose P, Kasabov N K, Bruzzone L, et al. 2016. Spiking neural networks for crop yield estimation based on spatiotemporal analysis of image time series. IEEE Transactions on Geoscience and Remote Sensing, 54: 6563-6573.

Breiman L. 2001. Random forests. Machine Learning, 45: 5-32.

Brown J F, Loveland T R, Reed B C. 1993. Using Multisource Data in Global Land Cover Characterization: Concepts, Requirements and Methods. Photogrammetric Engineering and Remote Sensing, 59: 977-987.

Brown K W, Rosenberg N J. 1973. A Resistance Model to Predict Evapotranspiration and Its Application to a Sugar Beet Field. Agronomy Journal, 65（3）:341-347.

Brutsaert W. 1975. On a derivable formula for long-wave radiation from clear skies. Water Resources Research, 11: 742-744.

Cai X L, Sharma B R. 2010. Integrating remote sensing, census and weather data for an assessment of rice yield, water consumption and water productivity in the Indo-Gangetic river basin. Agricultural Water Management, 97: 309-316.

Cammalleri C, Anderson M C, Gao F, et al. 2014. Mapping daily evapotranspiration at field scales over rainfed and irrigated agricultural areas using remote sensing data fusion. Agricultural and Forest Meteorology, 186: 1-11.

Campbell G S, Norman J M. 1998. An introduction to environmental biophysics. New York: Springer.

Campos I, Neale C M U, Arkebauer T J, et al. 2018. Water productivity and crop yield: A simplified remote sensing driven operational approach. Agricultural and Forest Meteorology, 249: 501-511.

Carlson T. 2007. An Overview of the “triangle method” for estimating surface evapotranspiration and soil moisture from satellite imagery. Sensors, 7（8）: 1612-1629.

Čermák J, Kučera J, Bauerle W L, et al. 2007. Tree water storage and its diurnal dynamics related to sap flow and changes in stem volume in old-growth Douglas-fir trees. Tree Physiology, 27（2）: 181-198.

Chen M, Shang S, Li W. 2020. Integrated modeling approach for sustainable land-water-food nexus management. Agriculture, 10（4）: 104.

Chen Y, Song X, Wang S, et al. 2016. Impacts of spatial heterogeneity on crop area mapping in Canada using MODIS data. ISPRS Journal of Photogrammetry and Remote Sensing, 119: 451-461.

Cheng Z, Meng J, Qiao Y, et al. 2018. Preliminary study of soil available nutrient simulation using a modified WOFOST Model and time-series remote sensing observations. Remote Sensing, 10: 64.

Choi M, Kustas W P, Anderson M C, et al. 2009. An intercomparison of three remote sensing-based surface energy balance algorithms over a corn and soybean production region（Iowa, U.S.）during SMACEX. Agricultural and Forest Meteorology, 149（12）: 2082-2097.

Cihlar J. 2000. Land cover mapping of large areas from satellites: status and research priorities. International Journal of Remote Sensing, 21（6-7）: 1093-1114.

Cihlar J, Xiao Q, Beaubien J, et al. 1998. Classification by progressive generalization: A new automated methodology for remote sensing multichannel data. International Journal of Remote Sensing, 19（14）: 2685-2704.

Cleugh H A, Leuning R, Mu Q, et al. 2007. Regional evaporation estimates from flux tower and MO-

DIS satellite data. Remote Sensing of Environment, 106（3）: 285-304.

Colaizzi P D, Evett S R, Howell T A, et al. 2006. Comparison of five models to scale daily evapotranspiration from one-time-of-day measurements. Transactions of the ASABE, 49（5）: 1409-1417.

Conrad C, Fritsch S, Zeidler J, et al. 2010. Per-field irrigated crop classification in arid Central Asia using SPOT and ASTER data. Remote Sensing, 2（4）: 1035-1056.

Cunha M, Mar Al A R S, Silva L. 2010. Very early prediction of wine yield based on satellite data from VEGETATION. International Journal of Remote Sensing, 31: 3125-3142.

Davis K F, Rulli M C, Seveso A, et al. 2017. Increased food production and reduced water use through optimized crop distribution. Nature Geoscience, 10: 919-924.

de Wit A, Duveiller G, Defourny P. 2012. Estimating regional winter wheat yield with WOFOST through the assimilation of green area index retrieved from MODIS observations. Agricultural and Forest Meteorology, 164: 39-52.

Dregne H, Kassas M, Rozanov B. 1991. A new assessment of the world status of desertification. Desertification Control Bulletin, 20: 6-18.

Emmerich W E. 2003. Carbon dioxide fluxes in a semiarid environment with high carbonate soils. Agricultural and Forest Meteorology, 116（1-2）: 91-102.

Eichinger W E, Parlange M B, Stricker H. 1996. On the concept of equilibrium evaporation and the value of the Priestley-Taylor coefficient. Water Resources Research, 32: 161-164.

FAO, IFAD, UNICEF, et al. 2017. The State of Food Security and Nutrition in the World 2017. Building resilience for peace and food security. Rome: FAO.

Fernandez-Ordoñez Y M, Soria-Ruiz J. 2017. Maize crop yield estimation with remote sensing and empirical models. 2017 IEEE International Geoscience and Remote Sensing Symposium（IGARSS）, Fort Worth, TX. 3035-3038.

Fieuzal R, Marais Sicre C, Baup F. 2017. Estimation of corn yield using multi-temporal optical and radar satellite data and artificial neural networks. International Journal of Applied Earth Observation and Geoinformation, 57: 14-23.

Fisher J B, Tu K P, Baldocchi D D. 2008. Global estimates of the land-atmosphere water flux based on monthly AVHRR and ISLSCP-II data, validated at 16 FLUXNET sites. Remote Sensing of Environment, 112（3）: 901-919.

Fortin J G, Anctil F, Parent L, et al. 2011. Site-specific early season potato yield forecast by neural network in Eastern Canada. Precision Agriculture, 12: 905-923.

Fritz S, Massart M, Savin I, et al. 2008. The use of MODIS data to derive acreage estimations for larger fields: A case study in the south-western Rostov region of Russia. International Journal of Applied Earth Observation and Geoinformation, 10: 453-466.

Gajić B, Kresović B, Tapanarova A, et al. 2018. Effect of irrigation regime on yield, harvest index and water productivity of soybean grown under different precipitation conditions in a temperate environment. Agricultural Water Management, 210: 224-231.

Gao X, Huo Z, Xu X, et al. 2018. Shallow groundwater plays an important role in enhancing irrigation water productivity in an arid area: The perspective from a regional agricultural hydrology simulation. Agricultural Water Management, 208: 43-58.

Gentine P, Entekhabi D, Polcher J. 2011. The diurnal behavior of evaporative fraction in the soil-vegetation-atmospheric boundary layer continuum. Journal of Hydrometeorology, 12: 1530-1546.

Ghosh A, Joshi P K. 2014. A comparison of selected classification algorithms for mapping bamboo patches in lower Gangetic plains using very high resolution WorldView 2 imagery. International Journal of Applied Earth Observation and Geoinformation, 26: 298-311.

Gislason P O, Benediktsson J A, Sveinsson J R. 2006. Random Forests for land cover classification. Pattern Recognition Letters, 27: 294-300.

Gonzalez-Dugo M P, Neale C M U, Mateos L, et al. 2009. A comparison of operational remote sensing-based models for estimating crop evapotranspiration. Agricultural and Forest Meteorology, 149（11）: 1843-1853.

Gowda P H, Chavez J L, Colaizzi P D, et al. 2008. ET mapping for agricultural water management: present status and challenges. Irrigation Science, 26: 223-237.

Gómez C, White J C, Wulder M A. 2016. Optical remotely sensed time series data for land cover classification: A review. ISPRS Journal of Photogrammetry and Remote Sensing, 116: 55-72.

Guan H, Wilson J L. 2009. A hybrid dual-source model for potential evaporation and transpiration partitioning. Journal of Hydrology, 377（3-4）: 405-416.

Hansen M, Dubayah R, DeFries R. 1996. Classification trees: an alternative to traditional land cover classifiers. International Journal of Remote Sensing, 17（5）: 1733-1748.

Hansen M C, Loveland T R. 2012. A review of large area monitoring of land cover change using Landsat data. Remote Sensing of Environment, 122: 66-74.

Heremans S, Bossyns B, Eerens H, et al. 2011. Efficient collection of training data for sub-pixel land cover classification using neural networks. International Journal of Applied Earth Observation and Geoinformation, 13（4）: 657-667.

Hmimina G, Dufrêne E, Pontailler J Y, et al. 2013. Evaluation of the potential of MODIS satellite data to predict vegetation phenology in different biomes: An investigation using ground-based NDVI measurements. Remote Sensing of Environment, 132: 145-158.

Hoffman A L, Kemanian A R, Forest C E. 2018. Analysis of climate signals in the crop yield record of sub-Saharan Africa. Global Change Biology, 24: 143-157.

Holland S, Heitman J L, Howard A, et al. 2013. Micro-Bowen ratio system for measuring evapotranspiration in a vineyard interrow. Agricultural and Forest Meteorology, 177: 93-100.

Holzman M E, Rivas R, Piccolo M C. 2014. Estimating soil moisture and the relationship with crop yield using surface temperature and vegetation index. International Journal of Applied Earth Observation and Geoinformation, 28: 181-192.

Huang J, Sedano F, Huang Y, et al. 2016. Assimilating a synthetic Kalman filter leaf area index series into the WOFOST model to improve regional winter wheat yield estimation. Agricultural and Forest Meteorology, 216: 188-202.

Huang J, Wang H, Dai Q, et al. 2014. Analysis of NDVI data for crop identification and yield estimation. IEEE Journal of Selected Topics in Applied Earth Observations and Remote Sensing, 7: 4374-

4384.

Huete A, Didan K, Miura T, et al. 2002. Overview of the radiometric and biophysical performance of the MODIS vegetation indices. Remote Sensing of Environment, 83: 195-213.

Jackson R D, Hatfield J L, Reginato R J, et al. 1983. Estimation of daily evapotranspiration from one time-of-day measurements. Agricultural Water Management, 7（1-3）: 351-362.

Jackson R D, Reginato R J, Idso S B. 1977. Wheat canopy temperature: a practical tool for evaluating water requirements. Water Resource Research, 13（3）: 651-656.

Jensen M E. 1968. Water consumption by agricultural plants//Kozlowski T T. Water deficit and plant growth. New York: Academic Press. 2: 1-22.

Jeong J H, Resop J P, Mueller N D, et al. 2016. Random forests for global and regional crop yield predictions. PLOS ONE, 11: e156571.

Jia L, Li Z L, Menenti M, et al. 2003. A practical algorithm to infer soil and foliage component temperatures from bi-angular ATSR-2 data. International Journal of Remote Sensing, 24（23）:4739-4760.

Jiang L, Islam S. 1999. A methodology for estimation of surface evapotranspiration over large areas using remote sensing observations. Geophysical Research Letters, 26（17）: 2773-2776.

Jiang L, Islam S, Guo W, et al. 2009. A satellite-based Daily Actual Evapotranspiration estimation algorithm over South Florida. Global and Planetary Change, 67（1-2）: 62-77.

Jiang L, Shang S, Yang Y, et al. 2016. Mapping interannual variability of maize cover in a large irrigation district using a vegetation index - phenological index classifier. Computers and Electronics in Agriculture, 123: 351-361.

Jiang Y, Xu X, Huang Q Z, et al. 2015. Assessment of irrigation performance and water productivity in irrigated areas of the middle Heihe River basin using a distributed agro-hydrological model. Agricultural Water Management, 147: 67-81.

Jiménez-Muñoz J C. 2003. A generalized single-channel method for retrieving land surface temperature from remote sensing data. Journal of Geophysical Research: Atmosphere, 108: 4688-4696.

Johnson D M. 2014. An assessment of pre- and within-season remotely sensed variables for forecasting corn and soybean yields in the United States. Remote Sensing of Environment, 141: 116-128.

Johnson M D, Hsieh W W, Cannon A J, et al. 2016. Crop yield forecasting on the Canadian Prairies by remotely sensed vegetation indices and machine learning methods. Agricultural and Forest Meteorology, 218-219: 74-84.

Kalma J D, Mcvicar T R, Mccabe M F. 2008. Estimating land surface evaporation: A review of methods using remotely sensed surface temperature data. Surveys in Geophysics, 29: 421-469.

Kandrika S, Roy P S. 2008. Land use land cover classification of Orissa using multi-temporal IRS-P6 awifs data: A decision tree approach. International Journal of Applied Earth Observation and Geoinformation, 10（2）: 186-193.

Kang S, Gu B, Du T, et al. 2003. Crop coefficient and ratio of transpiration to evapotranspiration of winter wheat and maize in a semi-humid region. Agricultural Water Management, 59: 239-254.

Kang S, Hao X, Du T, et al. 2017. Improving agricultural water productivity to ensure food security in

China under changing environment: From research to practice. Agricultural Water Management, 179: 5-17.

Kanoua W, Merkel B. 2015. Comparison between the Two-source Trapezoid Model for Evapotranspiration （TTME） and the Surface Energy Balance Algorithm for Land （SEBAL） in Titas Upazila in Bangladesh. FOG-Freiberg Online Geoscience, 39: 65-85.

Ke Y, Im J, Park S, et al. 2016. Downscaling of MODIS one kilometer evapotranspiration using Landsat-8 data and machine learning approaches. Remote Sensing, 8: 215-240.

Keller A A, Keller J. 1995. Effective efficiency: A water use efficiency concept for allocating freshwater resources. Water Resources and Irrigation Division paper 22. Arilington: Winrock International.

Kimes D S. 1983. Remote sensing of row crop structure and component temperatures using directional radiometric temperatures and inversion techniques. Remote Sensing of Environment, 13（1）: 33-55.

Komatsu T S. 2003. Toward a robust phenomenological expression of evaporation efficiency for unsaturated soil surfaces. Journal of Applied Meteorology, 42（9）: 1330-1334.

Kowalik W, Dabrowska-Zielinska K, Meroni M, et al. 2014. Yield estimation using SPOT-VEGETATION products: A case study of wheat in European countries. International Journal of Applied Earth Observation and Geoinformation, 32: 228-239.

Kustas W P, Hatfield J L, Prueger J H. 2005. The soil moisture-atmosphere coupling experiment （SMACEX）: Background, hydrometeorological conditions, and preliminary findings. Journal of Hydrometeorology, 6（6）: 791-804.

Kustas W P, Norman J M. 1997. A two-source approach for estimating turbulent fluxes using multiple angle thermal infrared observations. Water Resources Research, 33（6）:1495-1508.

Kustas W P, Norman J M. 1999. Evaluation of soil and vegetation heat flux predictions using a simple two-source model with radiometric temperatures for partial canopy cover. Agricultural and Forest Meteorology, 94（1）: 13-29.

Lei H, Yang D. 2010. Interannual and seasonal variability in evapotranspiration and energy partitioning over an irrigated cropland in the North China Plain. Agricultural and Forest Meteorology, 150: 581-589.

Lemordant L, Gentine P, Swann A S, et al. 2018. Critical impact of vegetation physiology on the continental hydrologic cycle in response to increasing CO_2. Proceedings of the National Academy of Sciences, 115: 4093-4098.

Leuning R, Zhang Y Q, Rajaud A, et al. 2008. A simple surface conductance model to estimate regional evaporation using MODIS leaf area index and the Penman-Monteith equation. Water Resources Research, 44（10）: W10419.

Lhomme J, Monteny B, Amadou M. 1994. Estimating sensible heat flux from radiometric temperature over sparse millet. Agricultural and Forest Meteorology, 33: 1495-1508.

Lhomme J P, Chehbouni A. 1999. Comments on dual-source vegetation-atmosphere transfer models. Agricultural and Forest Meteorology, 94（3-4）: 269-273.

Li F, Jackson T J, Kustas W P, et al. 2004. Deriving land surface temperature from Landsat 5 and 7 during SMEX02/SMACEX. Remote Sensing of Environment, 92（4）: 521-534.

Li F, Kustas W P, Prueger J H, et al. 2005. Utility of remote sensing-based two-source energy balance model under low- and high-vegetation cover conditions. Journal of Hydrometeorology, 6（6）: 878-891.

Li L, Friedl M, Xin Q, et al. 2014. Mapping Crop Cycles in China Using MODIS-EVI Time Series. Remote Sensing, 6: 2473-2493.

Li Y, Huang C, Hou J, et al. 2017. Mapping daily evapotranspiration based on spatiotemporal fusion of ASTER and MODIS images over irrigated agricultural areas in the Heihe River Basin, Northwest China. Agricultural and Forest Meteorology, 244-245: 82-97.

Li Z, Tang R, Wan Z, et al. 2009. A review of current methodologies for regional evapotranspiration estimation from remotely sensed data. Sensors, 9（5）: 3801-3853.

Lian X, Piao S, Huntingford C, et al. 2018. Partitioning global land evapotranspiration using CMIP5 models constrained by observations. Nature Climate Change, 8: 640-646.

Liang S. 2001. Narrowband to broadband conversions of land surface albedo I: Algorithms. Remote Sensing of Environment, 76（2）:213-238.

Liaqat U W, Choi M, Awan U K. 2015. Spatio-temporal distribution of actual evapotranspiration in the Indus Basin Irrigation System. Hydrological Processes, 29（11）: 2613-2627.

Liu J, Williams J R, Zehnder A J B, et al. 2007. GEPIC - modelling wheat yield and crop water productivity with high resolution on a global scale. Agricultural Systems, 94: 478-493.

Lobell D B, Asner G P, Ortiz-Monasterio J I, et al. 2003. Remote sensing of regional crop production in the Yaqui Valley, Mexico: estimates and uncertainties. Agriculture, Ecosystems and Environment, 94: 205-220.

Long D, Singh V P. 2012a. A modified surface energy balance algorithm for land（M-SEBAL）based on a trapezoidal framework. Water Resources Research, 48（2）: W02528.

Long D, Singh V P. 2012b. A Two-source Trapezoid Model for Evapotranspiration（TTME）from satellite imagery. Remote Sensing of Environment, 121: 370-388.

Long D, Singh V P. 2012c. An entropy-based multispectral image classification algorithm. IEEE Transactions on Geoscience and Remote Sensing, 51（12）: 5225-5238.

Long D, Singh V P, Scanlon B R. 2012. Deriving theoretical boundaries to address scale dependencies of triangle models for evapotranspiration estimation. Journal of Geophysical Research: Atmospheres, 117: D5113.

Löw F, Conrad C, Michel U. 2015. Decision fusion and non-parametric classifiers for land use mapping using multi-temporal RapidEye data. ISPRS Journal of Photogrammetry and Remote Sensing, 108: 191-204.

Lu L, Kuenzer C, Wang C, et al. 2015. Evaluation of three MODIS-derived vegetation index time series for dryland vegetation dynamics monitoring. Remote Sensing, 7: 7597-7614.

Lunetta R S, Shao Y, Ediriwickrema J, et al. 2010. Monitoring agricultural cropping patterns across the Laurentian Great Lakes Basin using MODIS-NDVI data. International Journal of Applied

Earth Observation and Geoinformation, 12: 81-88.
Ma G, Huang J, Wu W, et al. 2013. Assimilation of MODIS-LAI into the WOFOST model for forecasting regional winter wheat yield. Mathematical and Computer Modelling, 58: 634-643.
Majkovič D, O' Kiely P, Kramberger B, et al. 2016. Comparison of using regression modeling and an artificial neural network for herbage dry matter yield forecasting. Journal of Chemometrics, 30: 203-209.
Mannan B, Ray A K. 2003. Crisp and fuzzy competitive learning networks for supervised classification of multispectral IRS scenes. International Journal of Remote Sensing, 24（17）: 3491-3502.
Martínez B, Gilabert M A. 2009. Vegetation dynamics from NDVI time series analysis using the wavelet transform. Remote Sensing of Environment, 113: 1823-1842.
Mcnaughton K G, Spriggs T W. 1986. A mixed-layer model for regional evaporation. Boundary Layer Meteorology, 34: 243-262.
Merlin O, Chehbouni A. 2004. Different approaches in estimating heat flux using dual angle observations of radiative surface temperature. International Journal of Remote Sensing, 25（1）: 275-289.
Mielnick P, Dugas W A, Mitchell K, et al. 2005. Long-term measurements of CO_2 flux and evapotranspiration in a Chihuahuan desert grassland. Journal of Arid Environments, 60（3）: 423-436.
Miller D J, Brwoning J. 2003. A mixture model and EM-based algorithm for class discovery, robust classification, and outlier rejection in mixed labeled/unlabeled data sets. IEEE Transactions on Pattern Analysis and Machine Intelligence, 25（11）: 1468-1483.
Miralles D G, Holmes T R H, De Jeu R A M, et al. 2011. Global land-surface evaporation estimated from satellite-based observations. Hydrology and Earth System Sciences, 15: 453-469.
Mo X, Liu S, Lin Z, et al. 2005. Prediction of crop yield, water consumption and water use efficiency with a SVAT-crop growth model using remotely sensed data on the North China Plain. Ecological Modelling, 183（2-3）: 301-322.
Mo X, Liu S, Lin Z, et al. 2009. Regional crop yield, water consumption and water use efficiency and their responses to climate change in the North China Plain. Agriculture, Ecosystems & Environment, 134: 67-78.
Monteith J L. 1965. Evaporation and environment. In: 19th Symposia of the Society for Experimental Biology. Cambridge: Cambridge University Press, 1965, 19: 205-234.
Moran M S, Clarke T R, Inoue Y, et al. 1994. Estimating crop water deficit using the relation between surface-air temperature and spectral vegetation index. Remote Sensing of Environment, 49（3）: 2462012263.
Mu Q, Heinsch F A, Zhao M, et al. 2007. Development of a global evapotranspiration algorithm based on MODIS and global meteorology data. Remote Sensing of Environment, 111（4）: 519-536.
Mu Q, Zhao M, Running S W. 2011. Improvements to a MODIS global terrestrial evapotranspiration algorithm. Remote Sensing of Environment, 115: 1781-1800.

Mulianga B, Bégué A, Simoes M, et al. 2013. Forecasting regional sugarcane yield based on time integral and spatial aggregation of MODIS NDVI. Remote Sensing, 5: 2184-2199.

Mutanga O, Adam E, Cho M A. 2012. High density biomass estimation for wetland vegetation using WorldView-2 imagery and random forest regression algorithm. International Journal of Applied Earth Observation and Geoinformation, 18: 399-406.

Nishida K, Nernani R R, Running S W. 2003. An operational remote sensing algorithm of land surface evaporation. Journal Geophysical Research: Atmosphere, 108（D9）: 4270.

Niu J, Liu Q, Kang S, et al. 2018. The response of crop water productivity to climatic variation in the upper-middle reaches of the Heihe River basin, Northwest China. Journal of Hydrology, 563: 909-926.

Norman J M, Anderson M C, Kustas W P, et al. 2003. Remote sensing of surface energy fluxes at 101 m pixel resolutions. Water Resources Research, 39: 1221-1238.

Norman J M, Kustas W P, Humes K S. 1995. A two-source approach for estimating soil and vegetation energy fluxes in observations of directional radiometric surface temperature. Agricultural and Forest Meteorology, 77: 263-293.

Noureldin N A, Aboelghar M A, Saudy H S, et al. 2013. Rice yield forecasting models using satellite imagery in Egypt. The Egyptian Journal of Remote Sensing and Space Science, 16: 125-131.

Nyakudya I W, Stroosnijder L. 2014. Effect of rooting depth, plant density and planting date on maize（Zea mays L.）yield and water use efficiency in semi-arid Zimbabwe: Modelling with AquaCrop. Agricultural Water Management, 146: 280-296.

Oki T, Kanae S. 2006. Global hydrological cycles and world water resources. Science, 313: 1068-1072.

Otukei J R, Blaschke T. 2010. Land cover change assessment using decision trees, support vector machines and maximum likelihood classification algorithms. International Journal of Applied Earth Observation and Geoinformation, 12: S27-S31.

Otukei J R, Blaschke T, Collins M. 2015. Fusion of TerraSAR-x and Landsat ETM+ data for protected area mapping in Uganda. International Journal of Applied Earth Observation and Geoinformation, 38: 99-104.

Pan Z, Huang J, Zhou Q, et al. 2015. Mapping crop phenology using NDVI time-series derived from HJ-1 A/B data. International Journal of Applied Earth Observation and Geoinformation, 34: 188-197.

Paredes P, Rodrigues G C, Cameira M D R, et al. 2017. Assessing yield, water productivity and farm economic returns of malt barley as influenced by the sowing dates and supplemental irrigation. Agricultural Water Management, 179: 132-143.

Parplies A, Dubovyk O, Tewes A, et al. 2016. Phenomapping of rangelands in South Africa using time series of RapidEye data. International Journal of Applied Earth Observation and Geoinformation, 53: 90-102.

Peña-Barragán J M, Ngugi M K, Plant R E, et al. 2011. Object-based crop identification using multiple vegetation indices, textural features and crop phenology. Remote Sensing of Environment, 115

（6）: 1301-1316.

Peng B, Guan K, Pan M, et al. 2018. Benefits of seasonal climate prediction and satellite data for forecasting U.S. maize yield. Geophysical Research Letters, 45: 9662-9671.

Pervez S, Budde M, Rowland J. 2014. Mapping irrigated areas in Afghanistan over the past decade using MODIS NDVI. Remote Sensing of Environment, 149: 155-165.

Priestley C H B, Taylor R J. 1972. On the assessment of surface heat flux and evaporation using large scale parameters. Monthly Weather Review, 100（2）: 81-92.

Reichle R H. 2008. Data assimilation methods in the Earth sciences. Advances in Water Resources, 31（11）: 1411-1418.

Ren D, Xu X, Engel B, et al. 2019. Hydrological complexities in irrigated agro-ecosystems with fragmented land cover types and shallow groundwater: Insights from a distributed hydrological modeling method. Agricultural Water Management, 213: 868-881.

Ren D, Xu X, Hao Y, et al. 2016. Modeling and assessing field irrigation water use in a canal system of Hetao, upper Yellow River basin: Application to maize, sunflower and watermelon. Journal of Hydrology, 532: 122-139.

Richetti J, Judge J, Boote K J, et al. 2018. Using phenology-based enhanced vegetation index and machine learning for soybean yield estimation in Paraná State, Brazil. Journal of Applied Remote Sensing, 12: 1-15.

Rigden A J, Salvucci G D. 2015. Evapotranspiration based on equilibrated relative humidity（ETRHEQ）: Evaluation over the continental U.S. Water Resources Research, 51: 2951-2973.

Royo C, Aparicio N, Blanco R, et al. 2004. Leaf and green area development of durum wheat genotypes grown under Mediterranean conditions. European Journal of Agronomy, 20: 419-430.

Ryu Y, Baldocchi D D, Black T A, et al. 2012. On the temporal upscaling of evapotranspiration from instantaneous remote sensing measurements to 8-day mean daily-sums. Agricultural and Forest Meteorology, 152: 212-222.

Sánchez J M, Kustas W P, Caselles V, et al. 2008. Modelling surface energy fluxes over maize using a two-source patch model and radiometric soil and canopy temperature observations. Remote Sensing of Environment, 112: 1130-1143.

Scott R L, Huxman T E, Cable W L, et al. 2006. Partitioning of evapotranspiration and its relation to carbon dioxide exchange in a Chihuahuan Desert shrubland. Hydrological Processes, 20（15）: 3227-3243.

Sehgal V K, Jain S, Aggarwal P K, et al. 2011. Deriving crop phenology metrics and their trends using times series NOAA-AVHRR NDVI Data. Journal of the Indian Society of Remote Sensing, 39: 373-381.

Seneviratne S I, Corti T, Davin E L, et al. 2010. Investigating soil moisture-climate interactions in a changing climate: A review. Earth-Science Reviews, 99: 125-161.

Shalan M A, Arora M K, Ghosh S K. 2003. An evaluation of fuzzy classifications from IRS 1C LISS III imagery: a case study. International Journal of Remote Sensing, 24（15）: 3179-3186.

Shang S H, Mao X M. 2009. Data envelopment analysis on efficiency evaluation of irrigation- fertilization schemes for winter wheat in North China. In: Li D L, Zhao C J. Computer and Computing Technologies in Agriculture II. Boston: Springer, 1: 39-48.

Shao Y, Campbell J B, Taff G N, et al. 2015. An analysis of cropland mask choice and ancillary data for annual corn yield forecasting using MODIS data. International Journal of Applied Earth Observation and Geoinformation, 38: 78-87.

Shao Y, Lunetta R S. 2012. Comparison of support vector machine, neural network, and CART algorithms for the land-cover classification using limited training data points. ISPRS Journal of Photogrammetry and Remote Sensing, 70: 78-87.

Shao Y, Taff G N, Ren J, et al. 2016. Characterizing major agricultural land change trends in the Western Corn Belt. ISPRS Journal of Photogrammetry and Remote Sensing, 122: 116-125.

Shuttleworth W J, Wallace J S. 1985. Evaporation from sparse crops-an energy combination theory. Quarterly Journal of the Royal Meteorological Society, 111（469）: 839-855.

Sim J, Wright C C. 2005. The Kappa Statistic in Reliability Studies: Use, Interpretation, and Sample Size Requirements. Physical Therapy, 85: 257-268.

Sobrino J A, Jiménez-Muñoz J C, Paolini L. 2004. Land surface temperature retrieval from LANDSAT TM 5. Remote Sensing of Environment, 90: 434-440.

Son N T, Chen C F, Chen C R, et al. 2014. A comparative analysis of multitemporal MODIS EVI and NDVI data for large-scale rice yield estimation. Agricultural and Forest Meteorology, 197: 52-64.

Soto-García M, Martínez-Alvarez V, García-Bastida P A, et al. 2013. Effect of water scarcity and modernization on the performance of irrigation districts in south-eastern Spain. Agricultural Water Management, 124: 11-19.

Su Z. 2002. The surface energy balance system（SEBS）for estimation of turbulent heat fluxes. Hydrology and Earth System Sciences, 6: 85-99.

Sugita M, Brutsaert W. 1991. Daily evaporation over a region from lower boundary layer profiles measured with radiosondes. Water Resources Research, 27（5）: 747-752.

Tasumi M, Allen R G, Trezza R, et al. 2005. Satellite-based energy balance to assess within-population variance of crop coefficient curves. Journal of Irrigation and Drainage Engineering, 131: 94-109.

Thenkabail P S, Biradar C M, Noojipady P, et al. 2009. Global irrigated area map（GIAM）, derived from remote sensing, for the end of the last millennium. International Journal of Remote Sensing, 30: 3679-3733.

Timmermans W J, Kustas W P, Anderson M C, et al. 2007. An intercomparison of the Surface Energy Balance Algorithm for Land（SEBAL）and the Two-Source Energy Balance（TSEB）modeling schemes. Remote Sensing of Environment, 108（4）: 369-384.

Trambouze W, Bertuzzi P, Voltz M. 1998. Comparison of methods for estimating actual evapotranspiration in a row-cropped vineyard. Agricultural and Forest Meteorology, 91（3-4）: 193-208.

Ulaby F T, Li R Y, Shanmugan K S. 1982. Crop classification using airborne radar and Landsat data. IEEE Transactions on Geoscience and Remote Sensing, GE-20（1）: 42-51.

Unland H E, Houser P R, Shuttleworth W J, et al. 1996. Surface flux measurement and modeling at a semi-arid Sonoran Desert site. Agricultural and Forest Meteorology, 82（1-4）:119-153.

Van Niel T G, McVicar T R, Roderick M L, et al. 2011. Correcting for systematic error in satellite-derived latent heat flux due to assumptions in temporal scaling: assessment from flux tower observations. Journal of Hydrology, 409: 140-148.

Verhoef A, De Bruin H A R, Van Den Hurk B J J M. 1997. Some practical notes on the parameter kB-1 for sparse vegetation. Journal of Applied Meteorology, 36（5）: 560-572.

Villanueva M B, Salenga M L M. 2018. Bitter melon crop yield prediction using machine learning algorithm. International Journal of Advanced Computer Science and Applications, 9（3）: 1-6.

Vörösmarty C J, Green P, Salisbury J, et al. 2000. Global Water Resources: Vulnerability from Climate Change and Population Growth. Science, 289: 284-288.

Walker J J, de Beurs K M, Wynne R H. 2014. Dryland vegetation phenology across an elevation gradient in Arizona, USA, investigated with fused MODIS and Landsat data. Remote Sensing of Environment, 144: 85-97.

Wan Z, Zhang Y, Zhang Q, et al. 2002. Validation of the land-surface temperature products retrieved from Terra Moderate Resolution Imaging Spectroradiometer data. Remote Sensing of Environment, 83（1-2）: 163-180.

Wang L, Zhou X, Zhu X, et al. 2016. Estimation of biomass in wheat using random forest regression algorithm and remote sensing data. The Crop Journal, 4: 212-219.

Wang Q, Tenhunen J, Dinh N Q, et al. 2004. Similarities in ground- and satellite-based NDVI time series and their relationship to physiological activity of a Scots pine forest in Finland. Remote Sensing of Environment, 93: 225-237.

Wang Q, Wu C, Li Q, et al. 2010. Chinese HJ-1A/B satellites and data characteristics. Science China Earth Sciences, 53: 51-57.

Wang Y, Liu Y, Li M, et al. 2014. The reconstruction of abnormal segments in HJ-1A/B NDVI time series using MODIS: a statistical method. International Journal of Remote Sensing, 35: 7991-8007.

Wardlow B D, Egbert S L. 2008. Large-area crop mapping using time-series MODIS 250 m NDVI data: An assessment for the U.S. Central Great Plains. Remote Sensing of Environment, 112: 1096-1116.

Wardlow B D, Egbert S L, Kastens J H. 2007. Analysis of time-series MODIS 250 m vegetation index data for crop classification in the US Central Great Plains. Remote Sensing of Environment, 108（3）: 290-310.

Wei H Y, Heilman P, Qi J G, et al. 2012. Assessing phenological change in China from 1982 to 2006 using AVHRR imagery. Frontiers of Earth Science, 6（3）: 227-236.

Wei Z, Yoshimura K, Wang L, et al. 2017. Revisiting the contribution of transpiration to global terrestrial evapotranspiration. Geophysical Research Letters, 44: 2792-2801.

Wu B, Yan N, Xiong J, et al. 2012. Validation of ETWatch using field measurements at diverse landscapes: a case study in Hai Basin of China. Journal of Hydrology, 436-437: 67-80.

Wu X, Zhou J, Wang H, et al. 2015. Evaluation of irrigation water use efficiency using remote sensing in the middle reach of the Heihe River, in the semi-arid Northwestern China. Hydrological Processes, 29（9）: 2243-2257.

Xie Y, Wang P, Bai X, et al. 2017. Assimilation of the leaf area index and vegetation temperature condition index for winter wheat yield estimation using Landsat imagery and the CERES-Wheat model. Agricultural and Forest Meteorology, 246: 194-206.

Xin Q, Gong P, Yu C, et al. 2013. A production efficiency model-based method for satellite estimates of corn and soybean yields in the midwestern US. Remote Sensing, 5: 5926-5943.

Xu T, Liu S, Xu L, et al. 2015. Temporal upscaling and reconstruction of thermal remotely sensed instantaneous evapotranspiration. Remote Sensing, 7（3）: 3400-3425.

Xue J, Guan H, Huo Z, et al. 2017. Water saving practices enhance regional efficiency of water consumption and water productivity in an arid agricultural area with shallow groundwater. Agricultural Water Management, 194: 78-89.

Xue J, Ren L. 2016. Evaluation of crop water productivity under sprinkler irrigation regime using a distributed agro-hydrological model in an irrigation district of China. Agricultural Water Management, 178: 350-365.

Xue Z, Du P, Li J, et al. 2017. Sparse graph regularization for robust crop mapping using hyperspectral remotely sensed imagery with very few in situ data. ISPRS Journal of Photogrammetry and Remote Sensing, 124: 1-15.

Yang C, Everitt J H, Murden D. 2011. Evaluating high resolution SPOT 5 satellite imagery for crop identification. Computers and Electronics in Agriculture, 75（2）: 347-354.

Yang D, Chen H, Lei H. 2010. Estimation of evapotranspiration using a remote sensing model over agricultural land in the North China Plain. International Journal of Remote Sensing, 31（14）: 3783-3798.

Yang Y, Anderson M C, Gao F, et al. 2017. Daily Landsat-scale evapotranspiration estimation over a forested landscape in North Carolina, USA, using multi-satellite data fusion. Hydrology and Earth System Sciences, 21: 1017-1037.

Yang Y, Long D, Guan H, et al. 2015. Comparison of three dual-source remote sensing evapotranspiration models during the MUSOEXE-12 campaign: revisit of model physics. Water Resources Research, 51（5）: 3145-3165.

Yang Y, Scott R L, Shang S. 2013. Modeling evapotranspiration and its partitioning over a semiarid shrub ecosystem from satellite imagery: A multiple validation. Journal of Applied Remote Sensing, 7（1）: 073495.

Yang Y, Shang S. 2013. A hybrid dual-source scheme and trapezoid framework-based evapotranspiration model（HTEM）using satellite images: Algorithm and model test. Journal of Geophysical Research-Atmospheres, 118（5）: 2284-2300.

Yang Y, Shang S, Guan H. 2012a. Development of a soil-plant-atmosphere continuum model（HDS-SPAC）based on hybrid dual-source approach and its verification in wheat land. Science China: Technological Sciences, 55（10）, 2671-2685.

Yang Y, Shang S, Jiang L. 2012b. Remote sensing temporal and spatial patterns of evapotranspiration and the responses to water management in a large irrigation district of North China. Agricultural and Forest Meteorology, 164: 112-122.

Yao L, Feng S, Mao X, et al. 2013. Coupled effects of canal lining and multi-layered soil structure on canal seepage and soil water dynamics. Journal of Hydrology, 430-431: 91-102.

Yao Y, Liang S, Li X, et al. 2017. Estimation of high-resolution terrestrial evapotranspiration from Landsat data using a simple Taylor skill fusion method. Journal of Hydrology, 553: 508-526.

Yebra M, Dijk A V, Leuning R, et al. 2013. Evaluation of optical remote sensing to estimate actual evapotranspiration and canopy conductance. Remote Sensing of Environment, 129（2）: 250-261.

Yu B, Shang S. 2017. Multi-year mapping of maize and sunflower in Hetao Irrigation District of China with high spatial and temporal resolution vegetation index series. Remote Sensing, 9（8）: 855.

Yu B, Shang S. 2018. Multi-year mapping of major crop yields in an irrigation district from high spatial and temporal resolution vegetation index. Sensors, 18: 3787-3801.

Yu B, Shang S. 2020. Estimating growing season evapotranspiration and transpiration of major crops over a large irrigation district from HJ-1A/1B data using a remote sensing-based dual source evapotranspiration model. Remote Sensing, 12（5）: 865.

Yu B, Shang S, Zhu W, et al. 2019. Mapping daily evapotranspiration over a large irrigation district from MODIS data using a novel hybrid dual-source coupling model. Agricultural and Forest Meteorology, 276-277: 107612.

Zhang B, Kang S, Li F, et al. 2008. Comparison of three evapotranspiration models to Bowen ratio-energy balance method for a vineyard in an arid desert region of northwest China. Agricultural and Forest Meteorology, 148: 1629-1640.

Zhang J, Foody G M. 2001. Fully-fuzzy supervised classification of sub-urban land cover from remotely sensed imagery: statistical and artificial neural network approaches. International Journal of Remote Sensing, 22（4）: 615-628.

Zhang M, Zhou Q, Chen Z, et al. 2008. Crop discrimination in Northern China with double cropping systems using Fourier analysis of time-series MODIS data. Journal of Applied Earth Observation and Geoinformation, 10（4）: 476-485.

Zhang W, Zha X, Li J, et al. 2014. Spatiotemporal Change of Blue Water and Green Water Resources in the Headwater of Yellow River Basin, China. Water Resources Management, 28: 4715-4732.

Zhang X, Zhang Q. 2016. Monitoring interannual variation in global crop yield using long-term AVHRR and MODIS observations. ISPRS Journal of Photogrammetry and Remote Sensing, 114: 191-205.

Zhang Y, Kang S, Ward E J, et al. 2011. Evapotranspiration components determined by sap flow and microlysimetry techniques of a vineyard in northwest China: Dynamics and influential factors. Agricultural Water Management, 98（8）: 1207-1214.

Zhong L, Gong P, Biging G S. 2014. Efficient corn and soybean mapping with temporal extendability: A multi-year experiment using Landsat imagery. Remote Sensing of Environment, 140: 1-13.

Zhong L, Hawkins T, Biging G, et al. 2011. A phenology-based approach to map crop types in the San Joaquin Valley, California. International Journal of Remote Sensing, 32: 7777-7804.

Zhong L, Hu L, Yu L, et al. 2016. Automated mapping of soybean and corn using phenology. ISPRS Journal of Photogrammetry and Remote Sensing, 119: 151-164.

Zhu W, Jia S, Lv A. 2017. A universal Ts-VI triangle method for the continuous retrieval of evaporative fraction from MODIS products. Journal of Geophysical Research: Atmospheres, 122: 10206-10227.

Zhu W, Pan Y, He H, et al. 2012. A Changing-Weight Filter Method for Reconstructing a High-Quality NDVI Time Series to Preserve the Integrity of Vegetation Phenology. IEEE Transactions on Geoscience and Remote Sensing, 50: 1085-1094.

Zwart S J, Bastiaanssen W G M. 2004. Review of measured crop water productivity values for irrigated wheat, rice, cotton and maize. Agricultural Water Management, 69: 115-133.

Zwart S J, Bastiaanssen W G M, de Fraiture C, et al. 2010. WATPRO: A remote sensing based model for mapping water productivity of wheat. Agricultural Water Management, 97: 1628-1636.